普通高等院校计算机科学与技术专业面向应用系列规划教材

TCP/IP网络编程基础教程

王　雷　主编

北京理工大学出版社
BEIJING INSTITUTE OF TECHNOLOGY PRESS

内容简介

本书是一本基于 TCP/IP 协议进行计算机网络编程方面的教科书，全书主要内容包括基于套接字的 TCP/IP 网络通信原理与模型、循环服务器软件的实现原理与方法、服务器与客户进程中的并发机制、多进程并发机制的实现原理与方法、多线程并发 TCP 服务器软件的实现原理与方法、单线程并发机制的实现原理与方法、基于 POOL 和 EPOLL 的并发机制与实现方法、客户/服务器系统中的死锁问题八章内容以及 GCC 编译器简介、课程实验两个附录。全书通过原理介绍与例程剖析的形式，系统介绍了 UNIX/Linux 与 Windows 环境下如何使用 C 语言基于 TCP/IP 协议与 Socket API 进行网络编程的详细步骤与过程。

与同类教材相比，本书主要的特点为：在注重阐述 TCP/IP 网络通信原理与套接字 API 编程原理的基础上，通过对例程的深入剖析，深入浅出地介绍服务器与客户软件的编程技巧，同时，在章节的编排上更加富有衔接性。全书内容按照 TCP/IP 网络通信原理→循环服务器软件设计→并发服务器软件设计→客户/服务器系统中的死锁问题→编译环境→课程实验的顺序，通过 C 语言例程剖析，由浅入深地介绍了基于 TCP/IP 协议进行网络编程的原理与方法。通过以上连贯的章节编排，读者能够更加简洁、系统地掌握网络编程技术。

本书特别适合网络工程、计算机科学技术与通信工程等专业的本、专科学生和从事计算机网络编程的技术人员，同时也可供其他专业的学生、计算机网络技术爱好者，以及计算机应用技术相关的工程技术人员参考。

图书在版编目（CIP）数据

TCP/IP 网络编程基础教程/王雷主编. —北京：北京理工大学出版社，2017.2（2017.3 重印）
ISBN 978-7-5682-3762-8

Ⅰ. ①T…　Ⅱ. ①王…　Ⅲ. ①计算机网络－通信协议－教材②计算机网络－程序设计－教材　Ⅳ. ①TN915.04②TP393.09

中国版本图书馆 CIP 数据核字（2017）第 039228 号

出版发行 / 北京理工大学出版社有限责任公司
社　　址 / 北京市海淀区中关村南大街 5 号
邮　　编 / 100081
电　　话 /（010）68914775（总编室）
（010）82562903（教材售后服务热线）
（010）68948351（其他图书服务热线）
网　　址 / http://www.bitpress.com.cn
经　　销 / 全国各地新华书店
印　　刷 / 三河市华骏印务包装有限公司
开　　本 / 787 毫米×1092 毫米　1/16
印　　张 / 18
字　　数 / 424 千字
版　　次 / 2017 年 2 月第 1 版　2017 年 3 月第 2 次印刷
定　　价 / 39.60 元

责任编辑 / 李秀梅
文案编辑 / 杜春英
责任校对 / 周瑞红
责任印制 / 施胜娟

前　言

背景动机

随着 Internet 在全球范围内的迅速普及，网络对人们的学习、工作、生活以及对社会的影响越来越大。网络技术被誉为“近代最深刻的技术革命”，人们用“网络时代”“网络经济”等术语来描述网络对社会信息化与经济发展的巨大影响。目前，国内各主要高校的计算机应用技术与软件工程专业的大学生均开设了 TCP/IP 网络编程课程，但传统的教材缺乏对所给例程的深入剖析，导致初学者在采用这些教材进行学习时难以轻松掌握所学内容。为此，本书作者在多年讲授 TCP/IP 网络编程技术的基础上，在传统教材所介绍的 Socket 网络编程相关概念与技术的基础之上，进行了大幅度的内容增减与结构调整。同时，为了使不同层次的读者均能够更加方便地掌握所学内容，本书针对各章节中所给出的例程新增了全面深入的剖析，还新增了对 GCC 编译器的有关介绍与课程实验，使得全书内容更加完整。

目标读者

本书的目标读者包括计算机相关专业的专科生、本科生、研究生，计算机网络编程技术与 C 语言的爱好者，以及计算机应用技术相关的工程技术人员。

组织结构

考虑到读者在阅读本书之前对计算机网络编程技术的了解程度不尽相同，本书主要分为以下四个大的部分。

1）第 1 章为第一部分，主要介绍了 TCP/IP 网络通信原理与套接字 API 编程的基本原理与方法。

2）第 2～7 章为第二部分，其中，第 2 章主要介绍循环服务器软件的实现原理与方法，第 3 章主要介绍服务器与客户进程中的并发机制，第 4～7 章则主要介绍多种不同并发服务器的实现原理与方法。

3）第 8 章为第三部分，主要介绍了客户/服务器系统中存在的死锁问题及其解决方法。

4）附录 A 和附录 B 为第四部分，其中，附录 A 主要介绍了 GCC 编译器的安装与使用方法，附录 B 则针对全书的四个核心知识点分别给出了四个不同的课程实验项目。

编　者

湘潭大学信息工程学院

致　谢

首先，在本书的编写过程中，得到了湘潭大学信息工程学院博士生导师郑金华教授、刘任任教授、裴廷睿教授等领导和专家们的大力支持与热心帮助，在此表示衷心感谢。其次，本书的出版还得到国家自然科学基金项目（No.61640210，No.61672447）、湘潭大学教学改革研究项目（No.1129|2904101）、赛尔网络下一代互联网技术创新项目（No.NGII20160305）、湖南省重点学科建设项目、湘潭大学“产学研提质专项”资金支持项目（No.11KZ|KZ03051）、以及湖南省物联网学会华为基金项目（No.11KH|KH01116）等部分资助；本书的部分内容参考了国内外有关单位和个人的研究成果，均已经在参考文献中列出，在此一并表示感谢。

另外，由于本书的编写目的定位于 LINUX/WINDOWS 环境下的 C 语言 Socket 编程的基础知识与案例分析相结合，试图让本科生与研究生在深入了解 LINUX/WINDOWS 环境下的 C 语言 Socket 编程的相关概念与关键技术的基础上，能尝试开展 LINUX/WINDOWS 环境下的 C 语言 Socket 编程的一些初步编程工作，因此，在本书的内容编写与结构组织上具有一定的难度，加之编著者水平有限，虽然几经修改，但书中仍然会难免存在一些疏漏与不足之处，敬请读者、专家、以及同行朋友们的批评指正，在此先行表示感谢。

CONTENTS 目录

第1章 基于套接字的TCP/IP网络通信原理与模型 …… 1

1.1 TCP/IP 协议概述 …… 1

1.1.1 TCP/IP 参考模型 …… 1

1.1.2 TCP/IP 网络通信中的客户-服务器模型 …… 2

1.1.3 TCP/IP 参考模型的通信原理 …… 2

1.2 基于套接字的网络通信原理 …… 4

1.2.1 套接字概述 …… 4

1.2.2 基于套接字的 TCP/IP 网络通信原理 …… 5

1.2.3 基于套接字的 TCP/IP 网络通信软件实现流程 …… 8

1.3 基于套接字的 TCP/IP 网络通信过程中的相关问题 …… 10

1.3.1 客户算法中服务器套接字端点地址查找问题 …… 10

1.3.2 客户算法中本地端点地址的选择问题 …… 10

1.3.3 套接字端点地址的存储结构问题 …… 11

1.3.4 客户-服务器模型中的汇聚点问题 …… 12

1.3.5 主机字节顺序与网络字节顺序问题 …… 12

1.3.6 IP 地址与端口号的查找问题 …… 13

1.3.7 由协议名查找协议号的问题 …… 15

1.3.8 服务器算法中熟知端口的绑定问题 …… 16

1.4 套接字 API 概述 …… 16

1.4.1 BSD UNIX 套接字 API 系统函数简介 …… 16

1.4.2 Windows 套接字 API 扩展系统函数简介 …… 24

1.5 基于套接字的 TCP/IP 网络通信模型与实现方法 …… 34

1.5.1 UNIX/Linux 环境下 UDP 套接字通信模型与实现方法 …… 34

1.5.2 UNIX/Linux 环境下 TCP 套接字通信模型与实现方法 …… 37

1.5.3 Windows 环境下 UDP 套接字通信模型与实现方法 …… 41

1.5.4 Windows 环境下 TCP 套接字通信模型与实现方法 …… 45

1.6 本章小结 …… 50

本章习题 …… 50

第2章　循环服务器软件的实现原理与方法……51
2.1　客户/服务器模型中服务器软件实现的复杂性……51
2.1.1　服务器设功能需求的复杂性……51
2.1.2　服务器类型的复杂性……51
2.2　循环服务器的进程结构……53
2.2.1　循环 UDP 服务器的进程结构……53
2.2.2　循环 TCP 服务器的进程结构……54
2.3　循环服务器软件的设计流程……54
2.3.1　循环 UDP 服务器软件的设计流程……54
2.3.2　循环 TCP 服务器软件的设计流程……56
2.4　基于循环服务器的网络通信例程剖析……57
2.4.1　相关系统函数及其调用方法简介……57
2.4.2　UNIX/Linux 环境下基于 TCP 套接字的例程剖析……72
2.4.3　Windows 环境下基于 TCP 套接字的例程剖析……77
2.4.4　UNIX/Linux 环境下基于 UDP 套接字的例程剖析……82
2.4.5　Windows 环境下基于 UDP 套接字的例程剖析……86
2.4.6　UNIX/Linux 环境下基于 TCP 套接字的文件传输例程剖析……91
2.4.7　UNIX/Linux 环境下基于 TCP 套接字的音频传输例程剖析……95
2.4.8　Windows 环境下基于 TCP 套接字的图像传输例程剖析……104
2.4.9　Windows 环境下基于 TCP 套接字的视频传输例程剖析……108
2.5　本章小结……111
本章习题……112
第3章　服务器与客户进程中的并发机制……113
3.1　服务器与客户进程中的并发概念……113
3.1.1　服务器进程中的并发问题……113
3.1.2　客户进程中的并发问题……114
3.1.3　服务器与客户端并发性的实现方法……115
3.1.4　循环服务器与并发服务器……115
3.1.5　多进程与多线程并发概念……115
3.1.6　并发等级……116
3.2　UNIX/Linux 环境下基于多进程并发机制……117
3.2.1　创建一个新进程……117
3.2.2　终止一个进程……118
3.2.3　获得一个进程的进程标识……118
3.2.4　获得一个进程的父进程的进程标识……119
3.2.5　僵尸进程的清除……119

3.2.6 多进程例程剖析 …… 124
3.3 UNIX/Linux 环境下基于多线程的并发机制 …… 125
3.3.1 创建一个新线程 …… 125
3.3.2 设置线程的运行属性 …… 127
3.3.3 终止一个线程 …… 132
3.3.4 获得一个线程的线程标识 …… 132
3.3.5 多线程例程剖析 …… 132
3.4 Windows 环境下基于多进程的并发机制 …… 133
3.4.1 创建一个新进程 …… 133
3.4.2 打开一个进程 …… 137
3.4.3 终止/关闭一个进程 …… 137
3.4.4 获得进程的可执行文件或 DLL 对应的句柄 …… 138
3.4.5 获取与指定窗口关联在一起的一个进程和线程标识符 …… 138
3.4.6 获取进程的运行时间 …… 138
3.4.7 获取当前进程 ID …… 138
3.4.8 等待子进程/子线程的结束 …… 139
3.4.9 多进程例程剖析 …… 140
3.5 Windows 环境下基于多线程的并发机制 …… 141
3.5.1 在本地进程中创建一个新线程 …… 141
3.5.2 在远程进程中创建一个新线程 …… 142
3.5.3 获取/设置线程的优先级 …… 143
3.5.4 终止一个线程 …… 144
3.5.5 挂起/启动一个线程 …… 145
3.5.6 获得一个线程的标识 …… 145
3.5.7 多线程例程剖析 …… 145
3.6 从线程/进程分配技术 …… 146
3.6.1 从线程/进程预分配技术 …… 146
3.6.2 延迟的从线程/进程分配技术 …… 146
3.6.3 两种从线程/进程分配技术的结合 …… 147
3.7 基于多进程与基于多线程的并发机制的性能比较 …… 147
3.7.1 多进程与多线程的任务执行效率比较 …… 147
3.7.2 多进程与多线程的创建与销毁效率比较 …… 149
3.8 本章小结 …… 151
本章习题 …… 152
第 4 章 多进程并发机制的实现原理与方法 …… 153
4.1 多进程并发 TCP 服务器与客户端进程结构 …… 153

4.1.1 多进程并发 TCP 服务器进程结构 …… 153
4.1.2 多进程并发客户端进程结构 …… 154
4.2 UNIX/Linux 环境下多进程并发 TCP 服务器软件设计流程 …… 154
4.2.1 不固定进程数的并发 TCP 服务器软件设计流程 …… 154
4.2.2 固定进程数的并发 TCP 服务器软件设计流程 …… 155
4.3 UNIX/Linux 环境下多进程并发 TCP 服务器通信实现例程 …… 155
4.3.1 不固定进程数的多进程并发 TCP 服务器通信实现例程 …… 155
4.3.2 固定进程数的多进程并发 TCP 服务器通信实现例程 …… 160
4.3.3 UNIX/Linux 服务器与 Windows 客户端通信实现例程 …… 164
4.3.4 基于 SMTP 和 POP3 协议的电子邮件收发实现例程 …… 166
4.4 本章小结 …… 173
本章习题 …… 174
第 5 章 多线程并发 TCP 服务器软件的实现原理与方法 …… 175
5.1 线程之间的协调与同步 …… 175
5.1.1 UNIX/Linux 环境下线程之间的协调与同步 …… 175
5.1.2 Windows 环境下线程之间的协调与同步 …… 192
5.2 基于多线程的并发 TCP 服务器软件设计流程 …… 202
5.2.1 不固定线程数的并发 TCP 服务器软件设计流程 …… 202
5.2.2 固定线程数的并发 TCP 服务器软件设计流程 …… 203
5.3 多线程并发 TCP 服务器实现例程 …… 203
5.3.1 UNIX/Linux 环境下多线程并发 TCP 服务器实现例程 …… 203
5.3.2 Windows 环境下多线程并发 TCP 服务器实现例程 …… 208
5.4 本章小结 …… 212
本章习题 …… 213
第 6 章 单线程并发机制的实现原理与方法 …… 214
6.1 单线程并发 TCP 服务器与客户端的进程结构 …… 214
6.1.1 单线程并发 TCP 服务器的进程结构 …… 214
6.1.2 单线程并发 TCP 客户端的进程结构 …… 215
6.2 单线程并发 TCP 服务器软件的设计流程 …… 216
6.2.1 UNIX/Linux 环境下单线程并发 TCP 服务器软件设计流程 …… 216
6.2.2 Windows 环境下单线程并发 TCP 服务器软件设计流程 …… 218
6.3 单线程并发 TCP 服务器实现例程 …… 219
6.3.1 UNIX/Linux 环境下单线程并发 TCP 服务器实现例程 …… 219
6.3.2 Windows 环境下单线程并发 TCP 服务器实现例程 …… 221
6.3.3 UNIX/Linux 环境下单线程并发 TCP 客户端实现例程 …… 223
6.3.4 Windows 环境下单线程并发 TCP 客户端实现例程 …… 228

6.4 本章小结 …… 230
本章习题 …… 230
第7章 基于POOL和EPOLL的并发机制与实现方法 …… 231
7.1 POOL简介 …… 231
7.1.1 POOL的定义 …… 231
7.1.2 线程池的基本工作原理 …… 232
7.1.3 线程池的应用范围 …… 233
7.1.4 使用线程池的风险 …… 234
7.2 UNIX/Linux环境下线程池的C语言实现例程 …… 235
7.2.1 线程池的主要组成部分 …… 235
7.2.2 线程池的C语言实现例程剖析 …… 236
7.2.3 基于线程池的并发TCP服务器例程 …… 240
7.4 EPOLL简介 …… 248
7.4.1 EPOLL的定义 …… 248
7.4.2 EPOLL的基本接口函数 …… 248
7.4.3 EPOLL的事件模式 …… 249
7.4.4 EPOLL的工作原理 …… 250
7.5 基于EPOLL线程池的C语言例程 …… 250
7.5.1 基于EPOLL线程池的C语言例程剖析 …… 250
7.5.2 基于EPOLL的并发TCP服务器例程 …… 254
7.6 本章小结 …… 257
本章习题 …… 257
第8章 客户/服务器系统中的死锁问题 …… 259
8.1 死锁的定义 …… 259
8.2 产生死锁的原因 …… 260
8.2.1 竞争资源引起进程死锁 …… 260
8.2.2 进程推进顺序不当引起死锁 …… 260
8.3 产生死锁的必要条件 …… 260
8.4 处理死锁的基本方法 …… 261
8.5 存在死锁问题的多线程例程 …… 262
8.6 本章小结 …… 263
本章习题 …… 264
附录A GCC编译器简介 …… 265
A.1 GCC编译器所支持的源程序格式 …… 265
A.2 GCC编译选项解析 …… 266
A.2.1 GCC编译选项分类 …… 266

A.2.2 GCC 编译过程解析…………268
A.2.3 多个程序文件的编译…………269
A.3 GCC 编译器的安装…………269
附录 B 课程实验…………272
B.1 课程实验报告模板…………272
B.2 《Socket API 函数调用方法》课程实验…………273
B.3 《电子邮件收发系统的设计与实现》课程实验…………273
B.4 《文本聊天系统的设计与实现》课程实验…………273
B.5 《多媒体网络聊天系统的设计与实现》课程实验…………274
参考文献…………275

第1章 基于套接字的 TCP/IP 网络通信原理与模型

TCP/IP 协议是实现网络通信的基础，本章将在简要介绍 TCP/IP 参考模型与通信原理的基础之上，首先系统介绍套接字的基本概念以及基于套接字的 TCP/IP 网络通信实现流程，然后，再分别针对 UNIX/Linux 与 Windows 两种不同环境，详细介绍 BSD UNIX 套接字 API 中提供的主要系统函数与 Windows 套接字 API 中提供的主要扩展系统函数，并在此基础上分别针对 UNIX/Linux 与 Windows 两种不同环境，深入分析基于不同套接字类型的 TCP/IP 网络通信模型及其 C 语言实现方法。

1.1 TCP/IP 协议概述

1.1.1 TCP/IP 参考模型

TCP/IP（Transmission Control Protocol/Internet Protocol），即传输控制协议/因特网协议，是一个由多种协议组成的协议族（Protocol Family），定义了计算机通过网络互相通信及协议族各层次之间通信的规范。TCP/IP 参考模型是一个抽象的分层模型，在该模型中，属于 TCP/IP 协议族的所有网络协议都被归类到以下四个抽象的“层”之中。

1）主机-网络层（Host to Network Layer）：主机-网络层是 TCP/IP 参考模型的最低层，也称为网络接口层，它主要负责接收从互联网络层交来的 IP 数据报并将其通过低层物理网络发送出去，或者从低层物理网络上接收物理帧并从中抽出 IP 数据报交给互联网络层。其中，网络接口主要有以下两种类型：第一种是设备驱动程序，如局域网的网络接口；第二种是含自身数据链路协议的复杂子系统。在 TCP/IP 参考模型中未定义数据链路层，这主要是因为在 TCP/IP 最初的设计中已经使其可以使用各种典型的数据链路层协议。

2）互联网络层（Internet Layer）：也称为网际互联层或 IP 层，主要负责将源主机的报文分组发送到目的主机，源主机与目的主机可以在一个网络上，也可以在不同的网络上。由于 TCP/IP 参考模型中网络层协议是 IP（Internet Protocol）协议，因此互联网络层也称为 IP 层。其中，IP 协议是一种不可靠、无连接的数据报传送服务的协议，它提供的是一种“尽力而为（Best Effort）”的服务。IP 协议的协议数据单元是 IP 分组，由于在 IP 层提供数据报服务，因此也常将 IP 分组称为 IP 数据报。

3）传输层（Transport Layer）：传输层主要负责在互联网中源主机与目的主机的对等进程实体之间提供可靠的端到端的数据传输。在 TCP/IP 参考模型的传输层中定义了以下两种协议。

TCP 协议（Transmission Control Protocol，传输控制协议）：TCP 协议是一种可靠的面向连接的传输层协议，它允许将一台主机的字节流（Byte Stream）无差错地传送到目的主机。在通信过程中，TCP 协议首先将应用层的字节流分成多个字节段（Byte Segment），然后再将一个个字节段传送到互联网络层，并最终发送到目的主机。当互联网络层将接收到的字节段传送给传输层时，传输层再将这些字节段还原成原始的字节流，并传送到应用层。TCP 协议同时要完成流量控制功能，协调收发双方的发送与接收速度，以达到正确传输的目的。

UDP 协议（User Datagram Protocol，用户数据报协议）：UDP 协议是一种不可靠的无连接的传输层协议，它主要用于不要求分组顺序到达的传输服务之中，在基于 UDP 协议的传输服务中，分组的传输顺序检查与排序将由应用层完成。UDP 协议主要面向请求/应答式的交易型应用，一次交易往往只有一来一回两次报文交换，假如为此而建立和撤销连接将导致网络开销过大，因此，在这种情况下使用 UDP 就非常有效。另外，UDP 协议也常用于那些对可靠性要求不高，但要求网络的延迟较小的场合，如话音和视频数据的传送等。

4）应用层（Application Layer）：应用层包括所有的高层协议，目前 TCP/IP 参考模型中的应用层协议主要包括以下几种：

- 网络终端协议 Telnet。
- 文件传输协议 FTP（File Transfer Protocol）。
- 简单邮件传输协议 SMTP（Simple Mail Transfer Protocol）。
- 域名系统 DNS（Domain Name System）。
- 简单网络管理协议 SNMP（Simple Network Management Protocol）。
- 超文本传输协议 HTTP（Hyper Text Transfer Protocol）。

1.1.2 TCP/IP 网络通信中的客户-服务器模型

如图 1.1 所示，在 TCP/IP 协议体系中，进程之间的相互作用采用客户/服务器（Client/Server，简称 C/S）模型，其中，客户与服务器分别表示相互通信的两个应用程序进程。在 C/S 模型中，是根据通信发起的方向来区别一个应用程序进程是客户还是服务器的。一般将发起通信的应用程序进程称为客户，而将负责等待接收客户通信请求并为客户提供服务的应用程序进程称为服务器。

1.1.3 TCP/IP 参考模型的通信原理

TCP/IP 参考模型的通信原理如图 1.2 所示，其中，一至二层为串联的，而三至四层则是端到端（End to End）的。由图 1.2 可知，网际互联层与网络接口层实现了计算机网络中处

于不同位置的主机之间的数据通信，但是数据通信不是计算机网络的最终目的，计算机网络最本质的活动是实现分布在不同地理位置的主机之间的进程间通信（InterProcess Communication，IPC），以实现各种网络服务功能。而设置传输层的主要目的就是实现上述这种分布式进程之间的通信功能。

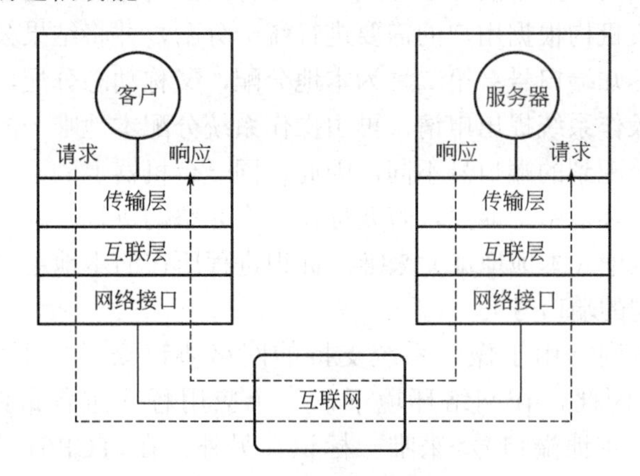

图 1.1　客户/服务器通信模型

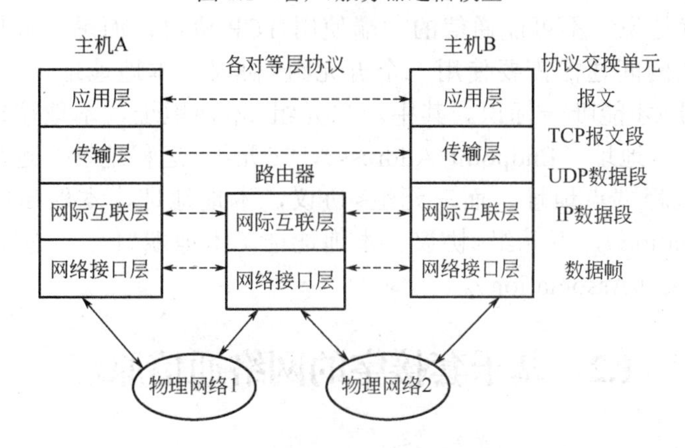

图 1.2　TCP/IP 参考模型的通信原理

在单机系统中，由于每个进程都在自己的地址范围内运行，为保证两个相互通信的进程之间既互不干扰又协调一致工作，Linux 操作系统为进程之间的通信提供了相应的设施，如管道（Pipe）、命名管道（Named Pipe）、软中断信号（Signal）和信号量（Semaphore）等，但上述这些设施都仅限于用在本机进程之间的通信。而网络环境下的分布式进程间通信要解决的是不同主机进程间的相互通信问题（显然，同机进程间通信只是其中的一个特例）。为此，传输层需要解决在网络环境下分布式进程间通信所面临的以下两个方面的问题。

1）进程的命名与寻址：按照 TCP/IP 参考模型的通信原理描述，传输层的主要目的是要实现网络环境下分布式进程之间的通信功能，显然，从这个意义上来讲，网络通信的最终地址除了主机地址之外，还需要包括可以描述进程的某种标识符。为此，TCP/IP 参考模型提出了协议端口（Protocol Port，简称端口）的概念，用于标识通信的进程。其中，端口是一种抽象的软件结构（包括一些数据结构和 I/O 缓冲区）。应用程序（即进程）在通过系统调用与某个端口建立起了连接之后，传输层传给该端口的所有数据均可被其接收，同理，其发给传输层的数据也均可通过该端口进行输出。在 TCP/IP 协议的实现中，端口操作类似于一般的文件 I/O 操作。为此，与文件描述符类似，每个端口均拥有一个唯一的被称为端口号（Port Number）的 16 位无符号整数型标识符，范围是 0～65535，用于区别不同的端口。

端口号一般有以下两种基本的分配方式：第一种为全局分配，这是一种集中分配方式，由一个公认权威的中央机构根据用户的需要进行统一分配，并将结果公布于众，通过该方式分配的端口号也称为熟知端口号；第二种为本地分配，又称动态分配，是当进程需要访问传输层服务时，向本地操作系统提出申请，再由操作系统分配本地唯一的端口号。由于同一台机器上的不同进程所分配到的端口号不同，因此，同一台机器上的不同进程就可以用端口号来唯一标识。但在网络环境中，显然，若要标识一个完整的进程，除了端口号之外，还需使用到本地主机的 IP 地址（本地地址）来唯一标识进程所在的本地主机（这是因为不同机器上的进程可以拥有相同的端口号）。

2）多重协议的识别：由于操作系统支持的网络协议众多，不同协议的工作方式与地址格式均不相同，因此，在网络环境下，一个应用程序进程最终需要使用一个三元组<协议，本地地址，本地端口号>来唯一标识。另外，在 TCP/IP 网络环境下，一个完整的网间通信需要由两个进程完成，并且这两个进程之间只能使用相同的传输层协议才能进行通信，也就是说，不可能通信的一端使用 TCP 协议，而另一端使用 UDP 协议。因此，一个完整的网间通信需要使用一个五元组<协议，本地地址，本地端口号，远程地址，远程端口号>才能唯一标识。其中，二元组<本地地址，本地端口号>称为网间进程通信中的本地端点地址（Endpoint Address），二元组<远程地址，远程端口号>称为网间进程通信中的远程端点地址，而三元组<协议，本地地址，本地端口号>称为一个半相关（Half-Association），五元组<协议，本地地址，本地端口号，远程地址，远程端口号>则称为一个相关（Association）。

1.2　基于套接字的网络通信原理

1.2.1　套接字概述

所谓套接字（Socket），就是对网络中不同主机上的应用进程之间进行双向通信的端点的抽象。一个套接字就是网络上进程通信的一端，提供了应用层进程利用网络协议栈交换数据的机制。如图 1.3 所示，从所处的地位来讲，套接字上联应用进程，下联网络协议栈，是应用程序通过网络协议栈进行通信的接口，是应用程序与网络协议栈进行交互的接口。

套接字是实现网络通信的基石，在采用基于套接字的网络通信过程中，其通信原理如下图 1.4 所示：当主机 A 上的应用程序进程 A 需要和主机 B 上的应用程序进程 B 进行通信时，主机 A 上的应用程序进程 A 首先将一段信息写入其在本地主机 A 上的 Socket A，然后再由 Socket A 将该段信息通过 TCP/IP 网络发送到主机 B 上应用程序进程 B 所对应的 Socket B 之中，最后再由 Socket B 将该段信息传送给应用程序进程 B。

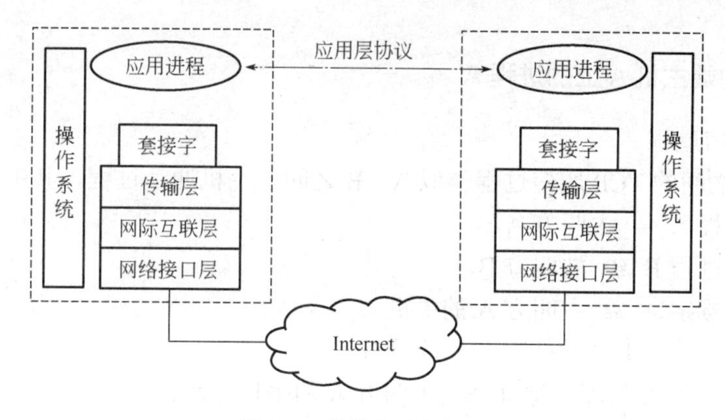

图 1.3　套接字通信模型

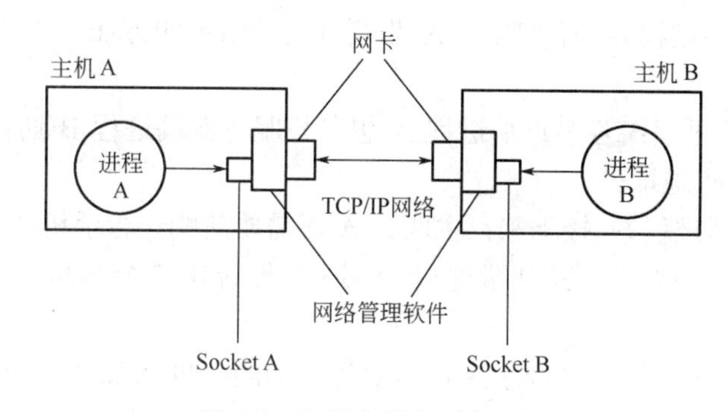

图 1.4　套接字通信原理示例

由以上描述可知，一个套接字可以看成应用程序进程进行网间通信的端点。而在网络环境下，一个应用程序进程又通常可用一个半相关<协议，本地地址，本地端口号>来进行唯一标识，因此，一个套接字显然也可以用上述半相关<协议，本地地址，本地端口号>来进行唯一标识，其中，二元组<本地地址，本地端口号>通常也称为套接字的端点地址。

显然，一个完整的 TCP/IP 网络通信连接可用通信双方（客户端和服务器端）所对应的套接字组成的套接字对（Socket Pair）来唯一标识，其中，通常将运行于客户端的套接字称为客户端套接字（Client Socket），而将运行于服务器端的套接字称为服务器端套接字（Server Socket）。

在实际网络通信中，将由客户端套接字提出连接请求，而要连接的目标就是服务器端套接字。为此，通常又将客户端套接字称为主动套接字，将服务器端套接字称为被动套接字。此外，由于客户端套接字在向服务器端套接字提出连接请求之前，首先必须知道服务器端套接字的端点地址（即服务器的 IP 地址和服务器进程的端口号），为此，服务器套接字的端点地址必须预先被客户端知道，也就意味着，服务器端套接字必须使用熟知（Well-Known）端口号。

1.2.2　基于套接字的 TCP/IP 网络通信原理

为了形象地说明基于套接字的 TCP/IP 网络通信原理，本节以图 1.4 中所示的客户端主机 A 上的进程 A 与服务器端主机 B 上的进程 B 之间的网络通信过程为例来进行阐述。

1. 针对客户端主机 A 上的进程 A

（1）TCP 通信过程

进程 A、B 之间的 TCP 通信过程类似 A、B 之间的手机通话过程，其中：

- 客户端进程 A ≌ 主叫方 A。
- 服务器端进程 B ≌ 被叫方 B。
- 客户端套接字 A ≌ 主叫方 A 的手机。
- 服务器端套接字 B ≌ 被叫方 B 的手机。
- 客户端套接字 A 的端点地址 ≌ 主叫方 A 的手机号码。
- 服务器端套接字 B 的端点地址 ≌ 被叫方 B 的手机号码。

步骤 1（手机通话过程）：若主叫方 A 想要打电话给被叫方 B，首先需要知道被叫方 B 的手机号码。

对应的 TCP 通信过程：若客户端进程 A 想要与服务器端进程 B 通信，首先需要知道服务器端套接字 B 的端点地址。

步骤 2（手机通话过程）：接下来，主叫方 A 还需要新购一台手机 A。

对应的 TCP 通信过程：客户端进程 A 还需要新建一个套接字 A，即客户端套接字 A。

步骤 3（手机通话过程）：主叫方 A 还需要为新购的手机 A 新申请一个本地手机号码。

对应的 TCP 通信过程：客户端进程 A 还需要新建的客户端套接字 A 申请一个本地端点地址。

步骤 4（手机通话过程）：主叫方 A 利用手机 A 拨打被叫方 B 的手机 B。

对应的 TCP 通信过程：客户端进程 A 利用客户端套接字 A 向服务器端套接字 B 发送 TCP 连接建立请求。

步骤 5（手机通话过程）：主叫方 A 拨通被叫方 B 的电话之后，与被叫方 B 之间进行手机通话。

对应的 TCP 通信过程：客户端进程 A 与服务器端进程 B 在建立了 TCP 连接之后，与服务器端进程 B 之间进行 TCP 通信。

步骤 6（手机通话过程）：通话结束后，主叫方 A 挂机。

对应的 TCP 通信过程：通信结束后，客户端进程 A 关闭客户端套接字 A 以释放 TCP 连接以及与套接字相关的资源。

（2）UDP 通信过程

进程 A、B 之间的 UDP 通信过程类似于 A、B 之间的短信收发过程，其中：

- 客户端进程 A ≌ 发信方 A。
- 服务器端进程 B ≌ 收信方 B。
- 客户端套接字 A ≌ 发信方 A 的手机。
- 服务器端套接字 B ≌ 收信方 B 的手机。
- 客户端套接字 A 的端点地址 ≌ 发信方 A 的手机号码。
- 服务器端套接字 B 的端点地址 ≌ 收信方 B 的手机号码。

步骤 1（短信收发过程）：若发信方 A 想要发送短信给收信方 B，首先需要知道收信方 B 的手机号码。

对应的 UDP 通信过程：若客户端进程 A 想要与服务器端进程 B 通信，首先需要知道服务器端套接字 B 的端点地址。

步骤 2（短信收发过程）：接下来，发信方 A 还需要新购一台手机 A。

对应的 UDP 通信过程：客户端进程 A 还需要新建一个套接字 A，即客户端套接字 A。

步骤 3（短信收发过程）：发信方 A 还需要为新购的手机 A 新申请一个本地手机号码。

对应的 UDP 通信过程：客户端进程 A 还需要新建的客户端套接字 A 申请一个本地端点地址。

步骤 4（短信收发过程）：发信方 A 利用手机 A 与收信方 B 的手机 B 之间进行短信收发（与打电话不同，这里没有一个拨打电话的过程，发信方 A 不需要关心收信方 B 的手机是否开机与可以接通）。

对应的 UDP 通信过程：客户端进程 A 利用客户端套接字 A 与服务器端进程 B 的套接字 B 进行 UDP 通信。（与 TCP 通信不同，这里没有一个建立连接的过程，客户端进程 A 不需要关心服务器端进程 B 及其套接字是正常工作。）

步骤 5（短信收发过程）：短信收发结束后，发信方 A 关机。

对应的 UDP 通信过程：短信发送结束后，客户端进程 A 关闭客户端套接字 A 以释放与套接字相关的资源。

2. 针对服务器端主机 B 上的进程 B

（1）TCP 通信过程

进程 A、B 之间的 TCP 通信过程类似于 A、B 之间的手机通话过程，其中：

- 客户端进程 A ≌ 主叫方 A。
- 服务器端进程 B ≌ 被叫方 B。
- 客户端套接字 A ≌ 主叫方 A 的手机。
- 服务器端套接字 B ≌ 被叫方 B 的手机。
- 客户端套接字 A 的端点地址 ≌ 主叫方 A 的手机号码。
- 服务器端套接字 B 的端点地址 ≌ 被叫方 B 的手机号码。

步骤 1（手机通话过程）：若被叫方 B 想要接到主叫方 A 打过来的电话，首先被叫方 B 需要新购一台手机 B。

对应的 TCP 通信过程：若服务器端进程 B 想要与客户端进程 A 通信，首先需要新建一个套接字 B，即服务器端套接字 B。

步骤 2（手机通话过程）：接下来，被叫方 B 还需要为新购的手机 B 新申请一个本地手机号码。

对应的 TCP 通信过程：服务器端进程 B 需要为新建的服务器端套接字 B 新申请一个本地端点地址。

步骤 3（手机通话过程）：为了能接收到主叫方 A 打过来的电话，被叫方 B 还必须使手机 B 处于被叫待机模式（就是 B 必须一直开机等候，因为 B 不知道 A 什么时候会打电话过来）。

对应的 TCP 通信过程：服务器端进程 B 需要将服务器端套接字 B 设置为被动模式。

步骤 4（手机通话过程）：当显示有电话拨入时，被叫方 B 利用手机 B 接通主叫方 A 利用手机A拨打过来的电话。

对应的TCP通信过程：当收到客户的连接请求时，服务器端进程B利用服务器端套接字B与客户端进程A的客户端套接字A之间建立一个TCP连接。

步骤5（手机通话过程）：电话接通之后，被叫方B与主叫方A之间进行手机通话。

对应的TCP通信过程：TCP连接建立之后，服务器端进程B与客户端进程A之间进行TCP通信。

步骤6（手机通话过程）：通话结束后，被叫方B挂机，继续等待下一个电话的到来。

对应的TCP通信过程：通信结束之后，服务器端进程B关闭所建立的TCP连接，并返回步骤4以接受来自下一个客户的连接请求。

步骤7（手机通话过程）：被叫方B不想再接电话了，则关机。

对应的TCP通信过程：服务器端进程B退出时，关闭该服务器端套接字B以释放与套接字相关的资源。

（2）UDP通信过程

进程A、B之间的UDP通信过程类似于A、B之间的短信收发过程，其中：

- 客户端进程A ≌ 发信方A。
- 服务器端进程B ≌ 收信方B。
- 客户端套接字A ≌ 发信方A的手机。
- 服务器端套接字B ≌ 收信方B的手机。
- 客户端套接字A的端点地址 ≌ 发信方A的手机号码。
- 服务器端套接字B的端点地址 ≌ 收信方B的手机号码。

步骤1（短信收发过程）：若收信方B想要接到发信方A发送过来的短信，首先收信方B需要新购一台手机B。

对应的UDP通信过程：若服务器端进程B想要与客户端进程A通信，首先需要新建一个套接字B，即服务器端套接字B。

步骤2（短信收发过程）：接下来，收信方B还需要为新购的手机B新申请一个本地手机号码。

对应的UDP通信过程：服务器端进程B还需要为新建的服务器端套接字B新申请一个本地端点地址。

步骤3（短信收发过程）：在开机状态下，当收到发信方A发送过来的短信时，收信方B利用手机B与发信方A的手机A之间进行短信收发。

对应的UDP通信过程：在开机状态下，当收到客户端进程A发送过来的信息时，服务器端进程B利用服务器端套接字B与客户端进程A的客户端套接字A之间进行UDP通信。

步骤4（短信收发过程）：收信方B不想再收发短信了，则关机。

对应的UDP通信过程：服务器端进程B退出，关闭服务器端套接字B以释放与套接字相关的资源。

1.2.3 基于套接字的TCP/IP网络通信软件实现流程

根据上述基于套接字的TCP/IP网络通信原理，可给出基于套接字的TCP/IP网络通信软件的实现流程如下：

1．基于套接字的 TCP 通信软件设计流程

（1）TCP 客户算法的设计流程

步骤 1：找到期望通信的服务器套接字端点地址（IP 地址+协议端口号）。

步骤 2：创建本地客户端套接字。

步骤 3：为该套接字申请一个本地端点地址（由 TCP/IP 协议软件自动选取）。

步骤 4：建立该套接字到服务器套接字之间的一个 TCP 连接。

步骤 5：基于建立的 TCP 连接，与服务器进行通信（发送请求与等待应答）。

步骤 6：通信结束之后，关闭该套接字以释放与之相关的资源（包括 TCP 连接的释放等）。

（2）TCP 服务器算法的设计流程

步骤 1：创建本地服务器端套接字。

步骤 2：为该套接字申请一个本地端点地址（将该套接字绑定到它所提供服务的熟知端口上）。

步骤 3：将该套接字设置为被动模式（被动套接字）。

步骤 4：从该套接字上接受一个来自客户的连接请求，并建立与该客户之间的一个 TCP 连接。

步骤 5：构造响应，并基于建立的 TCP 连接，与该客户进行通信（发送应答与等待请求）。

步骤 6：与客户完成交互之后，关闭所建立的 TCP 连接，并返回步骤 4 以接受来自下一个客户的新的连接请求。

步骤 7：当服务器关机时，关闭该套接字以释放与之相关的资源。

2．基于套接字的 UDP 通信软件设计流程

（1）UDP 客户算法的设计流程

步骤 1：找到期望通信的服务器套接字端点地址（IP 地址+协议端口号）。

步骤 2：创建本地客户端套接字。

步骤 3：为该套接字申请一个本地端点地址（由 TCP/IP 协议软件自动选取）。

步骤 4：基于期望通信的服务器套接字端点地址，与服务器进行通信（发送请求与等待应答）。

步骤 5：通信结束之后，关闭该套接字以释放与之相关的资源。

（2）UDP 服务器算法的设计流程

步骤 1：创建本地服务器端套接字。

步骤 2：为该套接字申请一个本地端点地址（将该套接字绑定到它所提供服务的熟知端口上）。

步骤 3：重复地读取来自客户的请求，然后构造响应，并按照应用协议与该客户进行通信（发送应答与等待请求）。

步骤 4：当服务器关机时，关闭该套接字以释放与之相关的资源。

1.3 基于套接字的TCP/IP网络通信过程中的相关问题

1.3.1 客户算法中服务器套接字端点地址查找问题

客户软件可以使用以下多种方法来找到某个服务器套接字的端点地址：

1）在编译程序时，将服务器套接字的端点地址说明为常量。

2）要求用户在启动程序时输入服务器套接字的端点地址。

3）从本地文件中获取服务器套接字端点地址的有关信息。

4）通过某个组播或广播协议来查找服务器套接字的端点地址。

在上述四种方法中，把服务器套接字端点地址指明为常量可以使客户软件执行快速，但当服务器套接字端点地址变化后，则客户软件就必须重新编译才可正常运行；把服务器套接字端点地址存放在本地的一个文件中可使客户软件更加灵活，但这也意味着如果该文件损坏或丢失将导致客户软件运行失败；在本地的小环境下，通过使用某个组播或广播协议来动态地查找服务器套接字的端点地址是可行的，但却不适合用于大的因特网环境，此外，使用这种动态的查找机制还会增加网络的额外通信开销。因此，为了避免不必要的麻烦和对计算环境的依赖，大多数客户使用在启动客户程序时要求用户输入服务器 IP 地址和协议端口号的方法，来获取某个服务器套接字的端点地址。按照这种方法来构建客户软件，不但可以使客户软件更具一般性，而且还可以将改变服务器的位置成为可能。

1.3.2 客户算法中本地端点地址的选择问题

基于前述的介绍可知，客户套接字在能够用于通信之前，客户端应用程序进程需要事先为其指明远程（服务器）的和本地的端点地址。在客户/服务器模型中，由于所有客户均需知道服务器端应用程序进程的端口号，因此，要求服务器端应用程序进程必须运行于某个熟知的协议端口之上，但对客户端应用程序进程而言，却并不需要它工作于某个预分配的端口上，而只需要为其分配的端口号没有被其他的应用程序进程使用且没有被预分配给某个熟知服务即可。

另外，对于拥有多个 IP 地址的主机，客户端应用程序进程往往难以进行 IP 地址的选择，这主要是因为正确的 IP 地址选择一般要依赖于选路信息，而应用程序却很少使用选路信息。例如，假定某台主机拥有多个网络接口（即有多个 IP 地址），在应用程序进程使用 TCP 之前，它必须知道该连接的端点地址，当该应用程序进程基于 TCP 协议与某个远程服务器通信时，TCP 软件将 TCP 报文段封装到 IP 数据报中，并将该数据报传递给 IP 软件，然后 IP 使用远程目的地址和它自身的路由表来选择下一跳（Next Hop）的地址以及可以用来到达下一跳的网络接口。此时，将会导致以下问题发生：在外发（Outgoing）数据报中的 IP 源地址应当与网络接口的 IP 地址匹配，因为 IP 是通过该接口传送数据报。但若程序员为应用程序进程所选择的 IP 地址与接口不匹配，则将使该应用程序进程无法工作，或者即便可以工作，也会使网络管理变得困难和混乱，并使应用程序进程的可靠性下降。

为此，为了解决上述客户算法中本地端点地址的分配问题，客户端应用程序进程选择将本地端点地址放置不填，而是改由 TCP/IP 协议软件自动地选取正确的本地 IP 地址与未使用的协议端口号来进行本地端点地址的填充。

1.3.3 套接字端点地址的存储结构问题

为允许协议族自由地选择其地址表示方法，套接字抽象为每种类型的地址定义了一个地址族，一个协议族可以使用一种或多种地址族来定义其端点地址的表示方式。同时，套接字软件也为应用程序存储端点地址在头文件<sys/socket.h>中提供了以下预定义的 C 结构声明：

```
struct sockaddr{                //存储断电地址信息的结构
u_char sa_len;                  //表示整个 sockaddr 结构体的长度
u_short sa_family;              //地址族(长度为 2 字节)
char sa_data[14];               //14 字节的协议端点地址
};
```

在上述 sockaddr 结构中，包含一个占 2 字节的地址族标识符和一个占 14 字节用于存储实际端点地址的数组。

需要注意的是，不是所有的地址族都定义了适合上述 sockaddr 结构的端点地址。例如，某些 UNIX 定义了一种称为命名管道（Named Pipe）的地址族 AF_UNIX，其端点地址长度要远远大于 14 字节，从而使得声明为 sockaddr 类型的变量无法装下其地址信息。因此，在编写混合协议的程序时，程序员一定要注意，有些非 TCP/IP 协议的端点地址可能要求一个更大的结构。

上述 sockaddr 结构虽然适用于 TCP/IP 协议族中的端点地址，但由于使用套接字的每个协议族都精确地定义了它的端点地址，例如每个 TCP/IP 端点地址是由一个用来标识地址类型的 2 字节字段、一个 2 字节的端口号字段、一个 4 字节的 IP 地址字段（IPv4），以及一个未使用的 8 字节字段构成的，因此，套接字软件在头文件<netinet/in.h>中还为 TCP/IP 协议族提供了以下预定义结构 sockaddr_in 来指明这种格式：

```
struct sockaddr_in{
u_char sin_len;                          //表示整个 sockaddr_in 结构体的长度
 short int sin_family;                   //地址族(长度为 2 字节)
  unsigned short int sin_port;           //端口号(长度为 2 字节)
   struct in_addr sin_addr;              //存储 IP 地址的结构(长度为 4 字节)
  usigned char sin_zero[8];              //填充 0 以保持与 struct sockaddr 同样大小
};
```

其中，存储 IP 地址的结构 struct in_addr 的定义如下：

```
struct in_addr{                                  //存储 IP 地址的结构
   unsigned long s_addr;                         //IP 地址
};
```

显然，只使用 TCP/IP 协议的应用程序可以只使用上述 sockaddr_in 结构，而无须使用 sockaddr 结构。另外，由于 TCP/IP 协议族（表示为 PF_INET）中各协议均使用一种单一的地址表示方式，其地址族用符号 AF_INET 表示，因此，在上述 sockaddr_in 结构中，地址类型字段 sin_family 应赋值为 AF_INET。

1.3.4 客户-服务器模型中的汇聚点问题

在 TCP/IP 网络通信中，由于参与通信的两个应用程序进程一般位于两台处于不同地理位置的独立的计算机之上，因此将可能导致汇聚点（Rendezvous）问题，即当两个人在分别启动这两个处于不同地理位置的独立的计算机上的应用程序进程时，由于两个人的操作速度不同，而计算机的运行速度要比人快许多数量级，这将导致速度快的那个人在启动了一个应用程序进程之后，该应用程序进程开始执行并向其对等应用程序进程发送报文，而此时速度慢的那个人还未完成其对等应用程序进程的启动，如此一来，在几个微秒之内，先启动的应用程序进程将会判断出其对等应用程序进程还不存在，于是，它将发出一条错误消息然后退出。这时，假若第二个应用程序进程启动了，但遗憾的是，它将发现其对等应用程序进程已经终止执行了。按照上述方式，即便是两个应用程序进程继续尝试通信，但由于每个应用程序进程都执行得相当快，因此，在同一时刻双方能相互发送消息的概率还是会非常低。

为了解决上述汇聚点问题，在客户/服务器模型中，要求每一次通信均由客户进程随机启动，而服务器进程则必须处于无限循环等待状态，以等待来自客户的服务请求，并在接收到客户的请求之后，执行必要的计算，然后再将结果返回给客户。其中，发起对等通信的一方称为客户，无限期地等待接收客户通信请求的一方则称为服务器。

1.3.5 主机字节顺序与网络字节顺序问题

主机字节顺序是指占用内存多于一个字节类型的数据在主机的内存之中的存放顺序，不同的 CPU 有不同的字节顺序类型，通常有小端、大端两种字节顺序。其中，小端字节顺序（Little Endian）是指低字节数据存放在内存的低地址处，高字节数据存放在内存的高地址处；大端字节顺序（Big Endian）是指高字节数据存放在内存的低地址处，低字节数据存放在内存的高地址处。

网络字节顺序是 TCP/IP 中规定好的一种数据表示格式，它与具体的 CPU 或操作系统的类型等无关，从而可以保证数据在不同的主机之间传输时能够被正确解释。网络字节顺序采用的是 Big Endian 的排序方式。

为了进行主机字节顺序与网络字节顺序之间的转换，套接字软件提供了以下四个转换函数：

1）htons 函数：htons 就是 host-to-network-for type 'short'的意思，该函数的功能是把短整型（unsigned short）的数据从主机字节顺序转换到网络字节顺序，调用成功时，将返回一个网络字节顺序的 16 位无符号短整型值；若调用出错则返回-1。其函数原型如下：

```
#include<netinet/in.h>           //含有 sockaddr_in 结构与字节顺序转换函数的定义
uint16_t htons(uint16_t hostshort);
```

在上述 htons()函数的原型中，各参数的含义如下：

hostshort：一个 16 位无符号短整型值。

2）htonl 函数：htonl 就是 host-to-network-for type 'long'的意思，该函数的功能是把长整

型（unsigned long）的数据从主机字节顺序转换到网络字节顺序，调用成功时返回一个网络字节顺序的32位无符号长整型值；若调用出错则返回−1。其函数原型如下：

```
#include<netinet/in.h>
uint32_t htonl(uint32_t hostlong);
```

在上述htonl()函数的原型中，各参数的含义如下：

hostlong：一个32位无符号长整型值。

3）ntohs函数：ntohs就是network-to-host-for type 'short'的意思，该函数的功能是把短整型的数据从网络字节顺序转换到主机字节顺序，调用成功时返回一个主机字节顺序的16位无符号短整型值；若调用出错则返回−1。其函数原型如下：

```
#include<netinet/in.h>
uint16_t ntohs(uint16_t netshort);
```

在上述ntohs()函数的原型中，各参数的含义如下：

netshort：一个16位无符号短整型值。

4）ntohl函数：ntohl就是network-to-host-for type 'long'的意思，该函数的功能是把长整型的数据从网络字节顺序转换到主机字节顺序，调用成功时返回一个主机字节顺序的32位无符号长整型值；若调用出错则返回−1。其函数原型如下：

```
#include<netinet/in.h>
uint32_t ntohl(uint32_t netlong);
```

在上述ntohl()函数的原型中，各参数的含义如下：

netlong：一个32位无符号长整型值。

1.3.6 IP地址与端口号的查找问题

在前面的介绍中指出，为了避免不必要的麻烦和对计算环境的依赖，大多数客户使用在启动客户程序时，一般采用要求用户输入服务器IP地址和协议端口号的方法来获取服务器套接字的端点地址。用户在输入服务器的IP地址信息时，一般应允许用户既可输入用点分十进制表示的服务器IP地址（如：128.10.2.3），又可输入服务器的域名（如：merlin.cs.purdue.edu）；而在用户输入协议端口号时，也应允许用户既可输入用十进制表示的实际协议端口号（如：23），又可输入该端口号所提供的服务的服务名（如：Telnet）。为此，需要提供相关的系统函数以解决十进制IP地址转换为二进制IP地址、域名转换为二进制IP地址以及服务名转换为协议端口号等问题。

（1）将点分十进制数IP地址转换为网络字节顺序二进制数IP地址

当用户输入的是用点分十进制数表示的服务器的IP地址时，由于客户必须使用sockaddr_in结构来保存服务器的IP地址，因此，这就意味着客户需要将用点分十进制数表示的服务器的IP地址转换为用二进制数表示的32位的网络字节顺序的IP地址，套接字软件提供了库例程inet_addr、inet_aton、inet_ntoa来实现上述转换，各函数的原型如下：

1）inet_addr函数：调用成功时返回一个用二进制数表示的32位的网络字节顺序的IP地址；若调用出错则返回−1。其函数原型如下：

```
#include<arpa/inet.h>//含有 inet_addr,inet_aton,inet_ntoa 等函数的定义
in_addr_t inet_addr(const char*cp);
```

在上述 inet_addr()函数的原型中，各参数的含义如下：

cp：指向一个用点分十进制数表示的 IP 地址字符串。

2）inet_aton 函数：调用成功时返回 1，表示将 cp 指向的一个用点分十进制数表示的 IP 地址字符串转换为一个用二进制数表示的 32 位的网络字节顺序的 IP 地址，转换后的 IP 地址存储在参数 inp 中；若调用出错则返回 0。函数原型如下：

```
#include<arpa/inet.h>
int inet_aton(const char*cp,struct in_addr*inp);
```

在上述 inet_aton()函数的原型中，各参数的含义如下：

cp：指向一个用点分十进制数表示的 IP 地址字符串。

inp：指向一个用二进制数表示的 32 比特的 IP 地址结构。

3）inet_ntoa 函数：调用成功时返回一个指向字符串指针，表示将 32 位二进制数形式的 IP 地址转换为用点分十进制数形式表示的 IP 地址，结果在函数返回值中返回；若调用出错则返回 NULL。其函数原型如下：

```
#include<arpa/inet.h>
char*inet_ntoa(struct in-addr in);
```

在上述 inet_ntoa()函数的原型中，各参数的含义如下：

in：指向一个用二进制数表示的 32 比特的 IP 地址结构。

（2）由域名查找 IP 地址

当用户输入的不是服务器的 IP 地址，而是服务器的域名时，由于客户必须使用 sockaddr_in 结构保存服务器的 IP 地址，因此，这就意味着客户需要将服务器的域名转换为用二进制表示的 32 位的网络字节顺序的 IP 地址，套接字软件提供了库例程 gethostbyname 来实现上述转换。该函数若调用成功，将返回一个指向包含 IP 地址信息的 hostent 结构指针；若调用出错则返回 NULL。该函数的原型如下：

```
#include<netdb.h>//含有 hostent 结构与 gethostbyname 函数的定义
struct hostent*gethostbyname(const char*name);
```

在上述 gethostbyname()函数的原型中，各参数的含义如下：

name：指向一个包含域名或主机名的字符串指针。

其中，hostent 结构的定义如下：

```
struct hostent{
    char*h_name;                    //主机的规范名称
    char**h_aliases;                //主机的别名
    char h_addrtype;                /*主机 IP 地址的类型,如:是 IPv4(AF_INET),还是
IPv6(AF_INET6)*/
    char h_length;                  //主机 IP 地址的长度
    char**h_addr_list;              /*以网络字节序存储的主机的 IP 地址列表(一个主机可能
会有多个 IP 地址)*/
  };
```

```
#define h_addr h_addr_list[0]  /*指向主机 IP 地址列表中的第一个位置,这样应用程序就
可以将h_addr当作hostent结构中的一个字段来使用了*/
```

（3）由服务名查找端口号

当用户输入的不是服务器所提供的特定服务的协议端口号，而是服务器所提供的特定服务的服务名时，由于客户必须使用 sockaddr_in 结构保存服务器的端口号，因此，这就意味着客户需要将服务器所提供的特定服务的服务名转换为服务器所提供的特定服务的协议端口号，套接字软件提供了库例程 getservbyname 来实现上述转换，该函数若调用成功时将返回一个指向包含协议端口号信息的 servent 结构指针；若调用出错则返回 NULL。该函数的原型如下：

```
#include<netdb.h>//含有servent结构与getservbyname函数的定义
struct servent*getservbyname(const char*name,const char*proto);
```

在上述 getservbyname()函数的原型中，各参数的含义如下：

name：指向一个包含服务器所提供的特定服务的服务名的字符串指针。

proto：连接该服务时用到的协议名。

其中，servent 结构的定义如下：

```
struct servent{
char*s_name;                        //主机的规范名称
   char**s_aliases;                 //主机的别名
   short s_port;                    //以网络字节顺序存储的服务的协议端口号
   char*s_proto;                    //连接该服务时用到的协议名
 };
```

1.3.7 由协议名查找协议号的问题

套接字软件提供一种机制，允许客户或服务器将协议名映射为分配给该协议的整数常量（也称为协议号）。库函数 getprotobyname 执行这种查找，调用 getprotobyname 函数时以一个字符串参数的形式传递协议名，它返回的是一个 protoent 类型的结构地址，该函数若调用成功，将返回一个指向包含协议号信息的 protoent 结构指针；若调用出错则返回 NULL。其中，getprotobyname 的原型如下：

```
#include<netdb.h> //含有protoent结构与getprotobyname函数的定义
struct protoent*getprotobyname(const char*name);
```

在上述 getprotobyname()函数的原型中，各参数的含义如下：

name：指向一个包含协议名的字符串指针。

其中，protoent 结构的定义如下：

```
struct protoent{
char*p_name;                        //协议的规范名称
   char**s_aliases;                 //协议的别名
   int p_proto;                  //规范的协议号
 };
```

1.3.8 服务器算法中熟知端口的绑定问题

在服务器算法中，如果在将套接字绑定到某个端口号时，它指定了某个特定的 IP 地址，则该套接字将只能接受客户发送到该 IP 地址上的请求，而不能接受客户发送到该机器其他 IP 地址上的请求。

然而，在很多时候路由器或多接口机器一般会拥有多个 IP 地址，显然，要想使得服务器可以接受客户发送到其所有 IP 地址的请求，则在套接字绑定到某个端口号时，不能只指定某个特定的 IP 地址。为了解决这个问题，套接字接口定义了一个特殊的常量——INADDR_ANY，它指明了一个通配地址（Wildcard Address），可以与该主机的任何一个 IP 地址都匹配。即，在服务器算法中当为套接字指明本地端点时，若服务器使用常量 INADDR_ANY 来取代某个特定的 IP 地址，则表示允许该套接受发给该机器上的任何一个 IP 地址的客户请求。

1.4 套接字 API 概述

1.4.1 BSD UNIX 套接字 API 系统函数简介

应用程序接口（API，Application Programming Interface）又称为应用编程接口，是一组能用来操作组件、应用程序或者操作系统的函数，其主要目的是提供应用程序与开发人员以访问一组例程的能力，而又无须访问源码或理解内部工作机制的细节，从而使得程序员通过使用 API 函数开发应用程序时可以减轻编程任务。

20 世纪 80 年代初，美国加利福尼亚大学伯克利分校的研究人员为方便在 BSD UNIX 系统中实现 TCP/IP 网络通信而开发了一个专门用于网络通信应用的 API，该 API 就是套接字 API（Socket API）。BSD UNIX 套接字 API 中包括一个用 C 语言写成的应用程序开发库，主要用于实现进程之间的通信，目前已在计算机网络通信方面被广泛使用，形成了事实上的网络套接字标准。BSD UNIX 套接字 API 中提供的主要系统函数（也称为库函数）如表 1.1 所示。

表 1.1 BSD UNIX 套接字 API 中提供的主要系统函数

函数名	功　能
socket	创建用于网络通信的套接字描述符
connect	连接远程对等实体（客户）
send	通过 TCP 连接外发数据
recv	从 TCP 连接中获得传入数据
close	终止通信并释放套接字描述符
bind	将本地 IP 地址和协议端口号绑定到套接字上（服务器）

续表

函数名	功　能
listen	将套接字设置为被动模式，并设置排队的 TCP 连接个数（服务器）
accept	接收下一个传入连接（服务器）
recvfrom	接收下一个传入的数据报并记录其源端点地址
sendto	依据调用 recvfrom 预先记录下的端点地址，发送外发的数据报
shutdown	在一个或两个方向上终止 TCP 连接
getpeername	在连接到达后，从套接字中获得远程机器的端点地址
getsockopt	获得套接字的当前选项
setsockopt	改变/设置套接字的当前选项

1）socket()函数：系统函数 socket()用于创建一个新套接字，该套接字可用于网络通信。socket()调用若执行成功，将返回一个套接字描述符（即一个整型的数值），若出错则返回–1。socket()函数的原型如下：

```
#include<sys/types.h>                //提供各种数据类型的定义
#include<sys/socket.h>               //提供 socket 函数及数据结构的定义
int socket(int domain,int type,int protocol);
```

在上述 socket()函数的原型之中，所包含的各个参数的含义如下：

domain：该参数用于指明建立 socket 所使用的协议族，通常赋值为符号常量 PF_INET 或 AF_INET，表示互联网协议族（TCP/IP 协议族）。

type：该参数用于指定创建该 socket 的应用程序所希望采用的通信服务类型。同一协议族可能提供多种不同的服务类型，例如 TCP/IP 协议族可提供数据流（TCP）和数据报（UDP）两种服务类型。为此，该参数通常赋值为符号常量 SOCK_STREAM （表示数据流服务类型）或 SOCK_DGRAM（表示数据报服务类型）。

protocol：该参数用于指明该 socket 所使用的具体协议的协议号。由于有些协议族中不止一种协议支持同一类型的服务，因此单纯用前面两个参数 domain 和 type 还不能唯一确定一个协议。但在 TCP/IP 协议族中，用 domain 和 type 这两个参数即可唯一确定一个协议，因此在 TCP/IP 协议族中，protocol 参数通常赋值为 0。

应用程序在调用 socket()函数返回一个 socket 描述符后，socket()函数将建立一个 socket，这里“建立一个 socket”实际上是意味着为一个 socket 数据结构分配了存储空间，而返回的 socket 描述符则是一个指向该内部数据结构的指针。

通过 socket()函数建立了一个 socket 之后，在使用该 socket 进行网络通信以前，还必须配置该 socket。其中，面向连接的 socket 客户端是通过执行 connect()函数在 socket 数据结构中保存本地和远端信息的；而无连接的 socket 客户端和服务端以及面向连接的 socket 服务端则都是通过调用 bind()函数配置本地信息的。

2）connect()函数：系统函数 connect()用于配置 socket 并与远端服务器建立一个 TCP 连接，只有面向连接的客户程序使用 socket 时才需要调用 connect()函数来将 socket 与远端主机相连，而无连接协议则不需要建立直接连接，面向连接的服务器也无须启动一个连接，它只是被动地在指定的协议端口监听客户的请求。connect()函数若执行成功，将返回一个整型数值，若出错则返回–1。connect()函数的原型如下：

```
#include<sys/types.h>
#include<sys/socket.h>
int connect(int sockfd,struct sockaddr*serv_addr,int addrlen);
```

在上述connect()函数的原型之中，所包含的各个参数的含义如下：

sockfd：套接字文件描述符，它是由系统函数socket()返回的。

serv_addr：指向数据结构sockaddr的指针，其中包含远端机器的端点地址（远端机器的端口号和IP地址）。

addrlen：远端地址结构serv_addr的长度，可以使用sizeof(struct sockaddr)来获得。

3）bind()函数：系统函数bind()用于将socket与本机的一个端点地址（端口号+IP地址）相关联，bind()函数若调用成功，将返回一个整型数值，若出错则返回−1。bind()函数主要用于服务器端，其原型如下：

```
#include<sys/types.h>
#include<sys/socket.h>
int bind(int sockfd,truct sockaddr*my_addr,int addrlen);
```

在上述bind()函数的原型之中，所包含的各个参数的含义如下：

sockfd：指系统函数socket()返回的套接字描述符。

my_addr：指向数据结构sockaddr的指针，其中包含本机的端点地址（本机的端口号和IP地址）。在给结构指针变量m_addr赋值时，可通过将my_addr.sin_port置为0来自动选择一个未占用的端口号，通过将my_addr.sin_addr.s_addr置为INADDR_ANY来自动填入本机IP地址。

addrlen：本机地址结构my_addr的长度，可以使用sizeof(struct sockaddr)来获得。

注：在调用bind()函数时，需要将sin_port和s_addr转换成网络字节优先顺序。另外，调用bind()函数时一般不要将端口号设置为小于1024的值，因为1到1024是保留端口号。

4）listen()函数：系统函数listen()用于使socket处于被动的监听模式，并为该socket建立一个输入数据队列，将到达的客户服务请求保存在此队列中，直到程序处理它们。listen()函数若调用成功，将返回一个整型数值，若出错则返回−1。listen()函数的原型如下：

```
#include<sys/types.h>
#include<sys/socket.h>
int listen(int sockfd,int backlog);
```

在上述listen()函数的原型之中，所包含的各个参数的含义如下：

sockfd：指系统函数socket()返回的套接字描述符。

backlog：指定进入队列中所允许的连接的个数，进入队列的客户连接请求在使用系统调用accept()应答之前将在进入队列中等待。这个值是队列中最多可以拥有的客户请求的个数。大多数系统的缺省设置为20，也可以设置为5或10。如果一个客户请求到来时输入队列已满，则socket将拒绝客户的连接请求，客户将收到一个出错信息。

5）accept()函数：系统函数accept()用于从等待连接队列（该等待连接队列为系统函数listen()所创建）中抽取第一个客户连接请求，然后建立与该客户之间的连接，并为该接连创建一个新的套接字（该新套接字将复制系统函数socket()所创建的那个原套接字中的部分信息，主要包括协议类型、协议操作等），此后，就由这个新的套接字来负责通过与该客户之间的连接与该远端客户进行通信。如果队列中没有正在等待的客户连接且套接字为阻塞方式，则 accept()函数将阻塞调用进程直至新的客户连接请求出现；如果套接字为非阻塞方式且队列中没有正在等待的客户连接请求，则 accept()函数将返回一个错误代码。accept()函数若调用成功，将返回一个新的套接字描述符，若出错则返回-1。accept()函数的原型如下：

```
#include<sys/types.h>
   #include<sys/socket.h>
int accept(int sockfd,struct sockaddr*addr,socklen_t*addrlen);
```

在上述 accept()函数的原型之中，所包含的各个参数的含义如下：

sockfd：指系统函数 socket()返回的套接字描述符。

addr：指一个用于回传的指向数据结构 sockaddr 的指针，accept()函数将从客户的连接请求之中自动抽取远端客户主机的端点地址信息并存入该 addr 指针所指向的数据结构之中。

addrlen：远端地址结构 addr 的长度，可以使用 sizeof(struct sockaddr)来获得。

6）send()函数：系统函数 send()用于给 TCP 连接的另一端发送数据，其中，客户程序一般用 send()函数向服务器发送请求，而服务器则通常调用 send()函数来向客户程序发送应答。send()函数只可用于基于连接的套接字，send()函数和 write()函数唯一的不同点是标志的存在，当标志为 0 时，send()函数等同于 write()函数。send()函数的原型如下：

```
#include<sys/types.h>
#include<sys/socket.h>
ssize_t send(int s,const void*buf,size_t len,int flags);
```

在上述 send()函数的原型之中，所包含的各个参数的含义如下：

s：指明用来发送数据的套接字描述符（如：系统函数 accept()返回的套接字描述符）。

buf：指明一个存放应用程序要发送数据的缓冲区。

len：指明实际要发送的数据的字节数。

flags：指明调用执行方式，一般设置为 0。

系统函数 send()若调用出错将返回-1，若调用成功，则将返回实际发送出的字节数，该字节数可能会少于实际欲发送的数据的字节数 len，在程序中应该将 send()函数的返回值与实际欲发送的数据的字节数进行比较。当 send()函数的返回值与 len 不匹配时，应对这种情况进行处理。

注：即便是已成功地调用了 send()函数，也并不意味着数据一定会正确地传送到对端机器，因为当调用 send()函数时，send()函数将首先比较待发送数据的长度 len 和套接字 s 的发送缓冲区的长度，如果 len 大于 s 的发送缓冲区的长度，则该函数返回-1；如果 len 小于或者等于 s 的发送缓冲区的长度，那么 send()函数先检查协议是否正在发送 s 的发送缓冲区中的已有数据。如果是，就等待协议把 s 的发送缓冲区中的已有数据发送完，如果协议还没有开始发送 s 的发送缓冲区中的已有数据或者 s 的发送缓冲区中没有数据，那么 send()函数将比较 s 的发送缓冲区的剩余空间和 len 的大小。如果 len 大于剩余空间的大小，则 send()函数将一直等待协议把 s 的发送缓冲区中的已有数据发送完；如果 len 小于剩余空间的大小，则

send()函数将仅仅把buf中的数据拷贝到剩余空间里（注意：这里send()函数仅仅是把buf中的数据拷贝到s的发送缓冲区的剩余空间里，而不是将buf中的数据传到连接的另一端）。如果send()函数已成功地将buf中的数据拷贝到了s的发送缓冲区的剩余空间之中，则立即返回实际拷贝的字节数。即：send()函数仅仅只是在把buf中的数据成功拷贝到了s的发送缓冲区的剩余空间里之后就返回了，因此，如果协议在后续的数据传送过程中出现网络错误，那么send()函数并不能保证这些数据会被正确传到连接的另一端。

7）recv()函数：系统函数recv()用于客户端和服务器程序从TCP连接的一端接收来自另一端的数据，recv()函数只可用于基于连接的套接字，recv()函数和read()函数唯一的不同点是标志的存在，当标志为0时，recv()函数等同于read()函数。recv()函数的原型如下：

```
#include<sys/types.h>
#include<sys/socket.h>
int recv(int s,void*buf,int len,unsigned int flags);
```

在上述recv()函数的原型之中，所包含的各个参数的含义如下：

s：指明用来接收数据的套接字描述符（如：系统函数accept()返回的套接字描述符）。

buf：指明一个应用程序用来存放接收到的数据的缓冲区。

len：指明缓冲区的长度。

flags：指明调用执行方式，一般设置为0。

系统函数recv()若调用成功，将返回实际接收的字节数，若出现错误则返回-1。当应用程序调用recv()函数时，recv()函数将首先等待s的发送缓冲区中的数据被协议传送完毕，如果协议在传送s的发送缓冲区中的数据时出现网络错误，那么recv()函数将返回-1；如果s的发送缓冲区中没有数据或者数据被协议成功发送完毕后，recv()调用将进一步检查套接字s的接收缓冲区，如果s的接收缓冲区中没有数据或者协议正在接收数据，则recv()函数将一直阻塞，等待协议把数据接收完毕；当协议把数据接收完毕，recv()函数将把s的接收缓冲区中的数据拷贝到buf中（注意：由于协议接收到的数据可能大于buf的长度，因此在这种情况下需要多次调用recv()函数才能把s的接收缓冲区中的数据拷贝完全）。

8）sendto()函数：系统函数sendto()用于在无连接的数据报socket方式下进行数据的发送，由于在无连接的数据报socket方式下，本地socket并没有与远端机器之间建立连接，因此，在调用sendto()函数来发送数据时应指明目的机器的端点地址。与send()函数类似，sendto()函数也返回实际发送的数据字节长度或在出现发送错误时返回-1。sendto()函数的原型如下：

```
#include<sys/types.h>
#include<sys/socket.h>
int sendto(int sockfd,const void*msg,int len,unsigned int flags,const
struct sockaddr*to,int tolen);
```

在上述sendto()函数的原型之中，所包含的各个参数的含义如下：

sockfd：指明用来发送数据的套接字描述符。

msg：指明一个存放应用程序要发送数据的缓冲区。

len：指明缓冲区的长度。

flags：指明调用执行方式，一般设置为0。

to：指一个指向数据结构 sockaddr 的指针，其中包含远端机器上的对等方套接字的端点地址。在客户端，该参数中所包含的远端机器的端点地址即服务器的 IP 地址和熟知端口号；在服务器端，该参数即recvfrom()函数中的参数 from。

tolen：远端地址结构 serv_addr 的长度，可使用 sizeof (struct sockaddr)来获得。

9）recvfrom()函数：系统函数 recvfrom()用于实现在无连接的数据报 socket 方式下进行数据的接收，与 recv()函数类似，recvfrom()函数也返回实际接收到的数据字节长度或在出现接收错误时返回-1。recvfrom()函数的原型如下：

```
#include<sys/types.h>
#include<sys/socket.h>
int   recvfrom(int   sockfd,void*buf,int   len,unsigned   int   flags,struct
sockaddr*from,int*fromlen);
```

在上述 recvfrom()函数的原型之中，所包含的各个参数的含义如下：

sockfd：指明用来接收数据的套接字描述符。

buf：指明一个存放应用程序用于接收数据的缓冲区。

len：指明缓冲区的长度。

flags：指明函数执行方式，一般设置为0。

from：指一个指向数据结构 sockaddr 的指针，用于存放远端机器上的对等方套接字的端点地址。其中，recvfrom()函数将从远端机器通过 sendto()函数发送过来的数据报中自动抽取远端机器的端点地址信息存入 from 指针所指向的数据结构之中。

fromlen：远端地址结构 serv_addr 的长度，可使用 sizeof (struct sockaddr) 来获得。

10）close()函数：系统函数 close()用于在服务器与客户端之间的所有数据收发操作结束以后关闭套接字，以释放该套接字所占用的资源。close()函数若调用成功将返回 0，若出错则返回-1。close()函数的原型如下：

```
#include<unistd.h>                //提供通用的文件、目录、进程等操作的函数原型定义
#include<sys/socket.h>
int close(sockfd);
```

在上述 close()函数的原型之中，所包含的参数的含义如下：

sockfd：指明要关闭的套接字描述符。

注：系统中的每一个文件或套接字都有一个引用计数，表示当前打开或者正在引用该文件或套接字的进程的个数。调用 close()函数终止一个连接时，它只是减少了描述符的引用计数，并不直接关闭对应的连接，只有当描述符的引用计数为 0 时，才真正关闭该连接。因此，在只有一个进程使用某个套接字时，close()函数会将该套接字的读写都关闭，这就容易导致发起关闭的一方还没有读完所有数据就关闭连接了，从而使得对方发来的数据将被丢弃；但如果有多个进程共享某个套接字，则系统函数 close()每被调用一次，都只是会使得其引用计数减 1，而只有等到其引用计数为 0 时，也就是说，只有等到所用进程都调用了close()函数来关闭该套接字时，该套接字才会被最终释放；为此，在有多个进程共享某个套接字的时候，当某个进程调用 close()函数关闭了一个套接字之后，除了使得该进程不能再访问该套接字之外，其他正在引用该套接字的进程均可继续正常使用该套接字与远端机器进行

通信。

11）shutdown()函数：系统函数 shutdown()用于在套接字的某个方向上关闭数据传输，而一个方向上的数据传输仍可继续进行。例如，可以关闭某个套接字的写操作而允许继续在该套接字上接收数据，直至读入所有的数据。shutdown()函数若调用成功将返回 0，若出错则返回-1。shutdown()函数的原型如下：

```
#include<sys/types.h>
#include<sys/socket.h>
int shutdown(int sockfd,int howto);
```

在上述 shutdown()函数的原型之中，所包含的各个参数的含义如下：

sockfd：指明要关闭的套接字描述符。

howto：指明关闭方向，该参数的取值包括以下三种：

● 0：仅关闭读；套接字将不再接收任何数据，且将套接字接收到的缓冲区中的现有数据全部丢弃。

● 1：仅关闭写；当前留在缓冲区中的数据将被发送完，进程将不能再对该套接字调用任何写函数。

● 2：同时关闭读和写；与 close()函数的功能类似，不同的是 shutdown()函数在关闭描述符时不考虑该套接字描述符的引用计数，而是直接关闭该套接字。

注：与 close()函数不同，在有多个进程共享某个套接字的时候，如果一个进程调用了 shutdown()函数关闭某个套接字之后，将会使得其他的所有进程都无法再使用该套接字进行通信。

12）getpeername()函数：系统函数 getpeername()用于获取所连接的远端机器上的对等方套接字的名称。getpeername()函数若执行成功将返回 0，若出错则返回-1。getpeername()函数的原型如下：

```
#include<sys/types.h>
#include<sys/socket.h>
int getpeername(int sockfd,struct sockaddr*addr,int*addrlen);
```

在上述 getpeername()函数的原型之中，所包含的各个参数的含义如下：

sockfd：指明连接的套接字描述符。

addr：指一个指向数据结构 sockaddr 的指针，用于存放远端机器上的对等方套接字的端点地址。

addrlen：远端地址结构 serv_addr 的长度，可使用 sizeof (struct sockaddr) 来获得。

13）setsockopt()函数：系统函数 setsockopt()用于设置与某个套接字关联的选项。setsockopt()函数若执行成功将返回 0，若出错则返回-1。setsockopt()函数的原型如下：

```
#include<sys/types.h>
#include<sys/socket.h>
int setsockopt(int sock,int level,int optname,const void*optval,socklen_t
optlen);
```

在上述 setsockopt()函数的原型之中，所包含的各个参数的含义如下：

sockfd：指明将要被设置选项的套接字描述符。

level：指明选项所在的协议层，选项可能存在于多层协议中，但它们总会出现在最上面的套接字层。因此，当操作套接字选项时，为了设置套接字层的选项，应将 level 的值指定为 SOL_SOCKET。

optname：指明需要设置的选项名，SOL_SOCKET 层所包含的选项如表 1.2 所示。

optval：指向包含新选项值的缓冲区，该参数的类型将根据选项名称的数据类型进行转换。

optlen：选项值的长度。

表 1.2　SOL_SOCKET 层所包含的选项

选项名称	说　明	数据类型
SO_BROADCAST	允许发送广播数据	int
SO_DEBUG	允许调试	int
SO_DONTROUTE	不查找路由	int
SO_ERROR	获得套接字错误	int
SO_KEEPALIVE	保持连接	int
SO_LINGER	延迟关闭连接	struct linger
SO_OOBINLINE	带外数据放入正常数据流	int
SO_RCVBUF	接收缓冲区大小	int
SO_SNDBUF	发送缓冲区大小	int
SO_RCVLOWAT	接收缓冲区下限	int
SO_SNDLOWAT	发送缓冲区下限	int
SO_RCVTIMEO	接收超时	struct timeval
SO_SNDTIMEO	发送超时	struct timeval
SO_REUSERADDR	允许重用本地地址和端口	int
SO_TYPE	获得套接字类型	int
SO_BSDCOMPAT	与 BSD 系统兼容	int

例如，每个套接字都有一个发送缓冲区和一个接收缓冲区，可以使用表 1.2 中的 SO_RCVBUF 和 SO_SNDBUF 这两个套接字选项来改变套接字的缺省缓冲区大小。

```
int rBuf=32*1024;                          //设置接收缓冲区为 32K
setsockopt(s,SOL_SOCKET,SO_RCVBUF,(const char*)&rBuf,sizeof(int));
   int sBuf=32*1024;                       //设置发送缓冲区为 32K
setsockopt(s,SOL_SOCKET,SO_SNDBUF,(const char*)&sBuf,sizeof(int));
```

注：当设置 TCP 套接口接收缓冲区的大小时，函数调用顺序是很重要的，因为 TCP 的窗口规模选项是在建立连接时用 SYN 与对方互换得到的。对于客户，SO_RCVBUF 选项必须在调用 connect()函数之前设置；对于服务器，SO_RCVBUF 选项必须在调用 listen()函数之前设置。

14）getsockopt()函数：系统函数 getsockopt()用于获取与某个套接字关联的选项。getsockopt()函数若调用成功将返回 0，若出错则返回−1。getsockopt()函数的原型如下：

```
#include<sys/types.h>
```

```
#include<sys/socket.h>
int        getsockopt(int           sockfd,int           level,int
optname,void*optval,socklen_t*optlen);
```

在上述 getsockopt()函数的原型之中，所包含的各个参数的含义如下：

sockfd：指明将要被获取选项的套接字描述符。

level：指明选项所在的协议层，选项可能存在于多层协议中，但它们总会出现在最上面的套接字层。因此，当操作套接字选项时，为了获得套接字层的选项，应将 level 的值指定为 SOL_SOCKET。

optname：指明需要访问的选项名，SOL_SOCKET 层所包含的选项如表 1.2 所示。

optval：指向返回选项值的缓冲区，该参数的类型将根据选项名称的数据类型进行转换。

optlen：选项值的长度。

1.4.2 Windows 套接字 API 扩展系统函数简介

以 U.C. Berkeley 大学 BSD UNIX 中流行的 Socket 接口为范例，Microsoft 也定义了一套 Windows 环境下的网络编程接口。在该接口中，不仅包含了上述 BSD UNIX 套接字 API 系统函数，而且包含了一组针对 Windows 环境的扩展系统函数，以使开发人员能充分地利用 Windows 的消息驱动机制进行编程。在 Windows 环境下，Socket 是以 DLL（动态链接库，Dynamic Link Library）的形式实现的，通常简称为 Winsock DLL。Windows 套接字 API 中提供的主要系统函数与扩展系统函数分别如表 1.3 和表 1.4 所示。

表 1.3 Windows 套接字 API 中提供的主要系统函数

函数名	功　能
socket	创建用于网络通信的套接字描述符
connect	连接远程对等实体（客户端）
send	通过 TCP 连接外发数据
recv	从 TCP 连接中获得传入数据
closesocket	终止通信并释放套接字描述符
bind	将本地 IP 地址和协议端口号绑定到套接字上（服务器）
listen	将套接字设置为被动模式，并设置排队的 TCP 连接个数（服务器）
accept	接收下一个传入连接请求（服务器专用）
recvfrom	接收下一个传入的数据报并记录其源端点地址
sendto	依据调用 recvfrom 预先记录下的端点地址，发送外发的数据报
shutdown	在一个或两个方向上终止 TCP 连接
getpeername	在连接到达后，从套接字中获得远程机器的端点地址
getsockopt	获得套接字的当前选项
setsockopt	改变/设置套接字的当前选项

1）socket()函数：系统函数 socket()的功能与对应参数的定义与 1.4.1 节中 BSD UNIX 套

接字 API 中的 socket()函数完全一致，其函数原型如下：

```
#include<winsock.h>
SOCKET PASCAL FAR socket(int af,int type,int protocol);
```

2）connect()函数：系统函数 connect()的功能与参数的定义与 1.4.1 节中 BSD UNIX 套接字 API 中的 connect()函数完全一致，其函数原型如下：

```
#include<winsock.h>
int connect (SOCKET s,const struct sockaddr FAR*name,int namelen);
```

3）bind()函数：系统函数 bind()的功能与参数的定义与 1.4.1 节中 BSD UNIX 套接字 API 中的 bind()函数完全一致，其函数原型如下：

```
#include<winsock.h>
int bind (SOCKET s,const struct sockaddr FAR*addr,int namelen);
```

4）listen()函数：系统函数 listen()的功能与参数的定义与 1.4.1 节中 BSD UNIX 套接字 API 中的 listen()函数完全一致，其函数原型如下：

```
#include<winsock.h>
int PASCAL FAR listen(SOCKET s,int backlog);
```

5）accept()函数：系统函数 accept()的功能与参数的定义与 1.4.1 节中 BSD UNIX 套接字 API 中的 accept()函数完全一致，其函数原型如下：

```
#include<winsock.h>
SOCKET PASCAL FAR accept(SOCKET s,struct sockaddr FAR*addr,int
FAR*addrlen);
```

6）send()函数：系统函数 send()的功能与参数的定义与 1.4.1 节中 BSD UNIX 套接字 API 中的 send()函数完全一致，其函数原型如下：

```
#include<winsock.h>
int PASCAL FAR send(SOCKET s,const char FAR*buf,int len,int flags);
```

7）recv()函数：系统函数 recv()的功能与参数的定义与 1.4.1 节中 BSD UNIX 套接字 API 中的 recv()函数完全一致，其函数原型如下：

```
#include<winsock.h>
int PASCAL FAR recv(SOCKET s,char FAR*buf,int len,int flags);
```

8）sendto()函数：系统函数 sendto()的功能与参数的定义与 1.4.1 节中 BSD UNIX 套接字 API 中的 sendto()函数完全一致，其函数原型如下：

```
#include<winsock.h>
int PASCAL FAR sendto(SOCKET s,const char FAR*buf,int len,int flags,const
struct sockaddr FAR*to,int tolen);
```

9）recvfrom()函数：系统函数 recvfrom()的功能与参数的定义与 1.4.1 节中 BSD UNIX 套接字 API 中的 recvfrom()函数完全一致，其函数原型如下：

```
#include<winsock.h>
int PASCAL FAR recvfrom(SOCKET s,char FAR*buf,int len,int flags,struct sockaddr FAR*from,int FAR*fromlen);
```

10）closesocket()函数：系统函数 closesocket()的功能与参数的定义与 1.4.1 节中 BSD UNIX 套接字 API 中的 close ()函数完全一致，其函数原型如下：

```
#include<winsock2.h>
BOOL PASCAL FAR closesocket(SOCKET s);
```

11）shutdown()函数：系统函数 shutdown()的功能与参数的定义与 1.4.1 节中 BSD UNIX 套接字 API 中的 shutdown()函数完全一致，其函数原型如下：

```
#include<winsock2.h>
int PASCAL FAR shutdown(SOCKET s,int how);
```

12）getpeername()函数：系统函数 getpeername()的功能与参数的定义与 1.4.1 节中 BSD UNIX 套接字 API 中的 getpeername()函数完全一致，其函数原型如下：

```
#include<winsock2.h>
int PASCAL FAR getpeername(SOCKET s,struct sockaddr FAR*name,int FAR*namelen);
```

13）setsockopt()函数：系统函数 setsockopt()的功能与参数的定义与 1.4.1 节中 BSD UNIX 套接字 API 中的 setsockopt()函数完全一致，其函数原型如下：

```
#include<winsock2.h>
int PASCAL FAR setsockopt(SOCKET s,int level,int optname,const char FAR*optval,int optlen);
```

14）getsockopt()函数：系统函数 getsockopt()的功能与参数的定义与 1.4.1 节中 BSD UNIX 套接字 API 中的 getsockopt()函数完全一致，其函数原型如下：

```
#include<winsock2.h>
Int PASCAL FAR getsockopt(SOCKET s,int level,int optname,char FAR*optval,int FAR*optlen);
```

表 1.4 Windows 套接字 API 中提供的主要扩展系统函数

函数名	功　能
WSAStartup()	初始化 Winsock DLL
WSAAsyncSelect()	通知套接字端口有请求事件发生
WSACancelAsyncRequest()	取消一次异步操作
WSAIsBlocking()	判断是否有阻塞调用正在进行
WSASetBlockingHook()	建立一个应用程序指定的阻塞钩子函数
WSAUnhookBlockingHook()	恢复缺省的阻塞钩子函数
WSACancelBlockingCall()	取消一次正在进行中的阻塞调用
WSAAsyncGetServByPort()	获得对应于一个端口号的服务信息
WSAAsyncGetServByName()	获得对应于一个服务名的服务信息

续表

函数名	功　能
WSAAsyncGetProtoByNumber()	获得对应于一个协议号的协议信息
WSAAsyncGetProtoByName()	获得对应于一个协议名称的协议信息
WSAAsyncGetHostByName()	获得对应于一个主机名的主机信息
WSAAsyncGetHostByAddr()	获得对应于一个主机地址的主机信息
WSAGetLastError()	获得上次发生的网络错误
WSASetLastError()	设置可被 WSAGetLastError()接收的错误代码
WSACleanup()	用于解除与 Socket 库的绑定，释放占用的资源

1）WSAStartup()：系统函数 WSAStartup()用于初始化 Winsock DLL（由于 Winsock 是以动态链接库的形式实现的，因此，在调用之前必须先要对其进行初始化，也就是说，在 Windows 环境下，应用程序进程在调用其他任何 Socket API 系统函数之前必须首先成功调用 WSAStartup()函数）。WSAStartup()函数调用若执行成功将返回 0，若出错则返回表 1.5 中所列的错误代码之一。WSAStartup()函数的原型如下：

```
#include<winsock2.h>
#include<windows.h>
#pragma comment(lib,"ws2_32.lib")
int PASCAL FAR WSAStartup(WORD wVersionRequested,
LPWSADATA lpWSAData);
```

在上述 WSAStartup()函数的原型之中，所包含的各个参数的含义如下：

wVersionRequested：指明欲使用的 Windows Socket API 版本，该值可以通过 WORD MAKEWORD(BYTE,BYTE)函数来获取，例如，wVersionRequested=MAKEWORD(2,2)表示使用 2.2 版本的 Windows Socket API。

lpWSAData：指向 WSAData 数据结构的指针，用来保存函数 WSAStartup()返回的 Windows Socket 初始化信息。其中，WSAData 数据结构如下：

```
struct WSAData{
  WORD wVersion;            /*Winsock DLL 期望调用者使用的 Windows Socket API
版本*/
  WORD wHighVersion;        /*Winsock DLL 能够支持的 Windows Socket API 最高版
本,通常与 wVersion 相同*/
 /*以 Null 结尾的 ASCII 字符串,Winsock DLL 将对 Windows Socket 实现的相关描述(包括制造
商标识等)拷贝到 szDescription 中*/
  char szDescription[WSADESCRIPTION_LEN+1];
 /*以 Null 结尾的 ASCII 字符串,Winsock DLL 把 Windows Socket 的有关状态或配置信息拷贝
到 szSystemStatus 中*/
  char szSystemStatus[WSASYSSTATUS_LEN+1];
  unsigned short iMaxSockets; //单个进程能够打开的 socket 的最大数目
  unsigned short iMaxUdpDg; /*应用程序能发送或接收的最大用户数据包协议(UDP)的数据
包大小,以字节为单位,该参数在 WinSock2.0 版中已废弃*/
  char*lpVendorInfo;        /*指向销售商的数据结构的指针,该参数在 WinSock2.0 版中已
废弃*/
```

```
};
```

表 1.5　WSAStartup()函数调用出错返回的错误代码列表

错误代码	含　义
WSASYSNOTREADY	表示通信依赖的网络系统还没有准备好
WSAVERNOTSUPPORTED	表示应用程序期望使用的 Windows Socket API 版本未由特定的 Windows Socket 实现提供
WSAEINVAL	表示应用程序期望使用的 Windows Socket API 版本不被该 DLL 支持

2）WSAAsyncSelect()：系统函数 WSAAsyncSelect()用于通知套接字端口有请求事件发生。WSAAsyncSelect()函数调用若执行成功将返回 0，若出错则返回 SOCKET_ERROR，并可通过调用 WSAGetLastError()函数返回特定的错误代码。WSAAsyncSelect()函数的原型如下：

```
#include<winsock2.h>
intPASCAL FAR WSAAsyncSelect(SOCKET s,
HWND hWnd,
unsigned int wMsg,
long lEvent);
```

在上述 WSAAsyncSelect()函数的原型之中，所包含的各个参数的含义如下：

s：标识一个需要事件通知的套接口的描述符。

hWnd：标识一个在网络事件发生时需要接收消息的窗口句柄。

wMsg：在网络事件发生时要接收的消息。

lEvent：位屏蔽码，用于指明应用程序感兴趣的网络事件集合。其中，可能的网络事件如表 1.6 所示。

表 1.6　应用程序感兴趣的网络事件集合列表

可能的网络事件	含　义
FD_READ	套接口 s 准备读
FD_WRITE	套接口 s 准备写
FD_OOB	带外数据准备好在套接口 s 上读
FD_ACCEPT	套接口 s 准备接收新的将要到来的连接
FD_CONNECT	套接口 s 上的连接完成
FD_CLOSE	由套接口 s 标识的连接已关闭

3）WSACancelAsyncRequest()：系统函数 WSACancelAsyncRequest()用于取消一次异步操作，该异步操作应是以一个 WSAAsyncGetXByY()函数（例如，WSAAsyncGetHostByName()函数等）启动的。WSACancelAsyncRequest()函数调用若执行成功将返回 0，若出错则返回 SOCKET_ERROR，并可通过调用 WSAGetLastError()函数返回特定的错误代码。WSACancelAsyncRequest()函数的原型如下：

```
#include<winsock2.h>
int PASCAL FAR WSACancelAsyncRequest(HANDLE hAsyncTackHandle);
```

在上述 WSACancelAsyncRequest()函数的原型之中，所包含的参数的含义如下：

hAsyncTaskHandle：指明要取消的异步操作，它应由初始函数作为异步任务句柄返回。

4）WSAIsBlocking()：系统函数 WSAIsBlocking()用于判断是否有阻塞调用正在进行。若存在一个尚未完成的阻塞函数在等待完成，则 WSAIsBlocking()函数将返回 TRUE，否则返回 FALSE。WSAIsBlocking()函数的原型如下：

```
#include<winsock2.h>
BOOL PASCAL FAR WSAIsBlocking (void );
```

5）WSASetBlockingHook()：系统函数 WSASetBlockingHook()用于建立一个阻塞钩子函数。WSASetBlockingHook()函数调用若执行成功，将返回一个指向所建立的阻塞钩子函数的指针，若出错则返回一个 NULL 指针，并可通过调用 WSAGetLastError()函数返回特定的错误代码。WSASetBlockingHook()函数的原型如下：

```
#include<winsock2.h>
FARPROC PASCAL FAR WSASetBlockingHook (FARPROC lpBlockFunc);
```

在上述 WSASetBlockingHook()函数的原型之中，所包含的参数的含义如下：

lpBlockFunc：指向要安装的阻塞函数的函数指针。

6）WSAUnhookBlockingHook()：系统函数 WSAUnhookBlockingHook()用于恢复缺省的阻塞钩子函数。WSAUnhookBlockingHook()函数调用若执行成功将返回 0，若出错则返回 SOCKET_ERROR，并可通过调用 WSAGetLastError()函数返回特定的错误代码。WSAUnhookBlockingHook()函数的原型如下：

```
#include<winsock2.h>
int PASCAL FAR WSAUnhookBlockingHook (void);
```

7）WSACancelBlockingCall()：系统函数 WSACancelBlockingCall()用于取消一次正在进行中的阻塞调用。WSACancelBlockingCall()函数调用若执行成功将返回 0，若出错则返回 SOCKET_ERROR，可通过调用 WSAGetLastError()函数返回特定的错误代码。WSACancelBlockingCall()函数的原型如下：

```
#include<winsock2.h>
int PASCAL FAR WSACancelBlockingCall(void);
```

8）WSAAsyncGetServByPort()：系统函数 WSAAsyncGetServByPort()用于获得对应于一个端口号的服务信息，是 Getservbyport()的异步版本。WSAAsync GetServByPort()函数的返回值表明异步操作是否成功，若异步操作成功，则 WSAAsyncGetServByPort()将返回一个 HANDLE 类型的非 0 值，作为请求需要的异步任务句柄，该值可在两种方式下使用：

① 可通过 WSACancelAsyncRequest()取消该操作。

② 可通过检查 wParam 消息参数，以匹配异步操作和完成消息。

若异步操作失败，则返回一个 0 值，并可使用 WSAGetLastError()来获取错误号。WSAAsyncGetServByPort()函数的原型如下：

```
#include<winsock2.h>
```

```
HANDLE PASCAL FAR WSAAsyncGetServByPort (HWND hWnd,
unsigned int wMsg,
int port,
const char FAR*proto,
char FAR*buf,
int buflen);
```

在上述 WSAAsyncGetServByPort()函数的原型之中，所包含的各个参数的含义如下：

hWnd：当异步请求完成时，应该接收消息的窗口句柄。

wMsg：当异步请求完成时，将要接收的消息。

port：服务的端口号，以网络字节序。

proto：指向协议名称的指针，可能是 NULL，在这种情况下，WSAAsyncGetServByName()将搜索第一个服务入口（满足 s_name 或 s_aliases 之一和所给的名称匹配），否则，WSAAsyncGetServByName()将和名称与协议同时匹配。

buf：接收 protoent 数据的数据区指针，该数据区必须大于 protoent 结构的大小。因为不仅 Windows Socket 实现要用该数据区域容纳 protoent 结构，而且 protoent 结构的成员引用的所有数据也要在该区域内。建议用户提供一个 MAXGETHOSTSTRUCT 字节大小的缓冲区。

buflen：上述数据区的大小。

9）WSAAsyncGetServByName()：系统函数 WSAAsyncGetServByName()用于获得对应于一个服务名的服务信息，是系统函数 Getservbyname()的异步版本。WSAAsyncGetServByName()函数的返回值表明异步操作是否成功，如果异步操作成功，则 WSAAsyncGetServByName()将返回一个 HANDLE 类型的非 0 值，作为请求需要的异步任务句柄，该值可在两种方式下使用：第一，可通过 WSACancelAsyncRequest()取消该操作；第二，可通过检查 wParam 消息参数，以匹配异步操作和完成消息。如果异步操作失败，则将返回一个 0 值，并可使用 WSAGetLastError()来获取错误号。WSAAsyncGetServByName()函数的原型如下：

```
#include<winsock2.h>
HANDLE PASCAL FAR WSAAsyncGetServByName (HWND hWnd,
unsigned int wMsg,
const char FAR*name,
const char FAR*proto,
char FAR*buf,
int buflen);
```

在上述 WSAAsyncGetServByName()函数的原型之中，所包含的各个参数的含义如下：

hWnd：当异步请求完成时，应该接收消息的窗口句柄。

wMsg：当异步请求完成时，将要接收的消息。

name：指向服务名的指针。

proto：指向协议名称的指针，可能是 NULL，在这种情况下，WSAAsyncGetServByName()将搜索第一个服务入口（满足 s_name 或 s_aliases 之一和所给的名称匹配），否则，WSAAsyncGetServByName()将和名称与协议同时匹配。

buf：接收 protoent 数据的数据区指针，该数据区必须大于 protoent 结构的大小。因为不仅 Windows Socket 实现要用该数据区域容纳 protoent 结构，而且 protoent 结构的成员引用的所有数据也要在该区域内。建议用户提供一个 MAXGETHOSTSTRUCT 字节大小的缓冲区。

buflen：上述数据区的大小。

10）WSAAsyncGetProtoByNumber()：系统函数 WSAAsyncGetProtoBy Number()用于获得对应于一个协议号的协议信息，是系统函数 GetProtoBy Number()的异步版本。WSAAsyncGetProtoByNumber()函数的返回值表明异步操作是否成功，若异步操作成功，则 WSAAsyncGetProtoByNumber()将返回一个 HANDLE 类型的非 0 值，作为请求需要的异步任务句柄，该值可在两种方式下使用：第一，可通过 WSACancelAsyncRequest()取消该操作；第二，可通过检查 wParam 消息参数，以匹配异步操作和完成消息。若异步操作失败则返回一个 0 值，并可使用 WSAGetLastError()来获取错误号。WSAAsyncGetProtoBy Number()函数的原型如下：

```
#include<winsock2.h>
HANDLE PASCAL FAR WSAAsyncGetProtoByNumber (HWND hWnd,
unsigned int wMsg,
int number,
char FAR*buf,
int buflen);
```

在上述 WSAAsyncGetProtoByNumber()函数的原型之中，所包含的各个参数的含义如下：

hWnd：当异步请求完成时，应该接收消息的窗口句柄。

wMsg：当异步请求完成时，将要接收的消息。

number：要获得的协议号，以主机字节序。

buf：接收 protoent 数据的数据区指针，该数据区必须大于 protoent 结构的大小。因为不仅 Windows Socket 实现要用该数据区域容纳 protoent 结构，而且 protoent 结构的成员引用的所有数据也要在该区域内。建议用户提供一个 MAXGETHOSTSTRUCT 字节大小的缓冲区。

buflen：上述数据区的大小。

11）WSAAsyncGetProtoByName()：系统函数 WSAAsyncGetProtoByName()用于获得对应于一个协议名称的协议信息，是系统函数 GetProtoByName()的异步版本。WSAAsyncGetProtoByName()函数的返回值表明异步操作是否成功，若异步操作成功，则 WSAAsyncGetProtoByName()将返回一个 HANDLE 类型的非 0 值，作为请求需要的异步任务句柄，该值可在两种方式下使用：第一，可通过 WSACancelAsyncRequest()来取消该操作；第二，可通过检查 wParam 消息参数，以匹配异步操作和完成消息。若异步操作失败则返回一个 0 值，并可使用 WSAGetLastError()获取错误号。WSAAsyncGetProtoByName()函数的原型如下：

```
#include<winsock2.h>
HANDLE PASCAL FAR WSAAsyncGetProtoByNumber (HWND hWnd,
unsigned int wMsg,
const char FAR*name,
```

```
char FAR*buf,
int buflen);
```

在上述 WSAAsyncGetProtoByName()函数的原型之中，所包含的各个参数的含义如下：

hWnd：当异步请求完成时，应该接收消息的窗口句柄。

wMsg：当异步请求完成时，将要接收的消息。

name：指向要获得的协议名的指针。

buf：接收 protoent 数据的数据区指针，该数据区必须大于 protoent 结构的大小。因为不仅 Windows Socket 实现要用该数据区域容纳 protoent 结构，而且 protoent 结构的成员引用的所有数据也要在该区域内。建议用户提供一个 MAXGETHOSTSTRUCT 字节大小的缓冲区。

buflen：上述数据区的大小。

12）WSAAsyncGetHostByName()：系统函数 WSAAsyncGetHostByName()用于获得对应于一个主机名的主机信息，是系统函数 GetHostByName()的异步版本。WSAAsyncGetHostByName()函数的返回值表明异步操作是否成功，如果异步操作成功，则 WSAAsyncGetHostByName()将返回一个 HANDLE 类型的非 0 值，作为请求需要的异步任务句柄，该值可在两种方式下使用：第一，可通过 WSACancelAsyncRequest()用来取消该操作；第二，可通过检查 wParam 消息参数，以匹配异步操作和完成消息。如果异步操作失败则返回一个 0 值，并且可使用 WSAGetLastError()来获取错误号。WSAAsyncGetHost ByName()函数的原型如下：

```
#include<winsock2.h>
HANDLE PASCAL FAR WSAAsyncGetHostByName (HWND hWnd,
unsigned int wMsg,
const char FAR*name,
char FAR*buf,
int buflen);
```

在上述 WSAAsyncGetHostByName()函数的原型之中，所包含的各个参数的含义如下：

hWnd：当异步请求完成时，应该接收消息的窗口句柄。

wMsg：当异步请求完成时，将要接收的消息。

name：指向主机名的指针。

buf：接收 protoent 数据的数据区指针，该数据区必须大于 protoent 结构的大小。因为不仅 Windows Socket 实现要用该数据区域容纳 protoent 结构，而且 protoent 结构的成员引用的所有数据也要在该区域内。建议用户提供一个 MAXGETHOSTSTRUCT 字节大小的缓冲区。

buflen：上述数据区的大小。

13）WSAAsyncGetHostByAddr()：系统函数 WSAAsyncGetHostByAddr()用于获得对应于一个主机地址的主机信息，是系统函数 GetHostByAddr()的异步版本。WSAAsyncGetHostByAddr()函数的返回值表明异步操作是否成功，若异步操作成功则 WSAAsyncGetHostByAddr()将返回一个 HANDLE 类型的非 0 值，作为请求需要的异步任务句柄，该值可在两种方式下使用：第一，可通过 WSACancelAsyncRequest()用来取消该操作；第二，可通过检查 wParam 消息参数，以匹配异步操作和完成消息。如果异步操作失败则返回一个 0

值，并且可使用 WSAGetLastError()来获取错误号。WSAAsyncGetHostByAddr()函数的原型如下：

```
#include<winsock2.h>
HANDLE PASCAL FAR WSAAsyncGetHostByAddr (HWND hWnd,
unsigned int wMsg,
const char FAR*addr,
int len,
int type,
char FAR*buf,
int buflen);
```

在上述 WSAAsyncGetHostByAddr()函数的原型之中，所包含的各个参数的含义如下：

hWnd：当异步请求完成时，应该接收消息的窗口句柄。

wMsg：当异步请求完成时，将要接收的消息。

addr：主机网络地址的指针，主机地址以网络字节次序存储。

len：地址长度，对于 PF_INET 来说必须为 4。

type：地址类型，必须是 PF_INET。

buf：接收 protoent 数据的数据区指针，该数据区必须大于 protoent 结构的大小。因为不仅 Windows Socket 实现要用该数据区域容纳 protoent 结构，而且 protoent 结构的成员引用的所有数据也要在该区域内。建议用户提供一个 MAXGETHOSTSTRUCT 字节大小的缓冲区。

buflen：上述数据区的大小。

14）WSAGetLastError()：系统函数 WSAGetLastError()用于获得上次发生的网络错误。WSAGetLastError()函数的返回值为进行上一次 Windows Socket API 函数调用时产生的错误代码。WSAGetLastError()函数的原型如下：

```
#include<winsock2.h>
int PASCAL FAR WSAGetLastError (void);
```

15）WSASetLastError()：系统函数 WSASetLastError()用于允许当前线程\进程设置可以被 WSAGetLastError()接收的错误代码。WSASetLastError()函数无返回值。WSASetLastError()函数的原型如下：

```
#include<winsock2.h>
void PASCAL FAR WSASetLastError (int iError);
```

在上述 WSASetLastError()函数的原型之中，所包含的参数的含义如下：

iError：指明将被后续的 WSAGetLastError()调用返回的错误代码。

注意：任何由应用程序调用的后续 Windows Socket API 系统函数都将覆盖本函数设置的错误代码。

16）WSACleanup()：系统函数 WSACleanup()用于解除与 Socket 库的绑定并终止 Winsock DLL (Ws2_32.dll) 的使用，同时释放 Socket 库所占用的系统资源。WSACleanup()函数若调用成功将返回 0，否则将返回 SOCKET_ERROR，并可以通过调用 WSAGetLastError()函数获取错误代码。WSACleanup()函数的原型如下：

```
#include<winsock2.h>
int PASCAL FAR WSACleanup (void);
```

1.5 基于套接字的TCP/IP网络通信模型与实现方法

1.5.1 UNIX/Linux环境下UDP套接字通信模型与实现方法

基于前述UDP客户端与服务器算法的设计流程以及BSD UNIX套接字API系统函数的介绍易知，UNIX/Linux环境下基于套接字的UDP通信模型可表示为图1.5所示的形式。

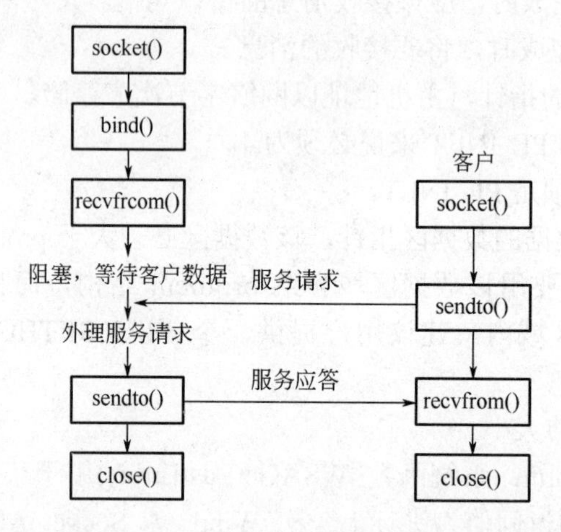

图1.5 UNIX/Linux环境下基于套接字的UDP通信模型

由图1.5可知，在UNIX/Linux环境下基于套接字的UDP通信模型中，服务器和客户端算法的实现流程可概略描述如下。

1. UDP服务器端算法的实现流程

（1）UDP服务器端算法的步骤描述

步骤1：调用socket()函数创建服务器端UDP套接字；

步骤2：调用bind()函数将该UDP套接字绑定到本机的一个可用的端点地址；

步骤3：调用recvfrom()函数从该UDP套接字接收来自远程客户端的数据并存入缓冲区，同时获得远程客户端的套接字端点地址并保存；

步骤4：基于保存的远程客户端的套接字端点地址，调用sendto()函数将缓冲区中的数据从该UDP套接字发送给该远程客户端；

步骤5：与客户交互完毕，调用close()函数将该UDP套接字关闭，释放所占用的系统资源。

（2）UDP服务器端算法的C语言实现方法

① 步骤1的C语言实现方法。

```
int msock;                                  //声明套接字描述符变量
```

```
msock=socket(AF_INET,SOCK_DGRAM,0);              //调用 socket()函数创建套接字
if (msock<0){                                    //调用 socket()函数出错
    printf("Create Socket Failed!\n");
    exit(-1);
}
```

② 步骤 2 的 C 语言实现方法。

```
#define SERVER_PORT 10000                        //定义端口号为10000
int ret;
struct sockaddr_in servaddr;                     //声明端点地址结构体变量
memset(&servaddr,0,sizeof(struct sockaddr_in));
/*以下 3 条语句用于给端点地址结构体变量 servaddr 赋值*/
servaddr.sin_family=AF_INET;                     //给协议族字段赋值
servaddr.sin_addr.s_addr=htonl(INADDR_ANY);      //给 IP 地址字段赋值
servaddr.sin_port=htons(SERVER_PORT);            //给端口号字段赋值
/*以下语句用于调用 bind()函数将套接字与端点地址绑定*/
ret=bind(msock,(struct sockaddr*)&servaddr,sizeof(struct sockaddr_in));
if(ret<0){                                       //调用 bind()函数出错
    printf("Server Bind Port: %d Failed!\n",SERVER_PORT);
    exit(-1);
}
```

③ 步骤 3 的 C 语言实现方法。

```
#define BUFSIZE 4096                             //定义数据缓冲区大小为 4M
char buf[BUFSIZE];                               //声明数据缓冲区变量
int num=0;
struct sockaddr_in clientaddr;                   //声明端点地址结构体变量
int len=sizeof(clientaddr);
memset(&clientaddr,0,sizeof(struct sockaddr_in));
memset(buf,'\0',sizeof(buf));
/*以下语句用于调用 recvfrom()函数从套接字接收客户端发来的数据*/
num=recvfrom(msock,buf,sizeof(buf),0,(struct sockaddr*)&clientaddr,&len);
if(num<0){                                       //调用 recvfrom()函数出错
    printf("Receive Data Failed!\n");
    exit(-1);
}
```

④ 步骤 4 的 C 语言实现方法。

```
num=0;
/*以下语句用于调用 sendto()函数从套接字发送数据给客户端*/
num=sendto(msock,buf,strlen(buf),0,(struct sockaddr*)&clientaddr,len);
if(num !=strlen(buf)){                           //调用 sendto()函数出错
    printf("Send Data Failed!\n");
```

```
    exit(-1);
}
```

⑤ 步骤5的C语言实现方法。

```
close(msock);
```

2. UDP客户端算法的实现流程

(1) UDP客户端算法的步骤描述

步骤1：调用socket()函数创建客户端UDP套接字；

步骤2：找到期望与之通信的远程服务器的IP地址和协议端口号；然后再调用sendto()函数将缓冲区中的数据从UDP套接字发送给远程服务器端；

步骤3：调用recvfrom()函数从该UDP套接字接收来自远程服务器端的数据并存入缓冲区；

步骤4：与服务器交互完毕，调用close()函数将该UDP套接字关闭，释放所占用的系统资源。

(2) UDP客户端算法的C语言实现方法

① 步骤1的C语言实现方法。

```
int tsock;                                    //声明套接字描述符变量
tsock=socket(AF_INET,SOCK_DGRAM,0);           //调用socket()函数创建套接字
if (tsock<0){                                 //调用socket()函数出错
    printf("Create Socket Failed!\n");
    exit(-1);
}
```

② 步骤2的C语言实现方法。

```
#define SERVERIP "172.0.0.1"                  //定义IP地址常量
#define SERVER_PORT 10000                     //定义端口号为10000
char*buffer="HELLO!";                         //声明数据缓冲区变量
struct sockaddr_in servaddr;                  //声明端点地址结构体变量
memset(&servaddr,0,sizeof(struct sockaddr_in));
/*以下3条语句用于给端点地址结构体变量servaddr赋值*/
servaddr.sin_family=AF_INET;                  //给协议族字段赋值
inet_aton(SERVERIP,&servaddr.sin_addr);       //给IP地址字段赋值
servaddr.sin_port=htons(SERVERPORT);          //给端口号字段赋值
int num=0;
int len=sizeof(struct sockaddr_in);
/*以下语句用于调用sendto()函数从套接字发送数据给服务器端*/
num=sendto(tsock,buffer,strlen(buffer),0,(struct sockaddr*)&servaddr,len);
if(num !=strlen(buf)){                        //调用sendto()函数出错
    printf("Send Data Failed!\n");
```

```
    exit(-1);
}
```

③ 步骤 3 的 C 语言实现方法。

```
#define BUFSIZE 4096                        //定义数据缓冲区大小为 4M
char buf[BUFSIZE];                          //声明数据缓冲区变量
int num=0;
struct sockaddr_in clientaddr;              //声明端点地址结构体变量
memset(&clientaddr,0,sizeof(struct sockaddr_in));
memset(buf,'\0',sizeof(buf));
/*以下语句用于调用 recvfrom()函数从套接字接收服务器端发来的数据*/
num=recvfrom(tsock,buf,sizeof(buf),0,(struct sockaddr*)&clientaddr,&len);
if(num<0){                                  //调用 recvfrom()函数出错
    printf("Receive Data Failed!\n");
    exit(-1);
}
```

④ 步骤 4 的 C 语言实现方法。

close(tsock);

1.5.2 UNIX/Linux 环境下 TCP 套接字通信模型与实现方法

基于前述 TCP 客户端与服务器算法的设计流程以及 BSD UNIX 套接字 API 系统函数的介绍易知，UNIX/Linux 环境下基于套接字的 TCP 通信模型可表示为图 1.6 所示的形式。

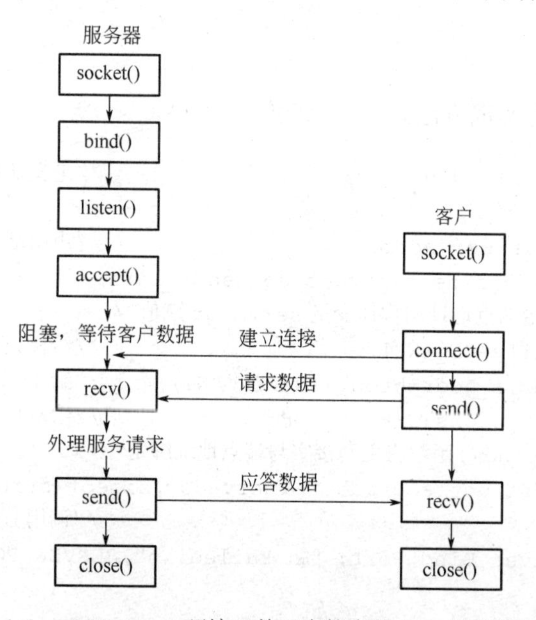

图 1.6　UNIX/Linux 环境下基于套接字的 TCP 通信流程

由图 1.6 可知，在 UNIX/Linux 环境下基于套接字的 TCP 通信模型中，服务器和客户端算法的实现流程可概略描述如下。

1．TCP 服务器端算法的实现流程

（1）TCP 服务器端算法的步骤描述

步骤 1：调用 socket()函数创建服务器端 TCP 主套接字；

步骤 2：调用 bind()函数将该 TCP 套接字绑定到本机的一个可用的端点地址；

步骤 3：调用 listen()函数将该 TCP 套接字设为被动模式，并设置等待队列的长度；

步骤 4：调用 accept()函数从该 TCP 套接字上接收一个新客户连接请求，并且在与该客户之间成功建立了 TCP 连接之后，为该 TCP 连接创建一个新的从套接字（由该新套接字来负责与客户之间进行实际的通信）；

步骤 5：基于新创建的从套接字，调用 recv()函数从套接字读取客户发送过来的数据并存入缓冲区；

步骤 6：基于新创建的从套接字，调用 send()函数将缓冲区中的数据从套接字发送给该远程客户；

步骤 7：与客户交互完毕，调用 close()函数将从套接字关闭，释放所占用的系统资源；

步骤 8：与所有客户交互完毕，调用 close()函数将主套接字关闭，释放所占用的系统资源。

（2）TCP 服务器端算法的 C 语言实现方法

① 步骤 1 的 C 语言实现方法。

```
int msock;                                          //声明主套接字描述符变量
msock=socket(AF_INET,SOCK_STREAM,0);                //调用 socket()函数创建套接字
if (msock<0){                                       //调用 socket()函数出错
     printf("Create Socket Failed!\n");
     exit(-1);
}
```

② 步骤 2 的 C 语言实现方法。

```
#define SERVER_PORT 10000                           //定义端口号为 10000
int ret;
struct sockaddr_in servaddr;                        //声明端点地址结构体变量
memset(&servaddr,0,sizeof(struct sockaddr_in));
/*以下 3 条语句用于给端点地址结构体变量 servaddr 赋值*/
servaddr.sin_family=AF_INET;                        //给协议族字段赋值
servaddr.sin_addr.s_addr=htonl(INADDR_ANY);         //给 IP 地址字段赋值
servaddr.sin_port=htons(SERVER_PORT);               //给端口号字段赋值
/*以下语句用于调用 bind()函数将主套接字与端点地址绑定*/
ret=bind(msock,(struct sockaddr*)&servaddr,sizeof(struct sockaddr_in));
if(ret<0){                                          //调用 bind()函数出错
     printf("Server Bind Port: %d Failed!\n",SERVER_PORT);
     exit(-1);
}
```

③ 步骤 3 的 C 语言实现方法。

```
#define QUEUE 20                          //定义等待队列长度为 20
int ret;
/*以下语句用于调用 listen()函数设置等待队列长度和设套接字为被动模式*/
ret=listen(msock,QUEUE);
if(ret<0){                                //调用 listen()函数出错
     printf("Listen Failed!\n");
     exit(-1);
}
```

④ 步骤 4 的 C 语言实现方法。

```
int sscok;                                //声明从套接字描述符变量
struct sockaddr_in clientaddr;            //声明端点地址结构体变量
int len=sizeof(clientaddr);
memset(&clientaddr,0,sizeof(struct sockaddr_in));
/*以下语句用于调用 accept()函数接收客户连接请求并创建从套接字*/
ssock=accept(msock,(struct sockaddr*)&clientaddr,&len);
if(ssock<0){                              //调用 accept()函数出错
     printf("Accept Failed!\n");
     exit(-1);
}
```

⑤ 步骤 5 的 C 语言实现方法。

```
#define BUFSIZE 4096                      //定义缓冲区大小为 4M
char buf[BUFSIZE];                        //声明数据缓冲区变量
memset(buf,'\0',sizeof(buf));
int num;
/*以下语句用于调用 recv()函数利用从套接字接收客户端发来的数据*/
num=recv(ssock,buf,sizeof(buf),0);
if (num<0){
     printf("Recieve Data Failed!\n");
     exit(-1);
}
```

⑥ 步骤 6 的 C 语言实现方法。

```
char*buffer="HELLO!";                     //声明数据缓冲区变量
num=0;
/*以下语句用于调用 send()函数利用从套接字发送数据给客户端*/
num=send(ssock,buffer,strlen(buffer),0);
if(num!=strlen(buffer)){                  //调用 send()函数出错
     printf("Send Data Failed!\n");
     exit(-1);
}
```

⑦ 步骤 7 的 C 语言实现方法。

```
close(ssock);
```

⑧ 步骤 8 的 C 语言实现方法。

```
close(msock);
```

2. TCP客户端算法的实现流程

（1）TCP 客户端算法的步骤描述

步骤 1：调用 socket()函数创建客户端 TCP 套接字；

步骤 2：找到期望与之通信的远程服务器端套接字的端点地址（即服务器端的 IP 地址和协议端口号）；然后，调用 connect()函数向远程服务器端发起 TCP 连接建立请求；

步骤 3：在与服务器端成功地建立了 TCP 连接之后，调用 send()函数将缓冲区中的数据从套接字发送给该远程服务器端；

步骤 4：调用 recv()函数从套接字读取服务器端发送过来的数据并存入缓冲区；

步骤 5：与服务器端交互完毕，调用 close()函数将套接字关闭，释放所占用的系统资源。

（2）TCP 客户端算法的 C 语言实现方法

① 步骤 1 的 C 语言实现方法。

```
int tsock;                                    //声明套接字描述符变量
tsock=socket(AF_INET,SOCK_STREAM,0);          //调用 socket()函数创建套接字
if (tsock<0){                                 //调用 socket()函数出错
     printf("Create Socket Failed!\n");
     exit(-1);
}
```

② 步骤 2 的 C 语言实现方法。

```
#define SERVERIP "172.0.0.1"                  //定义 IP 地址常量
#define SERVERPORT 10000                      //定义端口号常量
struct sockaddr_in servaddr;                  //声明端点地址结构体变量
memset(&servaddr,0,sizeof(struct sockaddr_in));
/*以下 3 条语句用于给端点地址结构体变量 servaddr 赋值*/
servaddr.sin_family=AF_INET;                  //给协议族字段赋值
inet_aton(SERVERIP,&servaddr.sin_addr);       //给 IP 地址字段赋值
servaddr.sin_port=htons(SERVERPORT);          //给端口号字段赋值
/*以下语句用于调用 connect()函数向远程服务器发起 TCP 连接建立请求*/
int ret;
ret=connect(tsock,(struct sockaddr*)&servaddr,sizeof(struct sockaddr));
if(ret<0){                                    //调用 connect()函数出错
     printf("Connect Failed!\n");
     exit(-1);
}
```

③ 步骤 3 的 C 语言实现方法。

```
char*buffer="HELLO!";                         //声明数据缓冲区变量
int num=0;
/*以下语句用于调用 send()函数利用从套接字发送数据给服务器端*/
num=send(tsock,buffer,strlen(buffer),0);
```

```
if(num!=strlen(buffer)){                          //调用 send()函数出错
     printf("Send Data Failed!\n");
     exit(-1);
}
```

④ 步骤 4 的 C 语言实现方法。

```
#define BUFSIZE 4096                          //定义缓冲区大小为 4M
char buf[BUFSIZE];                            //声明数据缓冲区变量
memset(buf,'\0',sizeof(buf));
num=0;
/*以下语句用于调用 recv()函数利用从套接字接收服务器端发来的数据*/
num=recv(tsock,buf,sizeof(buf),0);
if (num<0){
     printf("Recieve Data Failed!\n");
     exit(-1);
}
```

⑤ 步骤 5 的 C 语言实现方法。

```
close(tsock);
```

1.5.3 Windows 环境下 UDP 套接字通信模型与实现方法

基于前述 UDP 客户端与服务器算法的设计流程以及 Windows 套接字 API 系统函数与扩展系统函数的介绍可知，Windows 环境下基于套接字的 UDP 通信模型可表示为图 1.7 所示的形式。

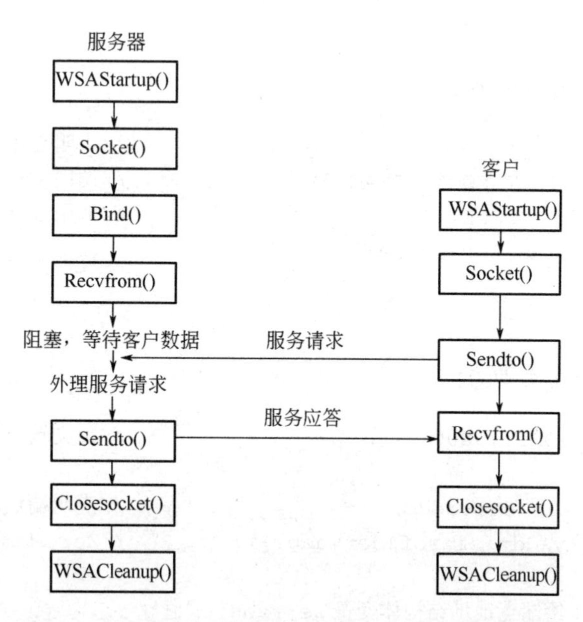

图 1.7 Windows 环境下基于套接字的 UDP 通信流程

由图 1.7 可知，在 Windows 环境下基于套接字的 UDP 通信模型中，服务器和客户端算法的实现流程可概略描述如下。

1. UDP 服务器端算法的实现流程

（1）UDP 服务器端算法的步骤描述

步骤 1：使用 WSAStartup()函数初始化 Winsock DLL；

步骤 2：调用 socket()函数创建服务器端 UDP 套接字；

步骤 3：调用 bind()函数将该 UDP 套接字绑定到本机的一个可用的端点地址；

步骤 4：调用 recvfrom()函数从该 UDP 套接字接收来自远程客户端的数据并存入缓冲区，同时获得远程客户端的套接字端点地址并保存；

步骤 5：基于保存的远程客户端的套接字端点地址，调用 sendto()函数将缓冲区中的数据从该 UDP 套接字发送给该远程客户端；

步骤 6：与客户交互完毕，调用 closesocket()函数将该 UDP 套接字关闭，释放所占用的系统资源；

步骤 7：最后，调用 WSACleanup()函数结束 Winsock Socket API。

（2）UDP 服务器端算法的 C 语言实现方法

① 步骤 1 的 C 语言实现方法。

```
int ret;
WORD sockVersion=MAKEWORD(2,2);
WSADATA wsaData;
ret=WSAStartup(sockVersion,&wsaData);
if (ret !=0){
    printf("Couldn't Find a Useable Winsock.dll!\n");
    exit(-1);
}
```

② 步骤 2 的 C 语言实现方法。

```
SOCKET msock;                                    //声明套接字描述符变量
msock=socket(AF_INET,SOCK_DGRAM,0);              //调用 socket()函数创建套接字
if(msock==INVALID_SOCKET){                       //调用 socket()函数出错
    printf("Create Socket Failed!\n");
    exit(-1);
}
```

③ 步骤 3 的 C 语言实现方法。

```
#define SERVER_PORT 10000                        //定义端口号为 10000
int ret;
struct sockaddr_in servaddr;                     //声明端点地址结构体变量
ZeroMemory(&servaddr,sizeof(servaddr));          /*ZeroMemory() 函 数 的 功 能 与
memset()函数类似*/
/*以下 3 条语句用于给端点地址结构体变量 servaddr 赋值*/
servaddr.sin_family=AF_INET;                     //给协议族字段赋值
servaddr.sin_addr.s_addr=htonl(INADDR_ANY);      //给 IP 地址字段赋值
```

```
servaddr.sin_port=htons(SERVER_PORT);           //给端口号字段赋值
/*以下语句用于调用bind()函数将套接字与端点地址绑定*/
ret=bind(msock,(struct sockaddr*)&servaddr,sizeof(struct sockaddr_in));
if(ret<0){                                       //调用bind()函数出错
     printf("Server Bind Port: %d Failed!\n",SERVER_PORT);
     exit(-1);
}
```

④ 步骤4的C语言实现方法。

```
#define BUFSIZE 4096                        //定义数据缓冲区大小为4M
char buf[BUFSIZE];                          //声明数据缓冲区变量
int num=0;
struct sockaddr_in clientaddr;              //声明端点地址结构体变量
int len=sizeof(clientaddr);
ZeroMemory(&clientaddr,sizeof(clientaddr));
ZeroMemory(buf,sizeof(buf));
/*以下语句用于调用recvfrom()函数从套接字接收客户端发来的数据*/
num=recvfrom(msock,buf,sizeof(buf),0,(struct sockaddr*)&clientaddr,&len);
if(num<0){                                  //调用recvfrom()函数出错
     printf("Receive Data Failed!\n");
     exit(-1);
}
```

⑤ 步骤5的C语言实现方法。

```
num=0;
/*以下语句用于调用sendto()函数从套接字发送数据给客户端*/
num=sendto(msock,buf,strlen(buf),0,(struct sockaddr*)&clientaddr,len);
if(num !=strlen(buf)){                  //调用sendto()函数出错
     printf("Send Data Failed!\n");
     exit(-1);
}
```

⑥ 步骤6的C语言实现方法。

```
closesocket(msock);
```

⑦ 步骤7的C语言实现方法。

```
WSACleanup();
```

2. UDP客户端算法的实现流程

（1）UDP客户端算法的步骤描述

步骤1：使用WSAStartup()函数初始化Winsock DLL；

步骤2：调用socket()函数创建客户端无连接套接字；

步骤3：找到期望与之通信的远程服务器的IP地址和协议端口号，然后再调用sendto()函数将缓冲区中的数据从套接字发送给远程服务器；

步骤4：调用recvfrom()函数从套接字接收来自远程服务器端的数据并存入缓冲区；

步骤5：与服务器交互完毕，调用close()函数将套接字关闭，释放所占用的系统资源；

步骤6：最后，调用WSACleanup()函数结束Winsock Socket API。

（2）UDP客户端算法的C语言实现方法

① 步骤1的C语言实现方法。

```
int ret;
WORD sockVersion=MAKEWORD(2,2);
WSADATA wsaData;
ret=WSAStartup(sockVersion,&wsaData);
if (ret !=0){
    printf("Couldn't Find a Useable Winsock.dll!\n");
    exit(-1);
}
```

② 步骤2的C语言实现方法。

```
SOCKET tsock;                                    //声明套接字描述符变量
tsock=socket(AF_INET,SOCK_DGRAM,0);              //调用 socket()函数创建套接字
if (tsock==INVALID_SOCKET){                  //调用 socket()函数出错
    printf("Create Socket Failed!\n");
    exit(-1);
}
```

③ 步骤3的C语言实现方法。

```
#define SERVERIP "172.0.0.1"                 //定义 IP 地址常量
#define SERVER_PORT 10000                    //定义端口号为 10000
char*buffer="HELLO!";                        //声明数据缓冲区变量
struct sockaddr_in servaddr;                 //声明端点地址结构体变量
ZeroMemory(&servaddr,sizeof(servaddr));
/*以下 3 条语句用于给端点地址结构体变量 servaddr 赋值*/
servaddr.sin_family=AF_INET;                 //给协议族字段赋值
inet_aton(SERVERIP,&servaddr.sin_addr);      //给 IP 地址字段赋值
servaddr.sin_port=htons(SERVERPORT);         //给端口号字段赋值
int num=0;
int len=sizeof(struct sockaddr_in);
/*以下语句用于调用 sendto()函数从套接字发送数据给服务器端*/
num=sendto(tsock,buffer,strlen(buffer),0,(struct sockaddr*)&servaddr,len);
if(num !=strlen(buf)){                       //调用 sendto()函数出错
    printf("Send Data Failed!\n");
    exit(-1);
}
```

④ 步骤4的C语言实现方法。

```
#define BUFSIZE 4096                      //定义数据缓冲区大小为 4M
char buf[BUFSIZE];                        //声明数据缓冲区变量
```

```
int num=0;
struct sockaddr_in clientaddr;           //声明端点地址结构体变量
ZeroMemory(&clientaddr,sizeof(clientaddr));
ZeroMemory(buf,sizeof(buf));
/*以下语句用于调用 recvfrom()函数从套接字接收服务器端发来的数据*/
num=recvfrom(tsock,buf,sizeof(buf),0,(struct sockaddr*)&clientaddr,&len);
if(num<0){                               //调用 recvfrom()函数出错
    printf("Receive Data Failed!\n");
    exit(-1);
}
```

⑤ 步骤 5 的 C 语言实现方法。

```
closesocket(tsock);
```

⑥ 步骤 6 的 C 语言实现方法。

```
WSACleanup();
```

1.5.4 Windows 环境下 TCP 套接字通信模型与实现方法

基于前述 TCP 客户端与服务器算法的设计流程以及 Windows 套接字 API 系统函数与扩展系统函数的介绍易知，Windows 环境下基于套接字的 TCP 通信模型可表示为图 1.8 所示的形式。

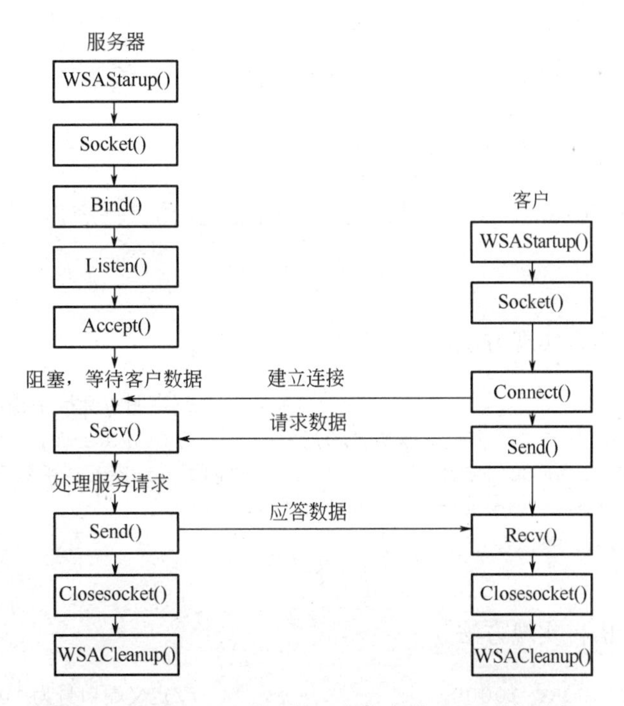

图 1.8 Windows 环境下基于套接字的 TCP 通信流程

由图 1.8 可知，在 Windows 环境下基于套接字的 TCP 通信模型中，服务器和客户端算法的实现流程可概略描述如下。

1. TCP 服务器端算法的实现流程

（1）TCP 服务器端算法的步骤描述

步骤 1：使用 WSAStartup()函数初始化 Winsock DLL；

步骤 2：调用 socket()函数创建服务器端 TCP 主套接字；

步骤 3：调用 bind()函数将 TCP 主套接字绑定到本机的一个可用的端点地址；

步骤 4：调用 listen()函数将该 TCP 主套接字设为被动模式，并设置等待队列长度；

步骤 5：调用 accept()函数从该 TCP 主套接字上接收一个新的客户 TCP 连接请求，并在与该客户之间成功建立了 TCP 连接之后，为该 TCP 连接创建一个新的从套接字（由该新的从套接字来负责与客户之间进行实际的通信）；

步骤 6：基于新创建的从套接字，调用 recv()函数利用该从套接字读取客户端发送过来的数据并存入缓冲区；

步骤 7：基于新创建的从套接字，调用 send()函数将缓冲区中的数据利用该从套接字发送给该远程客户端；

步骤 8：与客户交互完毕，调用 closesocket()函数将该从套接字关闭，释放所占用的系统资源；

步骤 9：最后，当与所有客户交互完毕之后，调用 closesocket()函数将 TCP 主套接字关闭，释放所占用的系统资源，然后，再调用 WSACleanup()函数来结束 Winsock Socket API。

（2）TCP 服务器端算法的 C 语言实现方法

① 步骤 1 的 C 语言实现方法。

```
int ret;
WORD sockVersion=MAKEWORD(2,2);
WSADATA wsaData;
ret=WSAStartup(sockVersion,&wsaData);
if (ret !=0){
     printf("Couldn't Find a Useable Winsock.dll!\n");
     exit(-1);
}
```

② 步骤 2 的 C 语言实现方法。

```
SOCKET msock;                                   //声明主套接字描述符变量
msock=socket(AF_INET,SOCK_STREAM,0);            //调用 socket()函数创建套接字
if (msock==INVALID_SOCKET){                     //调用 socket()函数出错
     printf("Create Socket Failed!\n");
     exit(-1);
}
```

③ 步骤 3 的 C 语言实现方法。

```
#define SERVER_PORT 10000                       //定义端口号为10000
int ret;
struct sockaddr_in servaddr;                    //声明端点地址结构体变量
ZeroMemory(&servaddr,sizeof(servaddr));
```

```
/*以下 3 条语句用于给端点地址结构体变量 servaddr 赋值*/
servaddr.sin_family=AF_INET;                    //给协议族字段赋值
servaddr.sin_addr.s_addr=htonl(INADDR_ANY);     //给 IP 地址字段赋值
servaddr.sin_port=htons(SERVER_PORT);           //给端口号字段赋值
/*以下语句用于调用 bind()函数将主套接字与端点地址绑定*/
ret=bind(msock,(struct sockaddr*)&servaddr,sizeof(struct sockaddr_in));
if(ret<0){                                      //调用 bind()函数出错
    printf("Server Bind Port: %d Failed!\n",SERVER_PORT);
    exit(-1);
}
```

④ 步骤 4 的 C 语言实现方法。

```
#define QUEUE 20                              //定义等待队列长度为 20
int ret;
/*以下语句用于调用 listen()函数设置等待队列长度和设套接字为被动模式*/
ret=listen(msock,QUEUE);
if(ret<0){                                    //调用 listen()函数出错
    printf("Listen Failed!\n");
    exit(-1);
}
```

⑤ 步骤 5 的 C 语言实现方法。

```
SOCKET sscok;                                 //声明从套接字描述符变量
struct sockaddr_in clientaddr;                //声明端点地址结构体变量
int len=sizeof(clientaddr);
ZeroMemory(&clientaddr,sizeof(clientaddr));
/*以下语句用于调用 accept()函数接受客户连接请求并创建从套接字*/
ssock=accept(msock,(struct sockaddr*)&clientaddr,&len);
if(ssock==INVALID_SOCKET){                  //调用 accept()函数出错
    printf("Accept Failed!\n");
    exit(-1);
}
```

⑥ 步骤 6 的 C 语言实现方法。

```
#define BUFSIZE 4096                          //定义缓冲区大小为 4M
char buf[BUFSIZE];                            //声明数据缓冲区变量
ZeroMemory(buf,sizeof(buf));
int num;
/*以下语句用于调用 recv()函数利用从套接字接收客户端发来的数据*/
num=recv(ssock,buf,sizeof(buf),0);
if (num<0){
    printf("Recieve Data Failed!\n");
    exit(-1);
}
```

⑦ 步骤 7 的 C 语言实现方法。

```
char*buffer="HELLO!";                         //声明数据缓冲区变量
```

```
num=0;
/*以下语句用于调用 send()函数利用从套接字发送数据给客户端*/
num=send(ssock,buffer,strlen(buffer),0);
if(num!=strlen(buffer)){                         //调用 send()函数出错
     printf("Send Data Failed!\n");
     exit(-1);
}
```

⑧ 步骤 8 的 C 语言实现方法。

```
closesocket(ssock);
```

⑨ 步骤 9 的 C 语言实现方法。

```
closesocket(msock);
WSACleanup();
```

2. TCP 客户端算法的实现流程

（1）TCP 客户端算法的步骤描述

步骤 1：使用 WSAStartup()函数初始化 Winsock DLL；

步骤 2：调用 socket()函数创建客户端 TCP 套接字；

步骤 3：找到期望与之通信的远程服务器端套接字的端点地址（即远程服务器端的 IP 地址和协议端口号），然后再调用 connect()函数向远程服务器端发起 TCP 连接建立请求；

步骤 4：在与服务器端成功地建立了 TCP 连接之后，调用 send()函数将缓冲区中的数据从该 TCP 套接字发送给该远程服务器端；

步骤 5：调用 recv()函数从该 TCP 套接字读取服务器端发送过来的数据并存入缓冲区；

步骤 6：与服务器端交互完毕，调用 closesocket()函数将该 TCP 套接字关闭并释放所占用的系统资源；

步骤 7：最后，调用 WSACleanup()函数结束 Winsock Socket API。

（2）TCP 客户端算法的 C 语言实现方法

① 步骤 1 的 C 语言实现方法。

```
int ret;
WORD sockVersion=MAKEWORD(2,2);
WSADATA wsaData;
ret=WSAStartup(sockVersion,&wsaData);
if (ret !=0){
     printf("Couldn't Find a Useable Winsock.dll!\n");
     exit(-1);
}
```

② 步骤 2 的 C 语言实现方法。

```
SOCKET tsock;                                    //声明套接字描述符变量
tsock=socket(AF_INET,SOCK_STREAM,0);             //调用 socket()函数创建套接字
if (tsock==INVALID_SOCKET){                      //调用 socket()函数出错
```

```
    printf("Create Socket Failed!\n");
    exit(-1);
}
```

③ 步骤 3 的 C 语言实现方法。

```
#define SERVERIP "172.0.0.1"                        //定义 IP 地址常量
#define SERVERPORT 10000                            //定义端口号常量
struct sockaddr_in servaddr;                        //声明端点地址结构体变量
ZeroMemory(&servaddr,sizeof(servaddr));
/*以下 3 条语句用于给端点地址结构体变量 servaddr 赋值*/
servaddr.sin_family=AF_INET;                        //给协议族字段赋值
inet_aton(SERVERIP,&servaddr.sin_addr);             //给 IP 地址字段赋值
servaddr.sin_port=htons(SERVERPORT);                //给端口号字段赋值
/*以下语句用于调用 connect()函数向远程服务器发起 TCP 连接建立请求*/
int ret;
ret=connect(tsock,(struct sockaddr*)&servaddr,sizeof(struct sockaddr));
if(ret<0){                                //调用 connect()函数出错
    printf("Connect Failed!\n");
    exit(-1);
}
```

④ 步骤 4 的 C 语言实现方法。

```
char*buffer="HELLO!";                               //声明数据缓冲区变量
int num=0;
/*以下语句用于调用 send()函数利用从套接字发送数据给服务器端*/
num=send(tsock,buffer,strlen(buffer),0);
if(num!=strlen(buffer)){                            //调用 send()函数出错
    printf("Send Data Failed!\n");
    exit(-1);
}
```

⑤ 步骤 5 的 C 语言实现方法。

```
#define BUFSIZE 4096                                //定义缓冲区大小为 4M
char buf[BUFSIZE];  •                               //声明数据缓冲区变量
ZeroMemory(buf,sizeof(buf));
num=0;
/*以下语句用于调用 recv()函数利用从套接字接收服务器端发来的数据*/
num=recv(tsock,buf,sizeof(buf),0);
if (num<0){
    printf("Recieve Data Failed!\n");
    exit(-1);
}
```

⑥ 步骤 6 的 C 语言实现方法。

```
closesocket(tsock);
```

⑦ 步骤 7 的 C 语言实现方法。

```
WSACleanup();
```

1.6 本章小结

本章主要对TCP/IP参考模型及其通信原理、TCP/IP网络通信中的客户/服务器模型，以及TCP/IP网络通信中的客户端和服务器端算法的设计流程等内容分别进行了详细介绍。通过本章的学习，需要了解基于套接字的TCP/IP网络通信原理；需要熟悉基于套接字的TCP/IP网络通信模型与原理；需要掌握TCP/IP网络通信中的TCP服务器端与客户端算法的设计流程与C语言实现方法，以及UDP服务器端与客户端算法的设计流程与C语言实现方法。

本 章 习 题

1．什么是端口号和端点地址？

2．什么是套接字描述符？

3．什么是主动套接字和被动套接字？

4．什么是客户-服务器模型中的汇聚点问题?其解决方法是什么？

5．BSD UNIX套接字API中提供了哪些主要的系统函数？Windows套接字API中提供了哪些主要的扩展系统函数？

6．客户软件可以使用哪些方法来找到某个服务器套接字的端点地址？

7．在服务器算法中，如何使得套接字可以接收发给该机器上的任何一个IP地址的客户请求？

8．客户算法中的本地端点地址是如何分配的？

9．简述TCP客户与服务器算法的实现流程。

10．简述UDP客户与服务器算法的实现流程。

第2章 循环服务器软件的实现原理与方法

在上一章中详细介绍了套接字的基本概念及其 API 函数的调用方法，并在此基础上讨论分析了基于套接字的 C/S 网络通信模型及其 C 语言实现方法。本章将在此基础上具体介绍一种简单的服务器—循环服务器软件的实现原理及其 C 语言实现方法，同时，为了更清晰地说明循环服务器软件的设计流程及其 C 语言实现方法，本章还将分别给出 UNIX/Linux 与 Windows 环境下的多个循环服务器及其客户端软件的完整 C 语言实现例程。

2.1 客户/服务器模型中服务器软件实现的复杂性

2.1.1 服务器设功能需求的复杂性

为了完成计算和返回结果给客户，服务器软件通常需要访问受操作系统保护的对象（如文件、数据库、设备或协议端口等），因此，服务器软件的执行通常需要带有一些系统特权。由于服务器在执行时带有系统特权，因此应特别注意不要将特权传递给使用其所提供的服务的客户。由于服务器的特权允许它访问任何文件，因此，为了保障服务器端的安全，服务器不能只依赖于那些常规的操作系统检查，通常，与客户软件不同，服务器软件除了接收客户的服务请求并返回应答给客户之外，还应含有处理以下安全问题的代码。

1）鉴别：验证客户的身份。

2）授权：判断某个客户是否被允许访问服务器所提供的服务。

3）数据安全：确保数据不被无意泄露或损坏。

4）保密：防止未经授权访问信息。

5）保护：确保网络应用程序不能滥用系统资源。

显然，由于服务区具有系统特权并应包含处理上述安全问题的代码，故服务器软件的设计与实现比客户软件的设计与实现要更加的困难和复杂。

2.1.2 服务器类型的复杂性

在客户/服务器模型中，服务器模型可依据不同方式进行分类。例如，按照使用的传输协议不同可以分为无连接（UDP）的服务器与面向连接（TCP）的服务器；按照是否维护与客户交互活动的信息可以分为有状态服务器与无状态服务器；按照处理与客户交互的机制不同又可以分为循环服务器与并发服务器。

1）UDP 服务器与 TCP 服务器：程序员在设计客户/服务器软件时，必须从 TCP/IP 协议族所提供的两个主要的传输协议 TCP 和 UDP 中选择一个来实现客户-服务器之间的通信，如果选择使用用户数据报（UDP）协议进行通信，由于 UDP 协议是一种不可靠的无连接协议，因此客户/服务器之间的交互是无连接的，故而使用 UDP 协议进行通信的服务器通常被称为无连接的服务器（简称 UDP 服务器）；如果选择使用传输控制（TCP）协议进行通信，由于 TCP 协议是一种可靠的面向连接的协议，因此，客户/服务器之间的交互是面向连接的，故而使用 TCP 协议进行通信的服务器通常也被称为面向连接的服务器（简称 TCP 服务器）。

由于使用 UDP 协议进行通信的客户和服务器在传输可靠性上没有任何保障，在客户发送请求时，这个请求可能丢失、重复、延迟或者交付失序，因此通常应用程序只在由应用程序处理可靠性，或者应用程序需要硬件进行广播或组播，或者应用程序在可靠的本地环境中运行而不需要额外的可靠性处理等情况下才使用 UDP；而在其他情况下，一般推荐使用 TCP 协议。

2）有状态服务器与无状态服务器：服务器维护的与客户交互活动的信息称为状态信息。不保存任何状态信息的服务器称为无状态服务器（Stateless Server）；反之，则称为有状态服务器（Stateful Server）。从本质上讲，状态信息让服务器记住了客户以前有过哪些请求，并在每个新请求到来时计算新的响应，在计算新的响应时，由于在服务器中保存了客户以前的状态信息，因此可以减少客户和服务器之间所交换的报文的大小，从而有效提高了客户和服务器之间通信的效率；但由于网络的稳定性问题，一旦存在报文丢失、重复或交付失序等情况，将会导致服务器中维护的状态信息不正确，从而使得服务器计算新的响应时，若使用了不正确的状态信息，就可能产生错误的响应。另外，客户计算机的崩溃或重新启动也会导致有状态服务器出错，例如，如果一个客户与服务器联系之后就崩溃了，而服务器已经为该客户建立了状态信息，那么服务器就可能永远也不会收到让它丢弃这些状态信息的报文，从而最终使得这些累积起来的状态信息会把服务器的存储资源耗尽。

一般来说，保持服务器中维护的状态信息的正确性这个问题只有复杂的协议才能解决，因此，采用有状态服务器的设计将会导致复杂的应用协议，特别是在不可靠的网络环境中，这种应用协议一般难以设计、理解和正确实现。

在常见的服务器应用中，传统的 WEB 服务器就是一个典型的无状态服务器，在客户访问 WEB 服务器时，一个客户每次发送的 HTTP 请求均和他以前发送的请求无任何关系，每次连接请求的目的都只是为了获取目标 URI（通用资源标志符，Universal Resource Identifier），而且在得到目标内容之后，这次连接就会被断开，在服务器中不会保留任何与该客户的交互活动的信息。在后来的发展过程中，WEB 服务器也逐渐在无状态的过程中加入了状态信息，如 COOKIE。当 WEB 服务器在响应客户的连接请求时，会向客户端推送一个 COOKIE，这个 COOKIE 记录了 WEB 服务器上的一些客户的状态信息；这样一来，客户端在后续的请求中可以携带该 COOKIE，WEB 服务器则可根据该 COOKIE 来判断请求的上下文关系。COOKIE 的存在是无状态服务器向有状态服务器的一个过渡手段，它通过 COOKIE 这种外部扩展手段来维护服务器中的上下文关系。

代表性的有状态服务器则包括即时通信服务器（如 QQ、MSN）和网络游戏服务器等。由于在这些服务器中维护有每个客户连接的状态信息，因此服务器在接收到客户发送的连接请求时，可以依据本地存储的状态信息来重现上下文关系。比如说，当一个用户登录网络游戏服务器后，服务器就可以依据其保存的状态信息，很容易找到该用户的历史状态。

显然，有状态服务器虽然在功能实现方面具有更大的优势，但由于它需要维护大量的状态信息，因此在性能方面要逊于无状态服务器。而无状态服务器虽然在处理简单服务方面有一定的优势，但却在处理复杂功能方面存在很多弊端，比如，用无状态服务器来实现即时通信服务器，那无疑将会是一场噩梦。因此，一个服务器到底是该采用无状态还是有状态的设计，这一问题的答案应更多地取决于应用协议而不是实现。例如，如果应用协议规定了某个报文的含义在某种方式上要依赖于先前的一些报文，这样它就不可能提供无状态的交互；而在不稳定的网络环境下，由于服务器难以维护正确的状态信息，此时，若采用有状态的服务器设计则是不明智的。

3）循环服务器与并发服务器：所谓的循环服务器（Iterative Server），是指在同一时刻只能响应一个客户请求的服务器；而所谓的并发服务器（Concurrent Server），则是指在同一时刻可以响应多个客户请求的服务器。其中，在循环服务器中，由于服务器只有在处理完与当前客户的所有通信交互之后，才会再接收下一个客户的连接请求，因此，在采用循环服务器设计时，如果出现一个客户端长时间地占用服务器不放，将会导致所有其他的客户连接请求均无法得到及时的响应。

2.2 循环服务器的进程结构

2.2.1 循环 UDP 服务器的进程结构

虽然循环的无连接服务器采用的是循环的方式来处理来自多个客户端的请求，当服务器每次从套接字上读取了一个新的客户请求之后，均需要在将该客户请求处理完毕并将结果返回给该客户之后才能读取下一个客户请求，但由于采用了无连接的 UDP 方式进行通信，故没有一个客户端可以长时间占据服务器不放，因此，循环 UDP 服务器不但设计、编程、排错以及修改等工作都非常简单，而且只要处理过程没有被设计成死循环，就总能够满足每一个客户的请求。循环 UDP 服务器的进程结构如图 2.1 所示。

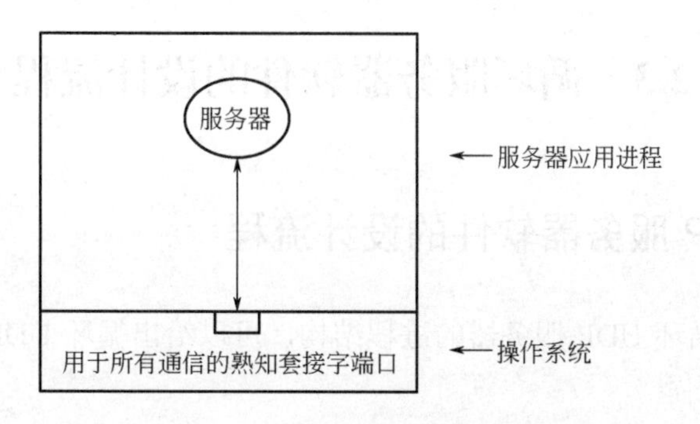

图 2.1 循环 UDP 服务器的进程结构

由图 2.1 易知，循环 UDP 服务器只需要一个单线程的进程即可实现，它仅使用一个被动套接字，该套接字绑定到所提供服务的熟知端口上，服务器从该套接字上循环获取新的客户请求，并计算出响应，然后再通过把该客户请求中包含的源地址作为应答中的目的地址来将响应返回给该客户。

2.2.2 循环 TCP 服务器的进程结构

虽然循环的面向连接的服务器也是采用循环的方式来处理来自多个客户端的请求，但由于采用了面向连接的 TCP 方式进行通信，因此当服务器每次从套接字上读取了一个新的客户连接请求之后，服务器将首先与该客户端建立一个连接，然后再通过该连接与该客户进行交互，当交互结束之后再关闭该连接，然后再次等候/读取下一个新的客户连接请求。循环 TCP 服务器的进程结构如图 2.2 所示。

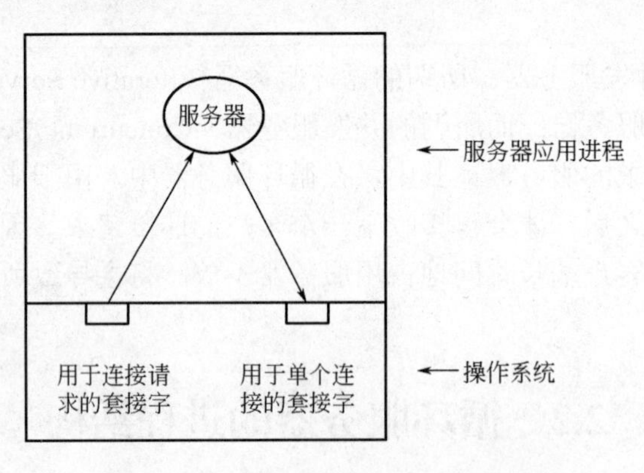

图 2.2 循环 TCP 服务器的进程结构

由图 2.2 易知，循环 TCP 服务器也只需要一个单线程的进程即可实现，但它使用了两个套接字：其中，一个套接字用于循环地接收来自客户的连接请求，该套接字绑定到所提供服务的熟知端口上，服务器从该套接字上循环地获取新的客户连接请求，该套接字为永久套接字。而另一个套接字则为临时套接字，该临时套接字用于处理单个连接，当服务器接收一个新的客户请求之后，将建立一个与该客户端的 TCP 连接，并创建一个临时套接字来负责在该 TCP 连接上与该客户端进行通信（计算出响应并将响应返回给该客户），当与该客户端之间的交互完毕之后，该临时套接字与 TCP 连接均将被关闭，然后服务器将再次基于永久套接字获取来自下一个新的客户的连接请求。

2.3 循环服务器软件的设计流程

2.3.1 循环 UDP 服务器软件的设计流程

依据上述给出的循环 UDP 服务器的进程结构，可以给出循环 UDP 服务器算法的设计流程如下。

1. UNIX/Linux 环境下的循环 UDP 服务器软件设计流程

步骤 1：调用 socket()函数创建服务器端 UDP 套接字。
步骤 2：调用 bind()函数将套接字绑定到本机的一个可用的端点地址。
步骤 3：调用 while(1)函数设置无限循环。
步骤 4：在循环体内：
步骤 4.1：调用 recvfrom()函数读取来自客户的请求；
步骤 4.2：构造响应；
步骤 4.3：调用 sendto()函数按照应用协议将响应发回给客户。
步骤 5：调用 close()函数关闭套接字，释放相关资源。
基于以上给出的算法流程，可以给出用 C 语言实现的伪代码描述如下：

```
socket(...);                         //对应于步骤 1
 bind(...);                          //对应于步骤 2
while(1){                            //对应于步骤 3
recvfrom(...);                       //对应于步骤 4.1
process(...);                        //对应于步骤 4.2
sendto(...);                         //对应于步骤 4.3
  }
  close(…);                          //对应于步骤 5
```

2. Windows 环境下的循环 UDP 服务器软件设计流程

步骤 1：调用 WSAStartup()函数初始化 Winsock DLL。
步骤 2：调用 socket()函数创建服务器端 UDP 套接字。
步骤 3：调用 bind()函数将套接字绑定到本机的一个可用的端点地址。
步骤 4：调用 while(1)函数设置无限循环。
步骤 5：在循环体内：
步骤 5.1：调用 recvfrom()函数读取来自客户的请求。
步骤 5.2：构造响应。
步骤 5.3：调用 sendto()函数按照应用协议将响应发回给客户。
步骤 6：调用 closesocket()函数关闭套接字，释放相关资源。
步骤 7：调用 WSACleanup()函数结束 Winsock Socket API。
基于以上给出的算法流程，可以给出用 C 语言实现的伪代码描述如下：

```
 WSAStartup(...);                        //对应于步骤 1
socket(...);                             //对应丁步骤 2
 bind(...);                              //对应于步骤 3
while(1){                                //对应于步骤 4
recvfrom(...);                           //对应于步骤 5.1
process(...);                            //对应于步骤 5.2
sendto(...);                             //对应于步骤 5.3
  }
  closesocket(…);                        //对应于步骤 6
  WSACleanup();                          //对应于步骤 7
```

2.3.2 循环 TCP 服务器软件的设计流程

依据上述给出的循环 TCP 服务器的进程结构，可以给出循环 TCP 服务器算法的设计流程如下。

1. UNIX/Linux 环境下的循环 TCP 服务器软件设计流程

步骤 1：调用 socket()函数创建服务器端 TCP 主套接字。

步骤 2：调用 bind()函数将套接字绑定到本机的一个可用的端点地址。

步骤 3：调用 listen()函数将套接字设置为被动模式，并设置等待队列的长度。

步骤 4：调用 while(1)函数设置无限循环。

步骤 5：在循环体内：

步骤 5.1：调用 accept()函数接收来自客户的连接请求并创建一个用于处理该连接的临时套接字；

步骤 5.2：调用 recv/send()函数基于新创建的临时套接字与客户进行交互；

步骤 5.3：与客户交互完毕，调用 close()函数将临时套接字关闭。

步骤 6：调用 close()函数将服务器端 TCP 主套接字关闭。

基于以上给出的算法流程，可以给出用 C 语言实现的伪代码描述如下：

```
socket(...);                          //对应于步骤 1
 bind(...);                           //对应于步骤 2
listen(...);                          //对应于步骤 3
while(1){                             //对应于步骤 4
accept()  (...);                      //对应于步骤 5.1
process(...);                         //对应于步骤 5.2
close(...);                           //对应于步骤 5.3
 }
 close(...);                          //对应于步骤 6
```

2. Windows 环境下的循环 TCP 服务器软件设计流程

步骤 1：调用 WSAStartup()函数初始化 Winsock DLL。

步骤 2：调用 socket()函数创建服务器端 TCP 主套接字。

步骤 3：调用 bind()函数将套接字绑定到本机的一个可用的端点地址。

步骤 4：调用 listen()函数将套接字设置为被动模式，并设置等待队列的长度。

步骤 5：调用 while(1)函数设置无限循环。

步骤 6：在循环体内：

步骤 6.1：调用 accept()函数接收来自客户的连接请求并创建一个用于处理该连接的临时套接字；

步骤 6.2：调用 recv/send()函数基于新创建的临时套接字与客户进行交互；

步骤 6.3：与客户交互完毕，调用 closesocket()函数将临时套接字关闭。

步骤 7：调用 closesocket()函数将服务器端 TCP 主套接字关闭。

步骤 8：调用 WSACleanup()函数结束 Winsock Socket API。

基于以上给出的算法流程，可以给出用 C 语言实现的伪代码描述如下：

```
 WSAStartup(...);                          //对应于步骤1
socket(...);                               //对应于步骤2
 bind(...);                                //对应于步骤3
listen(...);                               //对应于步骤4
while(1){                                  //对应于步骤5
accept() (...);                            //对应于步骤6.1
process(...);                              //对应于步骤6.2
close(...);                                //对应于步骤6.3
  }
  closesocket(...);                        //对应于步骤7
  WSACleanup();                            //对应于步骤8
```

2.4 基于循环服务器的网络通信例程剖析

2.4.1 相关系统函数及其调用方法简介

在实际给出循环服务器例程并对其进行深入剖析之前，首先详细介绍例程中在本书中首次出现的系统函数及其调用方法如下。

1．sizeof()操作符

sizeof()是 C/C++中的一个操作符（operator），作用是返回一个对象或类型所占用的内存字节数。sizeof()操作符的返回值类型为 size_t（即 unsigned int），该类型可以保证能够容纳实现所建立的最大对象的字节大小。sizeof()操作符的调用方法如下（两种原型等价）：

```
#include<stdlib.h>
size_t sizeof(object);                    //sizeof(对象)
size_t sizeof(type_name);                 //sizeof(类型)
例: int i;
    size_t sz;
sz=sizeof(i);                             //返回对象 i 所占用的内存字节数
    sz=sizeof(int);                       /*返回类型 int 所占用的内存字节数,由于 i 的类型
为 int,因此 sizeof(int)等价于 sizeof(i)*/
```

2．strlen()函数

与 sizeof()是操作符不同，strlen()是函数，它用于计算不包含终止符'\0'在内的字符串长度，而 sizeof()则计算包括终止符'\0'在内的缓冲区长度。strlen()函数的原型如下：

```
#include<string.h>
size_t strlen(const char*s);
```

在上述 strlen()函数的原型中，参数的含义如下：

s：字符指针（指向字符串的指针）或字符串。

```
例:char*c="abcdef";
```

```
char d[]="abcdef";
```

则 sizeof(c)的返回值为 4，strlen(c)的返回值为 6；sizeof(d)的返回值为 7，strlen(d)的返回值为 6。其中，由于 c 是一个指向字符串“abcdef”的指针，而指针一般分配 4 个字节，因此 sizeof(c)的结果就是 4；又由于指针 c 指向的字符串的长度为 6 个字节，因此 strlen(c) 的结果就是 6；其次，由于 d 是一个未指定大小的字符串，其大小将根据后面初始化的内容来自动分配，而后面初始化的实际内容是一个 6 字节的字符串“abcdef”，因此 strlen(c)的结果就是 6；又由于字符串最后还包括一个终止符'\0'，因此 sizeof(d) 的结果就是 6+1=7。

3．printf()函数

printf()函数是一个可变参数函数，其主要功能是用来向标准输出设备按规定格式输出信息。printf()函数的原型如下：

```
#include<stdio.h>
int printf(const char*format[,argument,...]);
```

在上述 printf()函数的原型中，各参数的含义如下：

format：“格式控制”字符串，用于指明输出的格式，其完整形式为：% - 0 m.n l 或 h 格式字符，其中：

1）%：表示格式说明的起始符号，不可缺少。

2）-：表示左对齐输出，如省略表示右对齐输出。

3）0：有 0 表示指定空位填 0，如省略表示指定空位不填。

4）m.n：其中，m 表示域宽，即对应的输出项在输出设备上所占的字符数；n 指精度，用于说明输出的实型数的小数位数。未指定 n 时，隐含的精度为 n=6 位。

5）l 或 h：其中，l 用于对整型指 long 型，对实型指 double 型；h 用于将整型的格式字符修正为 short 型。

6）格式字符：

1）d 格式：用来输出十进制整数。

2）o 格式：以无符号八进制形式输出整数。

3）x 格式：以无符号十六进制形式输出整数。

4）u 格式：以无符号十进制形式输出整数。

5）c 格式：输出一个字符。

6）s 格式：用来输出一个串。

7）f 格式：用来输出实数（包括单、双精度），以小数形式输出。

8）e 格式：以指数形式输出实数。

9）g 格式：自动选 f 格式或 e 格式中较短的一种输出，且不输出无意义的零。

注：若想输出字符“%”，则需在“格式控制”字符串中用连续两个%表示。

argument：指向需要输出的字符串的指针。

```
例:printf("%.3f ",12.3456);          //输出结果为12.346
   printf("%.9f ",12.3456);          //输出结果为12.345600000,不足位补0
```

4．fprintf()函数

fprintf()函数用来将输出的内容输出到硬盘上的文件或者相当于文件的设备上。fprintf()函数的原型如下：

```
#include<stdio.h>            //标准输入输出头文件,包含 fprintf()等函数的定义
int fprintf(FILE*stream,const char*format[,argument,...]);
```

调用 fprintf()函数向文件指针指向的文件输出 ASCII 代码时，其调用方法为：fprintf(文件指针，“输出格式”，输出项系列);

调用 fprintf()函数向显示器输出错误信息时，其调用方法为：fprintf(stderr,“错误信息”);

在上述 fprintf()函数的原型中，各参数的含义如下：

stream：指向用于接受输出的设备或文件的指针。

format：参数的输出格式，具体可参见 printf()函数。

argument：指向需要输出的字符串的指针。

5．memset()函数

memset()函数用来对一段内存地址空间全部设置为某个值或清空（否则，可能会在测试中出现野值），一般用在对定义的字符串进行初始化，也可用来方便地清空一个结构类型的变量或数组；memset()函数的原型如下：

```
#include<mem.h>               //该头文件中提供了 memset()函数原型的定义
void*memset(void*s,int c,size_t n);
```

在上述 memset()函数的原型中，各参数的含义如下：

s：指向目标内存地址空间的起始地址的指针。

c：要赋的值。

n：要赋值的长度（字节数）。注：由该参数可知，memset()函数是以字节为单位来进行赋值的。

例 1：调用 memset()函数给数组赋值。

调用 memset()函数给整型数组赋值：

```
int buf[50];
memset(buf,0,50*sizeof(int));
```

调用 memset()函数给字符型数组赋值：

```
char buf[50];
memset(buf,'\0',50);  /*转义符'\0'为 C 语言中的字符串结束符,在数值类型里代表数字 0,
即 8 位的 00000000*/
```

例 2：调用 memset()函数给结构赋值。

```
Struct sample_struct{
Char csname[16];
Int iseq;
Int itype;
```

```
};
Struct sample_strcut sttest;
Memset(&sttest,0,sizeof(struct sample_struct));
```

例 3：调用 memset()函数给结构数组赋值。

```
struct sample_struct TEST[10];
memset(TEST,0,sizeof(struct sample_struct)*10);
```

6. strcmp()函数

strcmp()函数用于比较两个字符串的大小。实际上，字符串的比较是比较字符串中各对字符的 ASCII 码：首先比较两个字符串的第一个字符，若不相等则停止比较并得出大于或小于的结果；若相等就接着比较第二个字符，然后第三个字符，等等；若两个字符串前面的字符均相等，像“network”和“networks”的前七个字符都相同，则比较第八个字符，字符串“network”的第八字符为字符串的结束符'\0'，而字符串“networks”的第八个字符为's'，由于'\0'的 ASCII 码小于's'的 ASCII 码，于是可得出结果字符串“network”小于字符串“networks”。因此，无论两个字符串是什么样，strcmp()函数最多比较到其中一个字符串的结束符'\0'为止，就能得出结果。strcmp()函数的原型如下：

```
#include<string.h>                    //该头文件中提供了字符串函数的原型定义
int strcmp(const char*s1,const char*s2);
```

在上述 strcmp()函数的原型中，各参数的含义如下：

s1：指向用于比较的第一个字符串的指针。

s2：指向用于比较的第二个字符串的指针。

当 s1<s2 时，strcmp()函数的返回值<0；当 s1=s2 时，strcmp()函数的返回值=0；当 s1>s2 时，strcmp()函数的返回值>0。

7. atoi()函数

atoi()函数用于将一个字符串转换成一个整型数值，若成功转换将返回转换后得到的整型数值，若失败则返回 0。atoi()函数的原型如下：

```
#include<stdlib.h>             //C 标准库头文件,包含了 exit()、atoi()等函数原型的定义
int atoi(const char*str );
```

在上述 atoi()函数的原型中，参数的含义如下：

str：待转换为整型数值的字符串。

atoi()函数会扫描待转换为整型数值的字符串 str，跳过前面的空格字符，直到遇上数字或正负符号才开始做转换，而等到再遇到非数字或字符串结束符'\0'时就结束转换并将结果返回。

例：
```
char*a="-100abc";
char*b="456.12";
int c;
c=atoi(a) + atoi(b);                    //c 的值为 356(=-100+456)
```

8. 可变参数函数

可变参数函数的参数个数是可变的。一般情况下，所编的程序中函数的参数个数都是固定的，但是有时候需要用到可变参数的函数。要在函数中包含可变个数的参数，首先应该在头文件中包含<stdarg.h>，即#include <stdarg.h>。该头文件声明了一个 va_list 类型和四个操作可变参数的函数：

```
void va_start(va_list ap,argN);
void va_copy(va_list dest,va_list src);
type va_arg(va_list ap,type);
void va_end(va_list ap);
```

可变参数函数的所有操作均是主要围绕头文件中声明的上述 va_list 类型和四个宏（函数）va_start()，va_copy()，va_arg()和 va_end()，其中：

va_list：该变量主要用来操纵整个可变参数列表。

va_start()：该函数主要用来初始化 va_list 类型的参数 ap，并且使得 ap 指向第一个可选参数；后面的参数 argN 一般指的是紧邻可变参数的前面一个固定参数（ANSI C 中要求可变参数函数在可变参数之前至少有一个固定参数）。

va_arg()：该函数主要用于返回参数 ap 所指向的列表中的参数的下一个参数，每一次调用 va_arg()都会修改 ap 的值，这样就能正确的返回参数列表中的所有参数值；后面的 type 参数是用来存储参数 ap 所指向的参数的数据类型。

va_copy()：该函数用于复制 va_list 类型的变量。

va_end()：每次调用 va_start()函数和 v_copy()函数之后，都要调用 va_end()函数来销毁变量 ap，即将指针置为 NULL。

例如，定义一个可变参数函数 errexit()，用于向标准出错文件输出不同格式的出错信息：

//以下代码保存于文件 errexit.c

#include <stdarg.h> /*该头文件中提供了 va_list 类型和 va_start、va_arg 与 va_end 等宏的定义*/

```
#include<stdio.h>
#include<stdlib.h>
int errexit(const char*format,…){
va_list args;                    //声明一个 va_list 类型的变量 args
va_start(args,format);           /*对变量 args 进行初始化,使得 args 指向可变参数列表
中的第一个可选参数;format 为紧邻可变参数"…"的前面一个固定参数*/
vfprintf(stderr,format,args);    /*调用 vfprintf()函数向标准出错文件输出一个出错信
息*/
 va_end(args);                   //调用 va_end()函数来销毁变量 args,释放其所占资源
exit(1);
}
```

注. vfprintf()函数的功能和 printf()函数类似，都是用于向一个标准输出设备或标准的字符流输出格式化后的字符串，vfprintf()函数的原型如下：

```
#include<stdarg.h>
#include<stdio.h>
#include<stdlib.h>
int vfprintf(FILE*fp,const char*format,va_list arglist);
```

在上述 vfprintf()函数的原型中,各参数的含义如下:

fp:指向输出文件的指针。

format:参数的输出格式,具体可参见 printf()函数。

arglist:va_list 类型的参数列表。

9. main()函数

C 程序是从 main()函数开始执行，其原型如下：

```
int main(int argc,char*argv[]);
```

在上述 main()函数的原型中，各参数的含义如下：

argc：指用命令行方式输入的命令行参数的个数。

argv：实际存储了所有输入的命令行参数。

假如编写的程序是 hello.exe，如果在命令行方式下运行该程序（首先应该在命令行方式下用 cd 命令进入 hello.exe 文件所在目录），则运行该程序的命令为：hello.exe a b c；此时，argc 的值将为 4，其中，argv[0]的值是“hello.exe”，argv[1]的值是“a”，argv[2]的值是“b”，argv[3]的值是“c”。

10. switch-case 分支判断语句

```
switch(表达式){
case 表达式条件 1:
     执行相应操作处理 1;
     break;
    case 表达式条件 2:
     执行相应操作处理 2;
     break;
       …
    case 表达式条件 N:
     执行相应操作处理 N;
     break;
    default:  /*除以上三个条件外的其他条件*/
      执行相应其他操作处理;
     break;
}
例:switch(a){
      case 1: /*若变量 a 等于 1*/
              printf("1");
              break;
      case 2: /*若变量 a 等于 2*/
              printf("2");
              break;
      case 4: /*若变量 a 等于 4*/
```

```
                printf("4");
                break;
        default: /*若变量a不等于1、2或4*/
                printf("other nums");
                break;
}
```

11. time()函数

time()函数的功能是用于返回当前的日历时间，若调用该函数时发生错误则返回零。time()函数的原型如下：

```
#include<time.h>              //提供time()函数原型的定义
time_t time(time_t*time);
```

在上述time()函数的原型之中，参数的含义如下：

time：指向用于存储当前时间的缓冲区的指针。

12. ctime()函数

ctime()函数返回一个字符串指针，其功能是用于将日历时间转换为字符串形式的本地时间。ctime()函数的原型如下：

```
#include<time.h>
char*ctime(const time_t*timer);
```

在上述ctime()函数的原型之中，各参数的含义如下：

timer：指向存储有当前日历时间的缓冲区的指针，该参数一般是通过调用函数time()获得。

```
例:time_t t;
time(&t);
printf("Today's date and time: %s\n",ctime(&t));
```

13. strerror()函数

strerror()函数的功能是用于返回对应于某个错误编号的错误原因的描述字符串，从而得到一个可读的出错提示信息，而不再只是得到一个冷冰冰的错误编号数字。strerror()函数的原型如下：

```
#include<string.h>
char*strerror(int errnum);
```

在上述strerror()函数的原型之中，参数的含义如下：

errnum：错误编号。

注：C语言中在头文件<errno.h>中定义有一个全局变量errno来记录程序出错时的对应错误编号。

14．fputs()函数

fputs()函数的功能是用于向指定的文件写入一个字符串，如果调用成功将返回 0，否则将返回–1。fputs()函数的原型如下：

```
#include<stdio.h>
int fputs(char*string,FILE*stream);
```

在上述 fputs()函数的原型之中，各参数的含义如下：
string：需送入流的字符串指针。
stream：一个 FILE 型的指针。

15．malloc()函数

malloc()函数的功能是用于进行动态内存分配，如果调用成功将返回指向被分配内存的指针（此存储区中的初始值不确定），否则返回空指针 NULL。当内存不再使用时，应使用 free()函数将内存块释放。malloc()函数的原型如下：

```
#include<malloc.h>      /*动态存储分配函数头文件,包含了对内存区进行操作的相关函数的定义*/
void*malloc(size_t size);
```

在上述 malloc()函数的原型之中，参数的含义如下：
size：指明动态分配的内存块长度为 size 字节。

16．free()函数

free()函数的功能是用于释放 malloc 函数申请的动态内存，与 malloc()函数配对使用，free()函数无返回值。free()函数的原型如下：

```
#include<malloc.h>
void free(void*ptr)
```

在上述 free()函数的原型之中，参数的含义如下：
ptr：指向申请释放的动态内存空间的指针。

17．OpenCV 图像处理函数

OpenCV 的全称是 Open Source Computer Vision Library，是一个基于 BSD 许可（开源）发行的跨平台计算机视觉库，OpenCV 开发包提供了读取各种类型的图像文件、视频内容以及摄像机输入的功能。OpenCV 开发包可以安装运行在 Linux、Windows 和 Mac OS 操作系统上，主要由一系列 C 函数和少量 C++类构成，同时提供了 Python、Ruby、MATLAB 等语言的接口，实现了图像处理和计算机视觉方面的很多通用算法。

（1）cvLoadImage()函数

cvLoadImage()函数的功能是用于从指定文件读入图像，返回读入图像的指针。目前 cvLoadImage()函数支持的文件格式包括 Windows 位图文件- BMP、DIB；JPEG 文件- JPEG、JPG、JPE；便携式网络图片- PNG；便携式图像格式- PBM、PGM、PPM；TIFF 文件- TIFF、TIF；以及 JPEG 2000 图片-JP2 等。cvLoadImage()函数的原型如下：

```
IplImage*cvLoadImage(const char*filename,int flags);
```

在上述 cvLoadImage()函数的原型之中，各参数的含义如下：

filename:要被读入的文件的文件名(包括后缀)。

flags：表示指定读入图像的颜色和深度，其具体使用方法如下：

```
cvLoadImage(filename,-1);              //表示默认读取图像的原通道数
cvLoadImage(filename,0);               //表示强制转化读取图像为灰度图
cvLoadImage(filename,1);               //表示读取彩色图
```

（2）cvCreateImage()函数

cvCreateImage()函数的功能是用于为图像创建首地址并分配存储空间。cvCreateImage()函数的原型如下：

```
IplImage*cvCreateImage(CvSize size,int depth,int channels);
```

在上述 cvCreateImage()函数的原型之中，各参数的含义如下：

size：图像的宽、高。

depth：图像元素的位深度，可取下列值项之一：

1）L_DEPTH_8U：无符号 8 位整型。

2）IPL_DEPTH_8S：有符号 8 位整型。

3）IPL_DEPTH_16U：无符号 16 位整型。

4）IPL_DEPTH_16S：有符号 16 位整型。

5）IPL_DEPTH_32S：有符号 32 位整型。

6）IPL_DEPTH_32F：单精度浮点数。

7）IPL_DEPTH_64F：双精度浮点数。

channels：每个元素（像素）通道数可以是 1, 2, 3 或 4。通道是交叉存取的，例如，通常的彩色图像数据排列是：b0 g0 r0 b1 g1 r1 ...。

（3）cvNamedWindow()函数

cvNamedWindow()函数的功能是用于创建指定的窗口。cvNamedWindow()函数的原型如下：

```
int cvNamedWindow(const char*name, int flags);
```

在上述 cvNamedWindow()函数的原型之中，各参数的含义如下：

name：窗口的名字，用于区分不同的窗口，并被显示为窗口标题。

flags：窗口属性标志。0 表示用户可以手动调节窗口大小，且显示的图像尺寸随之变化。1 表示用户不能手动改变窗口大小，窗口大小会自动调整以适合被显示图像。

（4）cvCvtColor()函数

cvCvtColor()函数的功能是用于图像的颜色空间转换，可以实现 BGR 颜色向 HSV、HSI 等颜色空间的转换，也可以转换为灰度图像。cvCvtColor()函数的原型如下：

```
void cvCvtColor(const CvArr*src,CvArr*dst,int code);
```

在上述 cvCvtColor()函数的原型之中，各参数的含义如下：

src：输入的 8-bit、16-bit 或 32-bit 单倍精度浮点数影像。

dst：输出的 8-bit、16-bit 或 32-bit 单倍精度浮点数影像。

code：色彩空间转换的模式，可实现不同类型的颜色空间转换。例如取值 CV_BGR2GRAY 时表示转换为灰度图，取值 CV_BGR2HSV 时表示将图片从 RGB 空间转换为 HSV 空间。其中，当 code 选用 CV_BGR2GRAY 时，dst 需要是单通道图片。当 code 选用 CV_BGR2HSV 时，对于 8 位图，需要将 RGB 值归一化到 0～1，这样才能使最终得到 HSV 图中的 H 范围是 0～360，S 和 V 的范围是 0～1。

（5）cvShowImage()函数

cvShowImage()函数的功能是用于在指定窗口中显示图像，如果窗口创建的时候被设定标志 CV_WINDOW_AUTOSIZE，那么图像将以原始尺寸显示；否则图像将被伸缩以适合窗口大小。cvShowImage()函数的原型如下：

```
void cvShowImage(const char*name,const CvArr*image);
```

在上述 cvShowImage()函数的原型之中，各参数的含义如下：

name：窗口的名字。

image：被显示的图像。

（6）cvWaitKey()函数

cvWaitKey()函数的功能是用于不断刷新图像，频率时间为 delay，单位为 ms，其返回值为当前键盘按键值。当 delay>0 时，在当前状态下等待“delay”ms，若超过指定时间则返回-1；当 delay<=0 时，如果没有键盘触发则一直等待，否则返回值为键盘按下的码字。cvWaitKey()函数的原型如下：

```
int cvWaitKey(int delay);
```

在上述 cvWaitKey()函数的原型之中，各参数的含义如下：

delay：刷新图像的频率时间。

用法举例：

1）在显示图像时，若在 cvShowImage(“xxxx.bmp”,image)后加上 while(cvWaitKey(n)==key){}循环，其中 n 为大于等于 0 的数，则程序将会停在显示函数处不运行其他代码，直到键盘值为 key 的响应之后。

2）在条件语句 if(cvWaitKey(10)>=0){}中，cvWaitKey(10)表示在当前状态下等待 10ms，而整个条件语句的意思就是：如果在 10ms 内按下任意键就将进入 if 子句之中。

（7）cvDestroyWindow()函数

cvDestroyWindow()函数的功能是用于销毁一个窗口。cvDestroyWindow()函数的原型如下：

```
void cvDestroyWindow(const char*name);
```

在上述 cvDestroyWindow()函数的原型之中，参数的含义如下：

name:窗口的名字。

（8）cvReleaseImage()函数

cvReleaseImage()函数的功能是用于销毁一个窗口。cvReleaseImage()函数的原型如下：

```
void cvReleaseImage(IplImage**image);
```

在上述 cvReleaseImage()函数的原型之中，参数的含义如下：

image：调用 cvLoadImage()函数或 cvCreateImage()函数创建的 IplImage 图像指针。

（9）cvSaveImage()函数

cvSaveImage()函数的功能是用于保存图像到指定文件，图像格式的选择依赖于 filename 的后缀（扩展名，如.JPG、.BMP 等），只有 8 位单通道或 3 通道（通道顺序为'BGR'）的图像才可以使用这个函数保存。如果格式、深度或者通道不符合要求，需要先用 cvCvtScale()函数和 cvCvtColor()函数进行转换；或者使用通用的 cvSave()函数来保存图像为 XML 或 YAML 格式。cvSaveImage()函数的原型如下：

```
int cvSaveImage(const char*filename,const CvArr*image);
```

在上述 cvSaveImage()函数的原型之中，各参数的含义如下：

```
filename:图像文件名。
image:要保存的图像。
```

（10）OpenCV 图像处理函数应用举例

```
//从图像文件 Bird.jpg 加载图像
IplImage*img=cvLoadImage("Bird.jpg",CV_LOAD_IMAGE_COLOR);
if(img){
   cvNamedWindow("OpenCV Demo",1);          //创建显示窗口
   cvShowImage("OpenCV Demo",img);          //显示图像
   cvWaitKey(0); //等待用户按任意键退出
   cvSaveImage("Bird.png",img);                 //将图像保存为 png 格式
   cvSaveImage("Bird.bmp",img);                 //将图像保存为 bmp 格式
   cvDestroyWindow("OpenCV Demo");              //关闭显示窗口
cvReleaseImage(&img); //释放图像
}
```

18. OpenCV 视频处理函数

（1）cvCreateFileCapture()函数

cvCreateFileCapture()函数的功能是用于从文件中获取视频，并给指定文件中的视频流分配和初始化 CvCapture 结构，当分配的结构不再使用的时候，应使用 cvReleaseCapture 函数释放掉。cvCreateFileCapture()函数的原型如下：

```
CvCapture*cvCreateFileCapture(const char*filename);
```

在上述 cvCreateFileCapture()函数的原型之中，参数的含义如下：

```
filename:视频文件名。
```

（2）cvCreateCameraCapture()函数

cvCreateCameraCapture()函数的功能是用于从摄像头中获取视频，并给从摄像头的视频流分配和初始化 CvCapture 结构，当分配的结构不再使用的时候，应使用 cvReleaseCapture()

函数释放掉。cvCreateCameraCapture()函数的原型如下：

```
CvCapture*cvCreateCameraCapture(int index);
```

在上述 cvCreateCameraCapture()函数的原型之中，参数的含义如下：

index：要使用的摄像头索引。如果只有一个摄像头或者用哪个摄像头均无所谓，则可设置该参数为-1。如果要同时使用多个摄像头，则摄像头的索引是按序号排列的，第一个摄像头索引号为 0，另一个就是 1，以此类推。

（3）cvReleaseCapture()函数

cvReleaseCapture() 函数的功能是用于释放由 cvCreateFileCapture() 函数或者 cvCreateCameraCapture()函数所分配的 CvCapture 结构。cvReleaseCapture()函数的原型如下：

```
void cvReleaseCapture(CvCapture**capture);
```

在上述 cvReleaseCapture()函数的原型之中，参数的含义如下：

capture：视频获取结构指针。

（4）cvGrabFrame()函数

cvGrabFrame()函数的功能是用于从摄像头或者视频文件中抓取帧。该函数的目的是快速抓取帧，这对需要同时从多个摄像头读取数据时的同步而言是非常重要的。函数 cvGrabFrame()从摄像头或者文件中抓取的帧是在内部被存储的，如果要取回获取的帧，还需要调用 cvRetrieveFrame()函数。cvGrabFrame()函数的原型如下：

```
int cvGrabFrame(CvCapture*capture);
```

在上述 cvGrabFrame()函数的原型之中，参数的含义如下：

capture：视频获取结构。

（5）cvRetrieveFrame()函数

cvRetrieveFrame()函数的功能是用于取回由函数 cvGrabFrame 抓取的图像，返回的图像不可以被用户释放或者修改。cvRetrieveFrame()函数的原型如下：

```
IPLIMAGE*CVRETRIEVEFRAME(CVCAPTURE*CAPTURE);
```

在上述 cvRetrieveFrame()函数的原型之中，参数的含义如下：

capture：视频获取结构。

（6）cvQueryFrame()函数

cvQueryFrame()函数的功能是用于从摄像头或者文件中抓取并返回一帧，然后解压并返回这一帧。该函数仅仅是函数 cvGrabFrame()和函数 cvRetrieveFrame()的组合调用，返回的图像不可以被用户释放或者修改。抓取后，capture 被指向下一帧，可用 cvSetCaptureProperty()函数调整 capture 到合适的帧。cvQueryFrame()函数的原型如下：

```
IplImage*cvQueryFrame(CvCapture*capture);
```

在上述 cvQueryFrame()函数的原型之中，参数的含义如下：

capture：视频获取结构。

（7）cvGetCaptureProperty()函数

cvGetCaptureProperty()函数的功能是用于获得视频获取结构的属性。有时候这个函数在

cvQueryFrame 被调用一次后，再调用 cvGetCaptureProperty 才会返回正确的数值。这是一个bug，因此，建议在调用此函数前先调用 cvQueryFrame()函数。cvGetCaptureProperty()函数的原型如下：

```
double cvGetCaptureProperty(CvCapture*capture,int property_id);
```

在上述 cvGetCaptureProperty()函数的原型之中，各参数的含义如下：

capture：视频获取结构。

property_id：属性标识。可以是下面之一：

1）CV_CAP_PROP_POS_MSEC：影片目前位置，为毫秒数或者视频的获取时间戳。

2）CV_CAP_PROP_POS_FRAMES：将被下一步解压/获取的帧索引，以 0 为起点。

3）CV_CAP_PROP_POS_AVI_RATIO：视频文件的相对位置（0 表示影片的开始，1 表示影片的结尾）。

4）CV_CAP_PROP_FRAME_WIDTH：视频流中的帧宽度。

5）CV_CAP_PROP_FRAME_HEIGHT：视频流中的帧高度。

6）CV_CAP_PROP_FPS：帧速率。

7）CV_CAP_PROP_FOURCC：表示 codec 的四个字符。

8）CV_CAP_PROP_FRAME_COUNT：视频文件中帧的总数。

（8）cvSetCaptureProperty()函数

cvSetCaptureProperty()函数的功能是用于设置视频获取属性。该函数的原型如下：

```
int cvSetCaptureProperty(CvCapture*capture,int property_id,double value);
```

在上述 cvSetCaptureProperty()函数的原型之中，各参数的含义如下：

capture：视频获取结构。

property_id：属性标识。可以是下面之一：

1）CV_CAP_PROP_POS_MSEC：从文件开始的位置，单位为毫秒。

2）CV_CAP_PROP_POS_FRAMES：单位为帧数的位置（只对视频文件有效）。

3）CV_CAP_PROP_POS_AVI_RATIO：视频文件的相对位置（0 表示影片的开始，1 表示影片的结尾）。

4）CV_CAP_PROP_FRAME_WIDTH：视频流的帧宽度（只对摄像头有效）。

5）CV_CAP_PROP_FRAME_HEIGHT：视频流的帧高度（只对摄像头有效）。

6）CV_CAP_PROP_FPS：帧速率（只对摄像头有效）。

7）CV_CAP_PROP_FOURCC：表示 codec 的四个字符（只对摄像头有效）。

value：属性的值。目前，cvSetCaptureProperty()函数对视频文件只支持 CV_CAP_PROP_POS_MSEC、CV_CAP_PROP_POS_FRAMES 和 CV_CAP_ PROP_POS_AVI_RATIO。

（9）cvCreateVideoWriter()函数

cvCreateVideoWriter()函数的功能是用于创建视频文件写入器。该函数的原型如下：

```
typedef struct CvVideoWriter CvVideoWriter;
CvVideoWriter*cvCreateVideoWriter(const  char*filename,int  fourcc,double
fps,CvSize frame_size,int is_color);
```

在上述 cvCreateVideoWriter()函数的原型之中，各参数的含义如下：

filename：输出视频文件名。

fourcc：四个字符用来表示压缩帧的 codec。例如，CV_FOURCC('P','I','M','1')是 MPEG-1 codec， CV_FOURCC('M','J','P','G')是 motion-jpeg codec 等。

fps：被创建视频流的帧速率。

frame_size：视频流的大小。

is_color：如果非零，编码器将希望得到彩色帧并进行编码；否则，是灰度帧（仅在 Windows 下支持该标志）。

（10）cvReleaseVideoWriter()函数

cvReleaseVideoWriter()函数的功能是用于释放视频写入器。该函数的原型如下：

```
void cvReleaseVideoWriter(CvVideoWriter**writer);
```

在上述 cvReleaseVideoWriter()函数的原型之中，参数的含义如下：

writer：指向视频写入器的指针。

（11）cvWriteFrame()函数

cvWriteFrame()函数的功能是用于写入一帧到一个视频文件中。该函数的原型如下：

```
int cvWriteFrame(CvVideoWriter*writer,const IplImage*image);
```

在上述 cvWriteFrame()函数的原型之中，各参数的含义如下：

writer：视频写入器结构。

image：被写入的帧。

（12）OpenCV 视频处理函数应用举例

例 1：播放硬盘中的视频文件。

```
#include "highgui.h"
int main(int argc,char**argv ){
    /**以下语句用于调用 cvNamedWindow()函数创建图像显示窗口**/
cvNamedWindow("Example2",CV_WINDOW_AUTOSIZE);
/**以下语句用于调用 cvCreateFileCapture()函数读入 AVI 视频文件**/
CvCapture*capture=cvCreateFileCapture(argv[1]);
IplImage*frame;
/**以下 while(1)循环用于从视频中循环获取帧图像并显示**/
while(1){
frame=cvQueryFrame(capture);            //从视频中获取 1 帧图像
if(!frame ) break;
cvShowImage("Example2",frame);          //在窗口中显示该帧图像
char c=cvWaitKey(33);                   //当前帧被显示后等待 33 ms
if(c==27 ) break;                       //用户按 ESC 键(ASCII 值为 27)退出循环
}
cvReleaseCapture(&capture);             //释放为 CvCapture 结构占用的资源
cvDestroyWindow("Example2");            //关闭图像显示窗口
return 0;
}
```

例 2：播放摄像机采集的视频数据。

```
#include "stdafx.h"
#include<cv.h>
#include<cxcore.h>
#include<highgui.h>

int main(int argc,char**argv){
    IplImage*pFrame=NULL;                                //声明 IplImage 指针
    CvCapture*pCapture=cvCreateCameraCapture(-1);     //获取任意摄像头
    cvNamedWindow("video",1);                          //创建图像显示窗口
    /**以下 while(1)循环用于从视频中循环获取帧图像并显示**/
    while(1){
        pFrame=cvQueryFrame(pCapture);                //从视频中获取 1 帧图像
        if(!pFrame)break;
        cvShowImage("video",pFrame);                  //在窗口中显示该帧图像
        char c=cvWaitKey(33);                         //当前帧被显示后等待 33 ms
        if(c==27)break;      //用户按 ESC 键(ASCII 值为 27)退出循环
    }
    cvReleaseCapture(&pCapture);                  //释放为 CvCapture 结构占用的资源
    cvDestroyWindow("video");                     //关闭图像显示窗口
    return 0;
}
```

例 3：读入一个彩色视频文件并以灰度格式输出这个视频文件。

```
#include "cv.h"
#include<highgui.h>
int main(int argc,char*argv[]){
CvCapture*capture=0;
capture=cvCreateFileCapture(argv[1]);          //argv[1]中保存输入视频文件名
if(!capture){
return -1;
}
IplImage*bgr_frame=cvQueryFrame(capture);      //从视频中获取 1 帧
/*以下语句用于获取视频的帧速率*/
double fps=cvGetCaptureProperty(capture,CV_CAP_PROP_FPS);
/*以下语句用于获取视频的帧高和帧宽*/
CvSize          size=cvSize((int)cvGetCaptureProperty(capture,CV_CAP_PROP_
FRAME_WIDTH),(int)cvGetCaptureProperty(capture,CV_CAP_PROP_ FRAME_ HEIGHT));
/*以下语句用于创建视频文件写入器,argv[2]中保存输出视频文件名*/
CvVideoWriter*writer=cvCreateVideoWriter(argv[2],CV_FOURCC
('M','J','P','G'),fps,size);
/*以下语句用于创建用于保存灰度图像的首地址并分配存储空间*/
IplImage*logpolar_frame=cvCreateImage(size,IPL_DEPTH_8U,3);
while((bgr_frame=cvQueryFrame(capture)) !=NULL){
cvLogPolar(bgr_frame,logpolar_frame,cvPoint2D32f(bgr_frame-
>width/2,bgr_frame->height/2),40,CV_INTER_LINEAR+CV_WARP_FILL_OUTLIERS);
//调用 cvLogPolar()函数将帧图像映射到极指数空间
cvWriteFrame(writer,logpolar_frame);          //写入一帧到视频文件中
}
```

```
cvReleaseVideoWriter(&writer);
cvReleaseImage(&logpolar_frame);
cvReleaseCapture(&capture);
return(0);
}
```

2.4.2 UNIX/Linux 环境下基于 TCP 套接字的例程剖析

客户端功能需求描述：向服务器（IP 地址 127.0.0.1，端口号 10000）发送连接请求，连接建立之后，向服务器发送“HELP”请求，在得到服务器的应答之后，首先在显示屏上回显服务器的应答消息，然后发送两个数字和一个算术四则运算符（+，–，*，/）给服务器请求服务器给出计算结果，最后，在收到服务器回送的计算结果之后，将计算结果在显示屏上回显，然后中断本次通信过程。

服务器端功能需求描述：反复读取来自客户的任何请求，在收到客户发送的“HELP”请求之后，则回送“OK”作为应答，在收到客户发送的两个数字和一个算术四则运算符之后，则首先计算出相关结果，然后再将结果作为应答回送给客户并中断本次通信过程。

1. TCP 服务器端例程剖析

```
#include<stdio.h>
#include<stdlib.h>
#include<sys/socket.h>
#include<sys/types.h>
#include<netinet/in.h>
#include<string.h>
#include<malloc.h>
#define SERVER_PORT 10000                       //定义端口号为10000
#define QUEUE 20                                //定义等待队列长度为20

int main(){
        int msock;                              //声明主套接字描述符变量
        int ssock;                              //声明从套接字描述符变量
        int ret,num=0;
        char buf[1024];                         //声明保存 HELP 消息的变量
        char*buffer="ok";                       //声明保存 OK 消息的变量
        double*i;                               //声明保存客户发送的第 1 个数字消息的变量
  i=(double*)malloc(sizeof(double));
        char*j;  `                              //声明保存客户发送的四则运算符消息的变量
        j=(char*)malloc(sizeof(char));
        double*k;                               //声明保存客户发送的第 2 个数字消息的变量
        k=(double*)malloc(sizeof(double));
        double result=0;                        //声明保存计算结果的变量

        struct sockaddr_in servaddr;            //声明服务器端套接字端点地址结构体变量
        struct sockaddr_in clientaddr;          //声明客户端套接字端点地址结构体变量
        msock=socket(AF_INET ,SOCK_STREAM ,0 );        //创建主套接字
```

```
    if (msock<0){                                    //调用 socket()函数出错
            printf("Create Socket Failed!\n");
            exit(-1);
    }
          memset(&servaddr,0,sizeof(servaddr));
          /*以下语句用于给服务器端主套接字端点地址变量赋值*/
    servaddr.sin_family=AF_INET;                     //给协议族字段赋值
          servaddr.sin_addr.s_addr=htonl(INADDR_ANY); //给 IP 地址字段赋值
    servaddr.sin_port=htons(SERVER_PORT);            //给端口号字段赋值
    /*以下语句用于调用 bind()函数将套接字与端点地址绑定*/
          ret=bind(msock,(struct          sockaddr*)&servaddr,sizeof(struct
sockaddr_in));
       if(ret<0){                                    //调用 bind()函数出错
           printf("Server Bind Port: %d Failed!\n",SERVER_PORT);
           exit(-1);
    }
          /*以下语句调用 listen()函数设置等待队列长度和设套接字为被动模式*/
          ret=listen(msock,QUEUE);
       if(ret<0){                                    //调用 listen()函数出错
           printf("Listen Failed!\n");
           exit(-1);
    }
    /*以下 while(1)无限循环用于循环读取来自不同客户端的连接请求*/
          while(1){
              memset(&clientaddr,0,sizeof(clientaddr));
              int len=sizeof(clientaddr);
        /*以下语句调用 accept()函数接受客户连接请求并创建从套接字*/
              ssock=accept(msock,(struct sockaddr*)&clientaddr,&len);
          if(ssock<0){                               //调用 accept()函数出错
                printf("Accept Failed!\n");
                break;
    }
              /*以下语句用于调用 recv()/send()函数基于从套接字与客户交互*/
              memset(buf,'\0',sizeof(buf));
              num=0;
    num=recv(ssock,buf,sizeof(buf),0);               //接收客户发送的 HELP 消息
    if (num<0){
                printf("Recieve Data Failed!\n");
                break;
    }
              printf("%s\n",buf);
              num=0;
              num=send(ssock,buffer,strlen(buffer),0); //服务器端回送 OK 作为应答
          if(num!=strlen(buffer)){                   //调用 send()函数出错
                printf("Send Data Failed!\n");
                break;
    }
    num=0;
```

```
        num=recv(ssock,i,sizeof (double),0);     //接收客户发的第 1 个数字
if (num<0){
          printf("Recieve Data Failed!\n");
          break;
}
        num=0;
        num=recv(ssock,j,sizeof (char),0);       //接收客户发的四则运算符
if (num<0){
          printf("Recieve Data Failed!\n");
          break;
}
        num=0;
        num=recv(ssock,k,sizeof (double),0); //接收客户发的第 2 个数字
if (num<0){
          printf("Recieve Data Failed!\n");
          break;
}
        printf("接收到的客户端数据为:i=%f,j='%c',k=%f.\n",*i,*j,*k);

        /*以下语句根据四则运算符计算相应结果*/
        switch(*j){
          case '+':                                            //加法
              result=*i +*k;
              break;
          case '-':                                            //减法
              result=*i -*k;
              break;
          case '*':                                            //乘法
              result=(*i)*(*k);
              break;
          default:                                             //除法
              result=(*i) / (*k);
              break;
        }
        num=0;
        num=send(ssock,&result,sizeof(double),0);     //结果回送给客户
    if(num<0){                                         //调用 send()函数出错
          printf("Send Data Failed!\n");
          break;
}
        close(ssock);                            //与客户交互完毕,将从套接字关闭
    }
    close(msock);                                //服务器端退出,将主套接字关闭
    return 0;
}
```

2. TCP 客户端例程剖析

```
#include<stdio.h>
#include<stdlib.h>
#include<sys/types.h>
#include<sys/socket.h>
#include<netinet/in.h>
#include<arpa/inet.h>
#include<string.h>
#include<malloc.h>
#define SERVERIP "172.0.0.1"                    //定义 IP 地址常量
#define SERVERPORT 10000                        //定义端口号常量

int main(){
  int ret,num=0;
     int tsock;                             //声明客户端套接字描述符变量
     double*i=0;                            //声明保存第 1 个数字消息的变量
     i=(double*)malloc(sizeof(double));
     char*j='\0';                           //声明保存四则运算符消息的变量
     j=(char*)malloc(sizeof(char));
     double*k=0;                            //声明保存第 2 个数字消息的变量
     k=(double*)malloc(sizeof(double));
     double result=0;                       //声明保存计算结果消息的变量
     char*buffer="HELP";                    //声明保存 HELP 消息的变量
     char buf[20];                          //声明接收服务器应答消息的变量
     struct sockaddr_in servaddr;           //声明服务器套接字端点地址结构体变量

     tsock=socket(AF_INET,SOCK_STREAM,0); //创建客户端套接字
  if (tsock<0){                             //调用 socket()函数出错
      printf("Create Socket Failed!\n");
      exit(-1);
  }
     memset(&servaddr,0,sizeof(servaddr));
/*以下语句用于给服务器端套接字端点地址变量赋值*/
     servaddr.sin_family=AF_INET;                  //给协议族字段赋值
     servaddr.sin_port=htons(SERVERPORT);          //给端口号字段赋值
     inet_aton(SERVERIP,&servaddr.sin_addr);       //给 IP 地址字段赋值
/*以下语句调用 connect()函数向远程服务器发起 TCP 连接建立请求*/
     ret=connect(tsock,(struct        sockaddr*)&servaddr,sizeof(struct
sockaddr));
  if(ret<0){                                       //调用 connect()函数出错
      printf("Connect Failed!\n");
      exit(-1);
  }
     /*以下语句用于调用 send()函数利用从套接字发送数据给服务器端*/
     num=send(tsock,buffer,strlen(buffer),0);      //发送 HELP 消息给服务器端
  if(num!=strlen(buffer)){                         //调用 send()函数出错
```

```
        printf("Send Data Failed!\n");
        exit(-1);
}
        /*以下语句调用 recv()函数从套接字读取服务器端发送过来的数据*/
        num=0;
        num=recv(tsock,buf,sizeof(buf),0);                //接收服务器端的应答消息 OK
   if (num<0){
        printf("Recieve Data Failed!\n");
        exit(-1);
}
        printf("%s\n",buf);

       *i=1.0;
       *j='+';
       *k=2.0;
        num=0;
        num=send(tsock,i,sizeof(double),0);          //发送第 1 个数字给服务器
   if(num<0){                                        //调用 send()函数出错
        printf("Send Data Failed!\n");
        exit(-1);
}
        num=0;
        num=send(tsock,j,sizeof(char),0);            //发送四则运算符给服务器
   if(num<0){                                        //调用 send()函数出错
        printf("Send Data Failed!\n");
        exit(-1);
}
        num=0;
        num=send(tsock,k,sizeof(double),0);          //发送第 2 个数字给服务器
   if(num<0){                                        //调用 send()函数出错
        printf("Send Data Failed!\n");
        exit(-1);
}
num=0;
        num=recv(tsock,&result,sizeof(double),0);       //接收服务器回送的计算结果
   if (num<0){
        printf("Recieve Data Failed!\n");
        exit(-1);
}
        printf("result : %f\n",result);

close(tsock);

        free(i);
        free(j);
        free(k);
        return 0;
}
```

2.4.3 Windows 环境下基于 TCP 套接字的例程剖析

客户端功能需求描述：向服务器（IP 地址 127.0.0.1，端口号 10000）发送连接请求，连接建立之后，向服务器发送“HELP”请求，在得到服务器的应答之后，首先在显示屏上回显服务器的应答消息，然后发送两个数字和一个算术四则运算符（+，–，*，/）给服务器，请求服务器给出计算结果，最后，在收到服务器回送的计算结果之后，将计算结果在显示屏上回显，然后中断本次通信过程。

服务器端功能需求描述：反复读取来自客户的任何请求，在收到客户发送的“HELP”请求之后，则回送“OK”作为应答，在收到客户发送的两个数字和一个算术四则运算符之后，则首先计算出相关结果，然后再将结果作为应答回送给客户并中断本次通信过程。

1. TCP 服务器端例程剖析

```
#include "stdafx.h"
#include<stdio.h>
#include<stdlib.h>
#include<windows.h>
#include<winsock2.h>
#include<string.h>
#include<malloc.h>

#pragma comment(lib,"ws2_32.lib")

int main(){
       SOCKET msock;                          //声明服务器端主套接字描述符变量
       SOCKET ssock;                          //声明服务器端从套接字描述符变量
       int ret,num=0;
       char buf [1024];                       //声明保存客户 HELP 消息的变量
       char*buffer="ok";                      //声明保存 OK 应答消息的变量

       double*i;                              //声明保存客户发送的第 1 个数字消息的变量
  i=(double*)malloc(sizeof(double));
       char*j;                                //声明保存客户发送的四则运算符消息的变量
       j=(char*)malloc(sizeof(char));
       double*k;                              //声明保存客户发送的第 2 个数字消息的变量
       k=(double*)malloc(sizeof(double));
       double result=0;                       //声明保存计算结果的变量
       struct sockaddr_in servaddr;           //声明服务器套接字端点地址结构体变量
       struct sockaddr_in clientaddr;         //声明客户端套接字端点地址结构体变量
       /*以下语句调用 WSAStartup()函数初始化 Winsock DLL*/
   WORD sockVersion=MAKEWORD(2,2);
WSADATA wsaData;
ret=WSAStartup(sockVersion,&wsaData);
if (ret !=0){
       printf("Couldn't Find a Useable Winsock.dll!\n");
       exit(-1);
```

```
    }
        msock=socket(AF_INET,SOCK_STREAM,0);            //创建服务器端主套接字
      if(msock==INVALID_SOCKET){                        //调用 socket()函数出错
          printf("Create Socket Failed!\n");
          exit(-1);
    }
        ZeroMemory(&servaddr,sizeof(servaddr));
        /*以下语句用于给服务器端主套接字端点地址变量赋值*/
     servaddr.sin_family=AF_INET;                       //给协议族字段赋值
        servaddr.sin_addr.s_addr=htonl(INADDR_ANY);          //给 IP 地址字段赋值
     servaddr.sin_port=htons(10000);                    //给端口号字段赋值
    /*以下语句用于调用 bind()函数将套接字绑定到端点地址*/
        ret=bind(msock,(struct          sockaddr*)&servaddr,sizeof(struct
sockaddr_in));
      if(ret<0){                                        //调用 bind()函数出错
          printf("Server Bind Port: %d Failed!\n",SERVER_PORT);
          exit(-1);
    }
    listen(msock,20);

        while(1){
            ZeroMemory(&clientaddr,sizeof(clientaddr));
            int len=sizeof(clientaddr);
            ssock=accept(msock,(struct sockaddr*)&clientaddr,&len);
        if(ssock==INVALID_SOCKET){                      //调用 accept()函数出错
              printf("Accept Failed!\n");
              exit(-1);
    }
    /*以下语句调用 recv/send()函数基于从套接字与客户交互*/
    ZeroMemory(buf,sizeof(buf));
    num=0;
    num=recv(ssock,buf,sizeof(buf),0);                  //接收客户发送的 HELP 消息
    if (num<0){
              printf("Recieve Data Failed!\n");
              exit(-1);
    }
            printf("%s.\n",buf);
            num=0;
            num=send(ssock,buffer,strlen(buffer),0);          //回送 OK 作为应答
        if(num<0){                                      //调用 send()函数出错
            printf("Send Data Failed!\n");
            exit(-1);
    }
            num=0;
            num=recv(ssock,i,sizeof (double),0);          //接收客户发的第 1 个数字
        if(num<0){                                        //调用 send()函数出错
```

```
            printf("Recieve Data Failed!\n");
            exit(-1);
}
           num=0;
           num=recv(ssock,j,sizeof (char),0);        //接收客户发的四则运算符
        if(num<0){                                     //调用 send()函数出错
            printf("Recieve Data Failed!\n");
            exit(-1);
}
           num=0;
           num=recv(ssock,k,sizeof (double),0);      //接收客户发的第 2 个数字
        if(num<0){                                     //调用 send()函数出错
            printf("Recieve Data Failed!\n");
            exit(-1);
}
           printf("接收到的数据为:i=%f,j='%c',k=%f\n",*i,*j,*k);

           /*以下语句根据四则运算符计算相应结果*/
           switch(*j){
             case '+':                               //加法
                result=*i +*k;
                break;
             case '-':                               //减法
                result=*i -*k;
                break;
             case '*':                               //乘法
                result=(*i)*(*k);
                break;
             default:                                //除法
                result=(*i) / (*k);
                break;
           }
           num=0;
           num=send(ssock,&result,sizeof(double),0);     //将计算结果回送给客户
        if(num<0){                                         //调用 send()函数出错
            printf("Send Data Failed!\n");
            exit(-1);
}
closesocket(ssock);                                //与客户交互完毕后关闭从套接字
        }
        closesocket(msock);                        //与所有客户交互完毕后关闭主套接字
        WSACleanup();                              //结束 Winsock Socket API
        return 0;
}
```

2. TCP 客户端例程剖析

```
#include "stdafx.h"
#include<stdio.h>
#include<stdlib.h>
#include<windows.h>
#include<winsock2.h>
#include<string.h>
#include<malloc.h>

#pragma comment(lib,"ws2_32.lib")

#define SERVERIP "172.0.0.1"                    //定义 IP 地址常量
#define SERVERPORT 10000                        //定义端口号常量

int main(){
       SOCKET tsock;                            //声明客户端套接字描述符变量
       double*i=0;                              //声明保存第 1 个数字消息的变量
       i=(double*)malloc(sizeof(double));
       char*j='\0';                             //声明保存四则运算符消息的变量
       j=(char*)malloc(sizeof(char));
       double*k=0;                              //声明保存第 2 个数字消息的变量
       k=(double*)malloc(sizeof(double));
       double result=0;                         //声明保存计算结果消息的变量
       char*buffer="HELP";                      //声明保存 HELP 消息的变量
       char buf[1024];                          //声明保存服务器应答消息的变量
       struct sockaddr_in servaddr;             //声明服务器套接字端点地址结构体变量
       int ret,num=0;
       /*以下语句调用 WSAStartup()函数初始化 Winsock DLL*/
    WORD sockVersion=MAKEWORD(2,2);
WSADATA wsaData;
ret=WSAStartup(sockVersion,&wsaData);
if (ret !=0){
        printf("Couldn't Find a Useable Winsock.dll!\n");
        exit(-1);
}
       tsock=socket(AF_INET,SOCK_STREAM,0);        //创建客户端套接字
   if (tsock==INVALID_SOCKET){                     //调用 socket()函数出错
       printf("Create Socket Failed!\n");
       exit(-1);
}
       ZeroMemory(&servaddr,sizeof(servaddr));
/*以下语句用于给服务器套接字端点地址变量赋值*/
       servaddr.sin_family=AF_INET;                //给协议族字段赋值
       servaddr.sin_port=htons(SERVERPORT);        //给端口号字段赋值
       inet_aton(SERVERIP,&servaddr.sin_addr);     //给 IP 地址字段赋值
/*以下语句调用 connect()函数向远程服务器发起连接建立请求*/
       ret=connect(tsock,(struct sockaddr*)&servaddr,sizeof(struct sockaddr));
```

```
   ret=connect(tsock,(struct sockaddr*)&servaddr,sizeof(struct sockaddr));
if(ret<0){                                              //调用 connect()函数出错
        printf("Connect Failed!\n");
        exit(-1);
}
       /*以下语句用于调用 send()函数利用从套接字发送数据给服务器端*/
        num=0;
        num=send(tsock,buffer,strlen(buffer),0);        //发送 HELP 消息给服务器端
    if(num!=strlen(buffer)){                            //调用 send()函数出错
         printf("Send Data Failed!\n");
         exit(-1);
}
        /*以下语句调用 recv()函数从套接字读取服务器端发送过来的数据*/
        num=0;
        num=recv(tsock,buf,sizeof(buf),0);              //接收服务器端的应答消息 OK
    if (num<0){
        printf("Recieve Data Failed!\n");
        exit(-1);
}
        printf("%s.\n",buf);

        printf("请输入参与计算的第 1 个数字:\n");
        scanf("%lf",i);
        printf("请输入四则运算符:\n");
        scanf("%c",j);
        printf("请输入参与计算的第 2 个数字:\n");
        scanf("%lf",k);
        num=0;
        num=send(tsock,i,sizeof(double),0);             //发送第 1 个数字给服务器端
    if(num<0){                                          //调用 send()函数出错
         printf("Send Data Failed!\n");
         exit(-1);
}
        num=0;
        num=send(tsock,j,sizeof(char),0);               //发送四则运算符给服务器端
    if(num<0){                                          //调用 send()函数出错
         printf("Send Data Failed!\n");
         exit(-1);
}
        num=0;
        num=send(tsock,k,sizeof(double),0);             //发送第 2 个数字给服务器端
    if(num<0){                                          //调用 send()函数出错
         printf("Send Data Failed!\n");
         exit(-1);
}
        num=0;
        num=recv(tsock,&result,sizeof(double),0);       //接收服务器回送的计算结果
    if(num<0){                                          //调用 send()函数出错
```

```
        printf("Send Data Failed!\n");
        exit(-1);
}
       printf("result:%f.\n",result);

closesocket(tsock);

       free(i);
       free(j);
       free(k);
       WSACleanup(); //结束Winsock Socket API
       return 0;
}
```

2.4.4 UNIX/Linux 环境下基于 UDP 套接字的例程剖析

客户端功能需求描述：向服务器（IP 地址 127.0.0.1，端口号 10000）发送连接请求，连接建立之后，向服务器发送“HELP”请求，在得到服务器的应答之后，首先在显示屏上回显服务器的应答消息，然后发送两个数字和一个算术四则运算符（+，–，*，/）给服务器，请求服务器给出计算结果，最后，在收到服务器回送的计算结果之后，将计算结果在显示屏上回显，然后中断本次通信过程。

服务器端功能需求描述：反复读取来自客户的任何请求，在收到客户发送的“HELP”请求之后，则回送“OK”作为应答，在收到客户发送的两个数字和一个算术四则运算符之后，则首先计算出相关结果，然后再将结果作为应答回送给客户并中断本次通信过程。

1. UDP 服务器端例程剖析

```
#include<stdio.h>
#include<stdlib.h>
#include<sys/socket.h>
#include<sys/types.h>
#include<netinet/in.h>
#include<string.h>
#include<malloc.h>
/*定义存储客户发送的 2 个数字和 1 个四则运算符消息的结构体 Node*/
typedef struct{
     double i;
     char j;
     double k;
} Node;

int main(){
       int msock;                                   //声明服务器端 UDP 套接字描述符变量
       char buf[20];                                //声明保存客户 HELP 消息的变量
       char*buffer="ok";                            //声明保存 OK 应答消息的变量
       int ret,num=0;
```

```
        /*以下语句用于声明存储客户端发送的 2 个数字和 1 个四则运算符消息的结构体变量,并对
其赋初值*/
        Node node;
        node.i=0;
        node.j='\0';
        node.k=0;
        double result=0;                      //声明用于保存计算结果的变量
        struct sockaddr_in servaddr;          //声明服务器端套接字端点地址结构体变量
        struct sockaddr_in clientaddr;        //声明客户端套接字端点地址结构体变量

        msock=socket(AF_INET,SOCK_DGRAM,0);  //创建服务器端 UDP 套接字
    if (msock<0){                             //调用 socket()函数出错
         printf("Create Socket Failed!\n");
         exit(-1);
    }
        memset(&servaddr,0,sizeof(servaddr));
        /*以下语句用于给服务器套接字端点地址变量赋值*/
  servaddr.sin_family=AF_INET;                              //给协议族字段赋值
        servaddr.sin_addr.s_addr=htonl(INADDR_ANY);       //给 IP 地址字段赋值
  servaddr.sin_port=htons(10000);                           //给端口号字段赋值
  /*以下语句用于调用 bind()函数将套接字与端点地址绑定*/
        ret=bind(msock,(struct          sockaddr*)&servaddr,sizeof(struct
sockaddr_in));
    if(ret<0){                                              //调用 bind()函数出错
        printf("Server Bind Port: %d Failed!\n",SERVER_PORT);
        exit(-1);
    }
        while(1){
            memset(&clientaddr,0,sizeof(clientaddr));
  int len=sizeof(clientaddr);
  memset(buf,'\0',sizeof(buf));
  num=0;
  /*以下语句用于服务器接收客户发送的 HELP 请求消息*/
  num=recvfrom(msock,buf,sizeof(buf),0,(struct sockaddr*)&clientaddr,&len);
  if(num<0){                                             //调用 recvfrom()函数出错
              printf("Receive Data Failed!\n");
              break;
    }
            printf("%s.\n",buf);
            /*以下语句用于服务器回送 OK 给客户作为应答*/
            num=0;
            num=sendto(msock,buffer,strlen(buffer),0,(struct        sockaddr*)
&clientaddr,&len);
        if(num !=strlen(buffer)){                        //调用 sendto()函数出错
             printf("Send Data Failed!\n");
             break;
    }
  num=0;
```

```
    num=recvfrom(msock,&node,sizeof(Node),0,(struct  sockaddr*)  &clientaddr,
&len); //接收客户发送的2个数字和1个运算符消息
    if(num<0){                                      //调用 recvfrom()函数出错
            printf("Receive Data Failed!\n");
            break;
    }
    printf("接收到数据:i=%f,j='%c',k=%f\n",node.i,node.j,node.k);
            /*以下语句根据四则运算符计算相应结果*/
    switch(node.j){
        case '+':
            result=node.i + node.k;
            break;
        case '-':
            result=node.i - node.k;
            break;
        case '*':
            result=node.i*node.k;
            break;
        default:
            result=node.i / node.k;
            break;
    }
    num=0;
    num=sendto(msock,&result,sizeof(double),0,(struct  sockaddr*)  &clientaddr,
&len); //将计算结果作为应答回送给客户
    if(num<0){                                  //调用 sendto()函数出错
            printf("Send Data Failed!\n");
            break;

    }
        }
        close(msock);
        return 0;
}
```

2. UDP 客户端例程剖析

```
#include<stdio.h>
#include<stdlib.h>
#include<sys/types.h>
#include<sys/socket.h>
#include<netinet/in.h>
#include<arpa/inet.h>
#include<string.h>
#include<malloc.h>
#define SERVERIP "172.0.0.1"                //定义 IP 地址常量
#define SERVERPORT 10000                    //定义端口号常量

/*定义存储客户发送的2个数字和1个四则运算符消息的结构体 Node*/
```

```
typedef struct{
    double i;
    char j;
    double k;
} Node;

int main(){
    int tsock;                          //声明客户端套接字描述符变量
    /*以下语句用于声明存储客户端发送的 2 个数字和 1 个四则运算符消息的结构体变量,并对其
赋初值*/
    Node node;
    node.i=0;
    node.j='\0';
    node.k=0;

    double result=0;                    //声明保存计算结果消息的变量
    char*buffer="HELP";                 //声明保存 HELP 消息的变量
    char buf[1024]                      //声明保存服务器应答消息的变量
    struct sockaddr_in servaddr;        //声明服务器套接字端点地址结构体变量

    tsock=socket(AF_INET,SOCK_DGRAM,0);       //创建客户端面 UDP 套接字
  if (tsock<0){                               //调用 socket()函数出错
    printf("Create Socket Failed!\n");
    exit(-1);
}
memset(&servaddr,0,sizeof(servaddr));
/*以下语句用于给服务器套接字端点地址变量赋值*/
    servaddr.sin_family=AF_INET;                    //给协议族字段赋值
    servaddr.sin_port=htons(SERVERPORT);            //给端口号字段赋值
    inet_aton(SERVERIP,& servaddr.sin_addr);        //给 IP 地址字段赋值
    int ret,num=0;
    int len=sizeof(servaddr);
/*以下语句用于客户端发送 HELP 消息给服务器*/

num=sendto(tsock,buffer,strlen(buffer),0,(struct sockaddr*)&servaddr,&len);
    /*以下语句用于客户端接收服务器的应答消息 OK*/
    num=0;
    num=recvfrom(tsock,buf,sizeof(buf),0,(struct sockaddr*)&servaddr,&len);
  if(num<0){                                        //调用 recvfrom()函数出错
     printf("Receive Data Failed!\n");
     exit(-1);
}
    printf("%s.\n",buf);

    node.i=1.0;
    node.j='-';
    node.k=3.0;
/*以下语句用于客户端发送第 1 个数字给服务器*/
```

```
    num=0;
          num=sendto(tsock,&node,sizeof(Node),0,(struct  sockaddr*)&servaddr,&len);
       if(num<0){                                          //调用 sendto()函数出错
             printf("Send Data Failed!\n");
             exit(-1);
    }
    num=0;
    num=recvfrom(tsock,&result,sizeof(double),0,(struct  sockaddr*)&servaddr,&
len);                                                       //接收服务器回送的计算结果
    if(num<0){                                              //调用 recvfrom()函数出错
           printf("Receive Data Failed!\n");
           exit(-1);
    }
          printf("resul:%f\n",result);
    close(tsock);
          return 0;
    }
```

2.4.5 Windows 环境下基于 UDP 套接字的例程剖析

客户端功能需求描述：向服务器（IP 地址 127.0.0.1，端口号 10000）发送连接请求，连接建立之后，向服务器发送“HELP”请求，在得到服务器的应答之后，首先在显示屏上回显服务器的应答消息，然后发送两个数字和一个算术四则运算符（+，–，*，/）给服务器，请求服务器给出计算结果，最后，在收到服务器回送的计算结果之后，将计算结果在显示屏上回显，然后中断本次通信过程。

服务器端功能需求描述：反复读取来自客户的任何请求，在收到客户发送的“HELP”请求之后，则回送“OK”作为应答，在收到客户发送的两个数字和一个算术四则运算符之后，则首先计算出相关结果，然后再将结果作为应答回送给客户并中断本次通信过程。

1. UDP 服务器端例程剖析

```
#include "stdafx.h"
#include<stdio.h>
#include<stdlib.h>
#include<windows.h>
#include<winsock2.h>
#include<string.h>
#include<malloc.h>

#pragma comment(lib,"ws2_32.lib")

/*定义存储客户发送的 2 个数字和 1 个四则运算符消息的结构体 Node*/
typedef struct{
      double i;
      char j;
```

```
        double k;
    } Node;

    int main(){
          SOCKET msock;                              //声明服务器端UDP套接字描述符变量
          char buf[1024];                            //声明保存HELP请求消息的变量
          char*buffer="ok";                          //声明保存OK应答消息的变量

          /*以下语句用于声明存储客户端发送的 2 个数字和 1 个四则运算符消息的结构体变量,并对
其赋初值*/
          Node node;
          node.i=0;
          node.j='\0';
          node.k=0;

          double result=0;                           //声明保存计算结果的变量
          struct sockaddr_in servaddr;               //声明服务器套接字端点地址结构体变量
          struct sockaddr_in clientaddr;             //声明客户端套接字端点地址结构体变量
          /*以下语句调用WSAStartup()函数初始化Winsock DLL*/
    int ret,num;
    WORD sockVersion=MAKEWORD(2,2);
    WSADATA wsaData;
    ret=WSAStartup(sockVersion,&wsaData);
    if (ret !=0){
           printf("Couldn't Find a Useable Winsock.dll!\n");
           exit(-1);
    }
          msock=socket(AF_INET,SOCK_DGRAM,0); //创建服务器端UDP套接字
      if(msock==INVALID_SOCKET){             //调用socket()函数出错
           printf("Create Socket Failed!\n");
           exit(-1);
    }
          ZeroMemory(&servaddr,sizeof(servaddr));
          /*以下语句用于给服务器套接字端点地址变量赋值*/
     servaddr.sin_family=AF_INET;            //给协议族字段赋值
          servaddr.sin_addr.s_addr=htonl(INADDR_ANY);     //给IP地址字段赋值
     servaddr.sin_port=htons(10000);                      //给端口号字段赋值
    /*以下语句用于调用bind()函数将套接字与端点地址绑定*/
         ret=bind(msock,(struct sockaddr*)&servaddr,sizeof(struct sockaddr_in));
      if(ret<0){                                   //调用bind()函数出错
           printf("Bind Socket Failed!\n");
           exit(-1);
    }
          while(1){
              ZeroMemory(&clientaddr,sizeof(clientaddr));
              ZeroMemory(buf,sizeof(buf));
    int len=sizeof(clientaddr);
    /*以下语句用于服务器接收客户发送的HELP请求消息*/
```

```
    num=0;
    num=recvfrom(msock,buf,sizeof(buf),0,(struct  sockaddr*)  &clientaddr,&len);
    if(num<0){                                          //调用 recvfrom()函数出错
              printf("Receive Data Failed!\n");
              break;
    }
             printf("%s\n",buf);
             /*以下语句用于服务器回送 OK 给客户作为应答*/
             num=0;
             num=sendto(msock,buffer,strlen(buffer),0,(struct        sockaddr*)
&clientaddr,&len);
          if(num !=strlen(buf)){                         //调用 sendto()函数出错
              printf("Send Data Failed!\n");
              break;
    }
    num=0;
    num=recvfrom(msock,&node,sizeof(Node),0,(struct              sockaddr*)
&clientaddr,&len);                             //接收客户发送的 2 个数字和 1 个运算符消息
    if(num<0){                                      //调用 recvfrom()函数出错
              printf("Receive Data Failed!\n");
              break;
    }
    printf("接收到数据:i=%f,j='%c',k=%f\n",node.i,node.j,node.k);

             /*以下语句根据四则运算符计算相应结果*/
    switch(node.j){
        case '+':
             result=node.i + node.k;
             break;
        case '-':
             result=node.i - node.k;
             break;
        case '*':
             result=node.i*node.k;
             break;
        default:
             result=node.i / node.k;
             break;
    }
    num=0;
    num=sendto(msock,&result,sizeof(double),0,(struct              sockaddr*)
&clientaddr,&len);                         //将计算结果作为应答回送给客户
    if(num<0){                                 //调用 sendto()函数出错
              printf("Send Data Failed!\n");
              break;
    }
          }
          closesocket(msock);                  //关闭套接字
```

```
WSACleanup();                                   //结束 Winsock Socket API
        return 0;
}
```

2. UDP 客户端例程剖析

```
#include "stdafx.h"
#include<stdio.h>
#include<stdlib.h>
#include<windows.h>
#include<winsock2.h>
#include<string.h>
#include<malloc.h>

#pragma comment(lib,"ws2_32.lib")

#define SERVERIP "172.0.0.1"                        //定义 IP 地址常量
#define SERVERPORT 10000                            //定义端口号常量

/定义存储客户发送的 2 个数字和 1 个四则运算符消息的结构体 Node*/
typedef struct{
      double i;
      char j;
      double k;
} Node;

int main(){
      SOCKET tsock;                             //声明客户端套接字描述符变量
      /*以下语句用于声明存储客户端发送的 2 个数字和 1 个四则运算符消息的结构体变量,并对其
赋初值*/
       Node node;
       node.i=0;
       node.j='\0';
       node.k=0;
       double result=0;                     //声明保存计算结果消息的变量
       char*buffer="HELP";                  //声明保存 HELP 消息的变量
       char buf[1024];                          //声明保存服务器应答消息的变量
       struct sockaddr_in servaddr;             //声明服务器套接字端点地址结构体变量
       /*以下语句调用 WSAStartup()函数初始化 Winsock DLL*/
int ret,num;
WORD sockVersion=MAKEWORD(2,2);
WSADATA wsaData;
ret=WSAStartup(sockVersion,&wsaData);
if (ret !=0){
         printf("Couldn't Find a Useable Winsock.dll!\n");
         exit(-1);
}
       tsock=socket(AF_INET,SOCK_DGRAM,0);                //创建客户端 UDP 套接字
   if (tsock==INVALID_SOCKET){                          //调用 socket()函数出错
```

```
            printf("Create Socket Failed!\n");
            exit(-1);
    }
          ZeroMemory(&servaddr,sizeof(servaddr));
    /*以下语句用于给服务器套接字端点地址变量赋值*/
          servaddr.sin_family=AF_INET;                //给协议族字段赋值
          servaddr.sin_port=htons(SERVERPORT);        //给端口号字段赋值
          inet_aton(SERVERIP,& servaddr.sin_addr);            //给 IP 地址字段赋值
          ZeroMemory(buf,sizeof(buf));
          int len=sizeof(servaddr);
    /*以下语句调用客户端发送 HELP 消息给服务器端*/
    num=0;
          num=sendto(tsock,buf,strlen(buf),0,(struct sockaddr*)&servaddr,&len);
       if(num !=strlen(buf)){                                 //调用 sendto()函数出错
            printf("Send Data Failed!\n");
            exit(-1);
    }
    /*以下语句用于客户端接收服务器端的应答消息 OK*/
    num=0;
    num=recvfrom(tsock,buf,sizeof(buf),0,(struct sockaddr*)&servaddr,&len);
    if(num<0){                                               //调用 recvfrom()函数出错
            printf("Receive Data Failed!\n");
            exit(-1);
    }
           printf("%s.\n",buf);

           node.i=1.0;
           node.j='-';
           node.k=3.0;
           /*以下语句用于客户端发送第 1 个数字给服务器端*/
           num=0;
           num=sendto(tsock,&node,sizeof(Node),0, (struct sockaddr*) &servaddr,
&len);
       if(num<0){                                        //调用 sendto()函数出错
            printf("Send Data Failed!\n");
            exit(-1);
    }
           num=0;
    num=recvfrom(tsock,&result,sizeof(double),0,(struct sockaddr*) &servaddr,
&len);                                                   //接收服务器回送的计算结果
    if(num<0){                                           //调用 recvfrom()函数出错
            printf("Receive Data Failed!\n");
            exit(-1);
    }
           printf("result:%f\n",result);

           closesocket(clientfd);
           WSACleanup();                                //结束 Winsock Socket API
```

```
        return 0;
}
```

2.4.6 UNIX/Linux 环境下基于 TCP 套接字的文件传输例程剖析

客户端功能需求描述：向服务器（IP 地址 127.0.0.1，端口号 6666）发送连接请求，连接建立之后，向服务器发送“希望下载的文件的文件名”请求信息，然后，在接收完毕服务器回送的文件内容并保存到本地文件中之后，中断本次与客户的通信过程。

服务器端功能需求描述：反复读取来自客户的任何请求，在收到客户发送的“希望下载的文件的文件名”请求之后，则打开该文件，然后再将该文件的内容作为应答回送给客户并中断本次通信过程。

1. TCP 服务器端例程剖析

```
#include<netinet/in.h>
#include<sys/types.h>
#include<sys/socket.h>
#include<stdio.h>
#include<stdlib.h>
#include<string.h>

#define SERVER_PORT 10000
#define QUEUE 20
#define BUFFER_SIZE 1024
#define FILE_NAME_MAX_SIZE 512

int main(int argc,char**argv){
    struct sockaddr_in  servaddr;                  //声明套接字端点地址结构体变量
    memset(&servaddr,0,sizeof(servaddr));
    /*以下 3 条语句用于给端点地址结构体变量 servaddr 赋值*/
    servaddr.sin_family=AF_INET;
    servaddr.sin_addr.s_addr=htons(INADDR_ANY);
    servaddr.sin_port=htons(SERVER_PORT);

    int msock=socket(AF_INET,SOCK_STREAM,0);         //创建 TCP 套接字
    if (msock<0){
        printf("Create Socket Failed!\n");
        exit(-1);
    }
    int ret,num;
    /*以下语句用于调用 bind()函数将主套接字与端点地址绑定*/
    ret=bind(msock,(struct sockaddr*)&servaddr,sizeof(struct sockaddr_in));
if(ret<0){                                         //调用 bind()函数出错
        printf("Server Bind Port: %d Failed!\n",SERVER_PORT);
        exit(-1);
}
```

```
    /*以下语句用于调用 listen()函数设置等待队列长度和设套接字为被动模式*/
    ret=listen(msock,QUEUE);
    if(ret<0){                                          //调用 listen()函数出错
         printf("Listen Failed!\n");
         exit(-1);
    }
      while(1){
         /*定义客户端的 socket 地址结构 clientaddr,当收到来自客户端的请求后,调用
accept()函数接受此请求,同时将 client 端的地址和端口等信息写入 clientaddr 中*/
         struct sockaddr_in clientaddr;
         int len=sizeof(clientaddr);
         int ssock=accept(msock,(struct sockaddr*) &clientaddr,&len);
         if (ssock<0){
             printf("Accept Failed!\n");
             break;
         }
         char buffer[BUFFER_SIZE];
         memset(buffer,'\0',sizeof(buffer));
         /*以下语句用于接收客户端传送过来的文件名并存储到缓存区中*/
         num=0;
         num=recv(ssock,buffer,BUFFER_SIZE,0);
         if (num<0){
             printf("Recieve Data Failed!\n");
             break;
         }
         char file_name[FILE_NAME_MAX_SIZE + 1];
         memset(file_name,'\0',sizeof(file_name));
         /*将文件名从缓存区 buffer 拷贝到数组 file_name 中*/
         strncpy(file_name,buffer,strlen(buffer)>FILE_NAME_MAX_SIZE ? FILE_
NAME_MAX_SIZE : strlen(buffer));
         FILE*fp=fopen(file_name,"r"); //打开客户指定要发送的该文件
         if (fp==NULL){
            printf("File:\t%s Not Found!\n",file_name);
         }
         else{
            memset(buffer,'\0',BUFFER_SIZE);
            int file_block_length=0;
            /*以下 while 循环用于反复读取文件内容并存储到 buffer 中*/
            while((file_block_length=fread(buffer,sizeof(char),BUFFER_
SIZE,fp))>0){
                printf("file_block_length=%d\n",file_block_length);
                /*将 buffer 中的字符串发送给客户端*/
                if(send(ssock,buffer,file_block_length,0)<0){
                    printf("Send File:\t%s Failed!\n",file_name);
                    break;
                }
                memset(buffer,'\0',sizeof(buffer));
            }
```

```
            fclose(fp);                              //文件发送完毕,关闭文件描述符
            printf("File:\t%s Transfer Finished!\n",file_name);
        }
        close(ssock);
    }
    close(msock);
    return 0;
}
```

2. TCP 客户端例程剖析

```
#include<netinet/in.h>
#include<sys/types.h>
#include<sys/socket.h>
#include<stdio.h>
#include<stdlib.h>
#include<string.h>

#define SERVER_PORT  10000
#define BUFFER_SIZE 1024
#define FILE_NAME_MAX_SIZE  512

int main(int argc,char**argv){
    if (argc !=2){
        printf("Usage: ./%s ServerIPAddress\n",argv[0]);
        exit(1);
    }
    int tsock=socket(AF_INET,SOCK_STREAM,0);         //创建客户端套接字
    if (tsock<0){                                    //调用 socket()函数出错
      printf("Create Socket Failed!\n");
      exit(-1);
}
    /*声明服务器端 socket 地址结构变量并给其赋值*/
    struct sockaddr_in  servaddr;
    memset(&servaddr,0,sizeof(servaddr));
    servaddr.sin_family=AF_INET;                         //给协议族字段赋值
    if (inet_aton(argv[1],&servaddr.sin_addr)==0){ //给 IP 地址字段赋值
        printf("Server IP Address Error!\n");
        exit(-1);
    }
    server_addr.sin_port=htons(SERVER_PORT);              //给端口号字段赋值
    int len=sizeof(servaddr);
    /*以下语句用于客户端向远程服务器发起 TCP 连接建立请求*/
    int ret,num;
ret=connect(tsock,(struct sockaddr*)&servaddr,sizeof(struct sockaddr));
if(ret<0){                                              //调用 connect()函数出错
        printf("Connect Failed!\n");
        exit(-1);
```

```
    }
        char file_name[FILE_NAME_MAX_SIZE + 1];
        memset(file_name,'\0',sizeof(file_name));
        printf("Please Input File Name On Server.\t");
        scanf("%s",file_name);
        char buffer[BUFFER_SIZE];
        memset(buffer,'\0',sizeof(buffer));
    strncpy(buffer,file_name,strlen(file_name)>BUFFER_SIZE?  BUFFER_  SIZE  :
strlen(file_name));
        /*向服务器发送buffer中的数据,此时buffer中存放的是客户端需要接收的文件的名字*/
        num=0;
        num=send(tsock,buffer,BUFFER_SIZE,0);
        if(num!=strlen(buffer)){                         //调用send()函数出错
            printf("Send Data Failed!\n");
            exit(-1);
    }
        FILE*fp=fopen(file_name,"w");                    //创建并打开该文件
        if (fp==NULL){
           printf("File:\t%s Can Not Open To Write!\n",file_name);
           exit(-1);
        }
        /*从服务器端接收数据到buffer中*/
        memset(buffer,'\0',sizeof(buffer));
        num=0;
    /*若调用 recv()函数接收到的服务器应答内容长度>0,则循环接收服务器的应答。若等于 0 则退出循
环,表示服务器的文件传输结束。若小于 0 则表示接收出错*/
        while(num=recv(tsock,buffer,BUFFER_SIZE,0) !=0){
            if (num<0){
                printf("Recieve Data From Server %s Failed!\n",argv[1]);
                break;
            }
            //将收到的服务器应答内容写入文件
            int write_len=fwrite(buffer,sizeof(char),num,fp);
            if (write_len !=num){
                printf("File:\t%s Write Failed!\n",file_name);
                break;
            }
            memset(buffer,'\0',BUFFER_SIZE);
        }//while循环结束
        printf("RecieveFile:\t    %s    FromServer[%s]Finished!\n",file_name,
argv[1]);

        fclose(fp);                          //传输完毕后关闭文件
        close(tsock);                        //关闭套接字
        return 0;
    }
```

2.4.7 UNIX/Linux 环境下基于 TCP 套接字的音频传输例程剖析

客户端功能需求描述：向服务器（IP 地址 127.0.0.1，端口号 6666）发送连接请求，在连接建立之后，首先，向服务器发送“希望下载的音频文件的文件名”请求信息，然后，在接收完毕服务器回送的音频内容并保存到本地的音频文件中之后，中断本次通信过程，最后，将收到的音频文件发送至声卡播放。

服务器端功能需求描述：反复读取来自客户的任何请求，在收到客户发送的“希望下载的音频文件的文件名”请求之后，首先创建一个以该文件名命名的音频文件，然后，从麦克风录制一段音频并保存到该音频文件，最后，在播放该音频文件之后，再将其通过套接字传送给客户端并中断本次通信过程。

1. TCP 服务器端例程剖析

```
#include<unistd.h>
#include<fcntl.h>
#include<sys/types.h>
#include<sys/ioctl.h>
#include<stdlib.h>
#include<stdio.h>
#include<linux/soundcard.h>
#include<termios.h>
#include<string.h>

#include<netinet/in.h>
#include<sys/socket.h>

#define LENGTH  10                      //录音时间(秒)
#define RATE  88200                     //采样频率
#define SIZE  16                        //量化位数
#define CHANNELS  2                     //声道数目
#define RSIZE  8                        //buf 的大小,

#define SERVER_PORT  10000
#define QUEUE   20
#define BUFFER_SIZE  1024
#define FILE_NAME_MAX_SIZE   512
/*定义 WAVE 文件的文件头结构体 wfhead,长度为 44 个字节*/
struct wfhead{
   /*RIFF WAVE CHUNK*/
   unsigned char a[4]; //4 字节,存放'R','I','F','F'
   long int b;  /*整个 WAVE 文件的长度减去 8 个字节,4 字节*/
 unsigned char c[4]; //4 字节,存放'W','A','V','E'
   /*Format CHUNK*/
   unsigned char d[4];              //4 字节,存放'f','m','t',''
   long int e;                      //4 字节
   short int f;                     //2 字节,编码方式,一般为 0x0001;
```

```
 short int g;                      //2字节,声道数目,1为单声道,2为双声道;
   long int h;                     //4字节,采样频率;
   long int i;                     //4字节,每秒所需字节数;
 short int j;                      //2字节,每个采样需要多少字节,若是2声道,则乘以2
 short int k;                      //2字节,即量化位数
/*Data Chunk**/
   unsigned char p[4];             //4字节,存放'd','a','t','a'
    long int q;                    //4字节,语音数据部分长度,不包括文件头
}wavefilehead;

int main(int argc,char**argv){
   /*声明socket地址结构变量server_addr并给其赋值*/
   struct sockaddr_in servaddr;
   memset(&servaddr,0,sizeof(servaddr));
   servaddr.sin_family=AF_INET;
   servaddr.sin_addr.s_addr=htons(INADDR_ANY);
   servaddr.sin_port=htons(SERVER_PORT);

   int msock=socket(AF_INET,SOCK_STREAM,0);   //创建TCP套接字
   if (msock<0){
        printf("Create Socket Failed!\n");
        exit(-1);
   }
  /*以下语句用于调用bind()函数将主套接字与端点地址绑定*/
  int ret,num;
ret=bind(msock,(struct sockaddr*)&servaddr,sizeof(struct sockaddr_in));
if(ret<0){                                       //调用bind()函数出错
       printf("Server Bind Port: %d Failed!\n",SERVER_PORT);
       exit(-1);
}
  /*以下语句用于设置等待队列长度和设套接字为被动模式*/
ret=listen(msock,QUEUE);
if(ret<0){                                       //调用listen()函数出错
      printf("Listen Failed!\n");
      exit(-1);
}
  /*定义客户端的socket地址结构client_addr,当收到来自客户端的请求后,调用accept()函数
接受此请求,同时将client端的地址和端口等信息写入client_addr中*/
  struct sockaddr_in clientaddr;
  int len=sizeof(clientaddr);
  while(1){
      memset(&clientaddr,0,len);
      int ssock=accept(msockt,(struct sockaddr*) &client_addr,&len);
      if (ssock<0){
          printf("Accept Failed!\n");
          break;
      }
      char buffer[BUFFER_SIZE];
```

```
        memset(buffer,'\0',sizeof(buffer));
        num=0;
        /*接收客户端传来的音频文件名并存储到缓存区 buffer 中*/
        num=recv(ssock,buffer,BUFFER_SIZE,0);
        if (num<0){
            printf("Recieve Data Failed!\n");
            break;
    }
        char file_name[FILE_NAME_MAX_SIZE + 1];
        memset(file_name,'\0',sizeof(file_name));
        /*将音频文件名从缓存区 buffer 拷贝到数组 file_name 中*/
        strncpy(file_name,buffer,strlen(buffer)>FILE_NAME_MAX_SIZE          ?
FILE_NAME_MAX_SIZE : strlen(buffer));
        FILE*fp=fopen(file_name,"w"); /*创建并打开客户指定要发送的音频文件*/
        if (fp==NULL){
           printf("File:\t%s Can Not Create!\n",file_name);
           break;
        }
        int i;
    unsigned char buf[RSIZE];  /*从麦克风每次循环获取 RSIZE 大小的数据放入 buf 中,然后再
写入文件;放音则相反*/
        /*打开声卡设备,只读方式;并对声卡进行设置*/
        int fd_dev=open("/dev/dsp",O_RDONLY,0777);
        if (fd_dev<0){
            printf("Cannot open /dev/dsp device");
            break;
        }
        /*以下语句用于设置量化位数*/
        int arg=SIZE;
        if (ioctl(fd_dev,SOUND_PCM_WRITE_BITS,&arg)==-1){
            printf("Cannot set SOUND_PCM_WRITE_BITS ");
            break;
        }
         /*以下语句用于设置声道数*/
        arg=CHANNELS;
        if(ioctl(fd_dev,SOUND_PCM_WRITE_CHANNELS,&arg)==-1){
            printf("Cannot set SOUND_PCM_WRITE_CHANNELS");
            break;
        }
         /*以下语句用于设置采样率*/
        arg=RATE;
        if (ioctl(fd_dev,SOUND_PCM_WRITE_RATE,&arg)==-1){
             printf("Cannot set SOUND_PCM_WRITE_WRITE");
             break;
        }
        /*开始使用麦克风录音,并写入客户指定要发送的音频文件*/
```

```
/*首先,将 WAVE 文件的文件头写入音频文件*/
/*给 WAVE 文件头结构体变量赋值*/
memset(&wavefilehead,0,sizeof(wavefilehead));
wavefilehead.a[0]='R';
wavefilehead.a[1]='I';
wavefilehead.a[2]='F';
wavefilehead.a[3]='F';
wavefilehead.b=LENGTH*RATE*CHANNELS*SIZE/8-8;
wavefilehead.c[0]='W';
wavefilehead.c[1]='A';
wavefilehead.c[2]='V';
wavefilehead.c[3]='E';
wavefilehead.d[0]='f';
wavefilehead.d[1]='m';
wavefilehead.d[2]='t';
wavefilehead.d[3]=' ';
wavefilehead.e=16;
wavefilehead.f=1;
wavefilehead.g=CHANNELS;
wavefilehead.h=RATE;
wavefilehead.i=RATE*CHANNELS*SIZE/8;
wavefilehead.j=CHANNELS*SIZE/8;
wavefilehead.k=SIZE;
wavefilehead.p[0]='d';
wavefilehead.p[1]='a';
wavefilehead.p[2]='t';
wavefilehead.p[3]='a';
wavefilehead.q=LENGTH*RATE*CHANNELS*SIZE/8;
/*赋值完毕后,将文件头结构体变量写入音频文件*/
     if(fwrite(&wavefilehead,sizeof(wavefilehead),1,fp)==-1){
        printf("write the file head to wave file error!!");
        break;
     }
/*从麦克风循环获取语音数据,每次获得 RSIZE 大小的数据,共循环“语音长度/RSIZE”次*/
     for(i=0;i<(LENGTH*RATE*SIZE*CHANNELS/8)/RSIZE;i++){
        if (read(fd_dev,buf,sizeof(buf)) !=sizeof(buf)){//读取麦克风录音
            printf("read wrong number of Bytes from microphone!");
            break;
         }
         /*将录音数据写入 WAVE 文件*/
         if(fwrite(buf,sizeof(char),RSIZE,fp)!=RSIZE){
            printf("write to wave file error!!");
            break;
         }
       }//for 循环结束,录音并生成音频文件的过程结束
       close(fd_dev);                         //关闭声卡设备
       close(fp);                             //关闭 wave 文件
     }//for 循环结束,录音并生成音频文件的过程结束
```

```
    /*首先播放 WAVE 文件,然后再将其通过套接字传送给客户端*/
    /*以只写方式打开声卡设备并对声卡进行设置*/
int fd_dev=open("/dev/dsp",O_WRONLY,0777);
    if (fd_dev<0){
        printf("Cannot open /dev/dsp device");
        exit(-1);
    }
    /*以下语句用于设置量化位数*/
    arg=SIZE;
    if (ioctl(fd_dev,SOUND_PCM_WRITE_BITS,&arg)==-1){
        printf("Cannot set SOUND_PCM_WRITE_BITS ");
        exit(-1);
    }
    /*以下语句用于设置声道数*/
    arg=CHANNELS;
    if (ioctl(fd_dev,SOUND_PCM_WRITE_CHANNELS,&arg)==-1){
        printf("Cannot set SOUND_PCM_WRITE_CHANNELS");
        exit(-1);
    }
    /*以下语句用于设置采样率*/
    arg=RATE;
    if (ioctl(fd_dev,SOUND_PCM_WRITE_RATE,&arg)==-1){
        printf("Cannot set SOUND_PCM_WRITE_WRITE");
        exit(-1);
    }
    /*首先打开并播放 WAVE 文件,然后再将其传送给客户端*/
    if((fp=fopen(file_name,"r"))==NULL){
        printf("cannot open the wave file");
        exit(-1);
    }
    lseek(fp,44,SEEK_SET);                    //过滤掉 WAVE 文件头 44 个字节
    /*从 WAVE 文件中循环读取语音数据并送入声卡播放*/
    for(i=0;i<(LENGTH*RATE*SIZE*CHANNELS/8)/RSIZE;i++){
        memset(buf,'\0',sizeof(buf));
        /*读 WAVE 文件数据*/
        if (fread(buf,sizeof(char),RSIZE,fp) !=RSIZE){
            printf("read wave file error!");
            break;
        }
        if (write(fd_dev,buf,sizeof(buf)) !=sizeof(buf)){ //送声卡播放
            printf("play wave file error!");
            break;
        }
    }//for 循环结束,WAVE 文件的播放过程结束
    /*将 WAVE 文件通过套接字传送给客户端*/
    lseek(fp,0,SEEK_SET);                     //返回 WAVE 文件的起始位置
    /*读取 WAVE 文件头部分的 44 个字节数据*/
    memset(&wavefilehead,0,sizeof(wavefilehead));
```

```
    if (fread(&wavefilehead,sizeof(wavefilehead),1,fp) !=1){
        printf("read wave file head error!");
        exit(-1);
    }
    //把 wave 文件头通过套接字发送给客户端
    if(send(ssock,&wavefilehead,sizeof(wavefilehead),0)<0){
        printf("Send Wave File Head Failed!\n");
        exit(-1);
    }
    /*把 WAVE 文件中的音频数据通过套接字发送给客户端*/
    for(i=0;i<(LENGTH*RATE*SIZE*CHANNELS/8)/RSIZE;i++){
        memset(buf,'\0',sizeof(buf));
        if (fread(buf,sizeof(char),RSIZE,fp)!=RSIZE){//读 WAVE 文件数据
            printf("read wave file error!");
            break;
        }
        if(send(new_server_socket,buf,strlen(buf),0)<0){//回送客户端
            printf("Send Wave File Failed!\n");
            break;
        }
    }//for 循环结束,通过套接字发送 WAVE 文件给客户端的过程结束
    fclose(fp);                        //关闭 WAVE 文件
    close(fd_dev);                     //关闭声卡设备
    close(ssock);    //关闭临时套接字
    printf("Wave File Transfer Finished!\n");
}//while 循环结束
close(msock);
return 0;
}
```

2. TCP 客户端例程剖析

```
#include<unistd.h>
#include<fcntl.h>
#include<sys/types.h>
#include<sys/ioctl.h>
#include<stdlib.h>
#include<stdio.h>
#include<linux/soundcard.h>
#include<termios.h>
#include<string.h>

#include<netinet/in.h>
#include<sys/socket.h>

#define LENGTH 10                    //录音时间(秒)
#define RATE 88200                   //采样频率
#define SIZE 16                      //量化位数
```

```
#define CHANNELS 2                              //声道数目
#define RSIZE 8                                 //buf 的大小

#define SERVER_PORT  10000
#define BUFFER_SIZE 1024
#define FILE_NAME_MAX_SIZE  512
/*定义 WAVE 文件的文件头结构体,长度为 44 个字节*/
struct wfhead{
  /*RIFF WAVE CHUNK*/
  unsigned char a[4];          //4 字节,存放'R','I','F','F'
  long int b;  /*整个 WAVE 文件的长度减去 8 个字节,4 字节*/
  unsigned char c[4];          //4 字节,存放'W','A','V','E'
  /*Format CHUNK*/
  unsigned char d[4];          //4 字节,存放'f','m','t',''
  long int e;                  //4 字节
  short int f;                 //2 字节,编码方式,一般为 0x0001;
  short int g;                 //2 字节,声道数目,1 为单声道,2 为双声道;
  long int h;                  //4 字节,采样频率;
  long int i;                  //4 字节,每秒所需字节数;
  short int j;                 //2 字节,每个采样需要多少字节,若是 2 声道,则乘以 2
 short int k;                  //2 字节,即量化位数
/*Data Chunk**/
  unsigned char p[4];          //4 字节,存放'd','a','t','a'
  long int q;                  //4 字节,语音数据部分长度,不包括文件头
}wavefilehead;

int main(int argc,char**argv){
    if (argc !=2){
        printf("Usage: ./%s ServerIPAddress\n",argv[0]);
        exit(1);
    }
    int tsock=socket(AF_INET,SOCK_STREAM,0);    //创建客户端套接字
    if (tsock<0){
        printf("Create Socket Failed!\n");
        exit(-1);
    }
    /*声明服务器端 socket 地址结构变量 server_addr 并给其赋值*/
    struct sockaddr_in  servaddr;
    memset(&servaddr,0,sizeof(servaddr));
    servaddr.sin_family=AF_INET;                           //给协议族字段赋值
    if (inet_aton(argv[1],&servaddr.sin_addr)==0){ //给 IP 地址字段赋值
        printf("Server IP Address Error!\n");
        exit(1);
    }
    servaddr.sin_port=htons(SERVER_PORT);                  //给端口号字段赋值
    int len=sizeof(servaddr);
    /*以下语句用于向远程服务器端发起 TCP 连接建立请求*/
    int ret,num;
```

```
    ret=connect(tsock,(struct sockaddr*)&servaddr,sizeof(struct sockaddr));
    if(ret<0){                                          //调用 connect()函数出错
            printf("Connect Failed!\n");
            exit(-1);
    }
        char file_name[FILE_NAME_MAX_SIZE + 1];
        memset(file_name,'\0',sizeof(file_name));
        printf("Please Input Wave File Name On Server.\t");
        scanf("%s",file_name); //用户输入 WAVE 文件的名字

        char buffer[BUFFER_SIZE];
        memset(buffer,'\0',sizeof(buffer));
    strncpy(buffer,file_name,strlen(file_name)>BUFFER_SIZE? BUFFER_SIZE : strlen
(file_name));
        /*向服务器发送 buffer 中的数据,此时 buffer 中存放的是客户端需要接收的 WAVE 文件的名
字*/
        num=0;
        num=send(tsock,buffer,strlen(buffer),0);
        if(num!=strlen(buffer)){                            //调用 send()函数出错
            printf("Send Data Failed!\n");
            exit(-1);
    }
        FILE*fp=fopen(file_name,"w");                       //生成并打开该 WAVE 文件
        if (fp==NULL){
           printf("File:\t%s Can Not Open To Write!\n",file_name);
           exit(-1);
        }
        /*从服务器端接收数据并写入该 WAVE 文件中*/
        /*从服务器端接收 WAVE 文件头数据并写入该 WAVE 文件中*/
        memset(&wavefilehead,0,sizeof(wavefilehead));
        num=0;
        num=recv(tsock,&wavefilehead,sizeof(wavefilehead),0);
        if (num<0){
            printf("Recieve Data Failed!\n");
            exit(-1);
    }
        //从服务器端接收 WAVE 音频数据并写入该 wave 文件中
        unsigned char buf[RSIZE]; /*从套接字每次循环获取 RSIZE 大小的数据,放入 buf 中,
然后再写入该 WAVE 文件中*/
        memset(buf,'\0',sizeof(buf));
    /*反复调用 recv 函数接收到服务器的应答,若接收到的内容长度大于 0,则循环接收服务器的应答。若
等于 0,则退出循环,表示服务器的文件传输结束。若小于 0,则表示接收出错*/
    num=0;
        while(num=recv(tsock,buf,RSIZE,0) !=0){
           if (num<0){
                printf("Recieve Data From Server %s Failed!\n",argv[1]);
                break;
           }
```

```
        //将接收到的数据写入 WAVE 文件中
        int write_len=fwrite(buf,sizeof(char),num,fp);
        if (write_len !=num){
           printf("File:\t%s Write Failed!\n",file_name);
           break;
        }
        memset(buf,'\0',RSIZE);
   } //while 循环结束,接收服务器回送 WAVE 文件的过程结束
   fclose(fp);                          //关闭 WAVE 文件
   close(tsock);                        //关闭套接字

  /*播放该 WAVE 文件*/
  /*以只写方式打开声卡设备并对声卡进行设置*/
int fd_dev=open("/dev/dsp",O_WRONLY,0777);
  if (fd_dev<0){
       printf("Cannot open /dev/dsp device");
       exit(-1);
  }
  /*以下语句用于设置量化位数*/
  arg=SIZE;
  if (ioctl(fd_dev,SOUND_PCM_WRITE_BITS,&arg)==-1){
      printf("Cannot set SOUND_PCM_WRITE_BITS ");
      exit(-1);
  }
  /*以下语句用于设置声道数*/
  arg=CHANNELS;
  if (ioctl(fd_dev,SOUND_PCM_WRITE_CHANNELS,&arg)==-1){
      printf("Cannot set SOUND_PCM_WRITE_CHANNELS");
      exit(-1);
  }
  /*以下语句用于设置采样率*/
  arg=RATE;
  if (ioctl(fd_dev,SOUND_PCM_WRITE_RATE,&arg)==-1){
     printf("Cannot set SOUND_PCM_WRITE_WRITE");
     exit(-1);
  }
  /*首先打开并播放 WAVE 文件,然后再将其传送给客户端*/
  if((fp=fopen(file_name,"r"))==NULL){
     printf("cannot open the wave file");
     exit(-1);
  }

  lseek(fp,44,SEEK_SET);                    //过滤掉 WAVE 文件头 44 个字节
  /*从 WAVE 文件中循环读取语音数据并送入声卡播放*/
  for(i=0;i<(LENGTH*RATE*SIZE*CHANNELS/8)/RSIZE;i++){
       memset(buf,'\0',sizeof(buf));
       /*读取 WAVE 文件中的数据*/
       if (fread(buf,sizeof(char),RSIZE,fp) !=RSIZE){
```

```
                printf("read wave file error!");
                break;
            }
            if (write(fd_dev,buf,sizeof(buf)) !=sizeof(buf)){ //送声卡播放
                printf("play wave file error!");
                break;
            }
    }//for 循环结束,WAVE 文件的播放过程结束
    fclose(fp);                                  //关闭 WAVE 文件
    close(fd_dev);                               //关闭声卡设备
  return 0;
}
```

2.4.8 Windows 环境下基于 TCP 套接字的图像传输例程剖析

客户端功能需求描述：向服务器（IP 地址 127.0.0.1，端口号 8888）发送连接请求，连接建立之后，向服务器发送图片 wall.jpg，并将该图片 wall.jpg 在显示屏上显示，然后中断本次通信过程。

服务器端功能需求描述：反复读取来自客户的任何请求，在收到客户发送的图片 wall.jpg 之后，则在显示屏上显示该图片并中断本次通信过程。

1. TCP 服务器端例程剖析

```
#include "stdafx.h"
#include<stdio.h>
#include<windows.h>
#include<winsock2.h>
#include<cv.h>
#include<opencv2/core/core.hpp>
#include<opencv2/highgui/highgui.hpp>
#include<opencv2/imgproc/imgproc.hpp>

#pragma comment(lib,"ws2_32.lib")

int main(int argc,char*argv[]){
    /*以下语句调用 WSAStartup()函数初始化 Winsock DLL*/
    int ret,num;
WORD sockVersion=MAKEWORD(2,2);
WSADATA wsaData;
ret=WSAStartup(sockVersion,&wsaData);
if (ret !=0){
        printf("Couldn't Find a Useable Winsock.dll!\n");
        exit(-1);
 }
    SOCKET msock=socket(AF_INET,SOCK_STREAM,0);      //创建套接字
    if(msock==INVALID_SOCKET){
```

```
        printf("Create Socket Failed!\n");
        exit(-1);
    }
    //绑定 IP 和端口
    struct sockaddr_in servaddr;                    //声明端点地址结构体变量
ZeroMemory(&servaddr,sizeof(servaddr));
    /*以下 3 条语句用于给端点地址结构体变量 servaddr 赋值*/
    servaddr.sin_family=AF_INET;                    //给协议族字段赋值
    servaddr.sin_port=htons(10000);                 //给端口号字段赋值
    servaddr.sin_addr.s_addr=htonl(INADDR_ANY);     //给 IP 地址字段赋值
    /*以下语句用于调用 bind()函数将主套接字与端点地址绑定*/
ret=bind(msock,(struct sockaddr*)&servaddr,sizeof(struct sockaddr_in));
if(ret<0){                                          //调用 bind()函数出错
        printf("Bind Port Failed!\n");
        exit(-1);
}
    /*以下语句用于设置等待队列长度和设套接字为被动模式*/
ret=listen(msock,20);
if(ret<0){                                          //调用 listen()函数出错
        printf("Listen Failed!\n");
        exit(-1);
}
    /*以下 while(1)循环用于循环接收不同客户端发送的 TCP 连接请求*/
    SOCKET ssock;
    sockaddr_in clientaddr;
    int len=sizeof(clientaddr);
    printf("等待连接...\n");
    while(1){
        ZeroMemory(&clientaddr,sizeof(clientaddr));
        ssock=accept(msock,(struct sockaddr*)&clientaddr,&len);
if(ssock==INVALID_SOCKET){                      //调用 accept()函数出错
            printf("Accept Failed!\n");
            break;
}
        printf("接收到一个连接:%s \r\n",inet_ntoa(remoteAddr.sin_addr));
        char revData[1000000]="";
        /*以下语句用于创建用于接收灰度图像的首地址并分配存储空间*/
        IplImage*image_src=cvCreateImage(cvSize(640,480),8,1);
        int i,j;
        int ret;
        cvNamedWindow("server",1);                  //创建图像的显示窗口
            while(ret>0){
                ret=0;
            /*以下语句调用 recv()函数从套接字接收灰度图像数据*
            ret=recv(sClient,revData,1000000,0);
            if(ret>0){
                revData[ret]=0x00;
                /*以下 for 循环用于将灰度图像转换为原始图像*/
```

```
            for(i=0; i<image_src->height; i++){          //外层 for 循环
              for (j=0; j<image_src->width; j++){        //内层 for 循环
                 ((char*)(image_src->imageData        +        i*image_src->
widthStep))[j]=revData[image_src->width*i + j];
              }//内层 for 循环结束
            }//外层 for 循环结束
            cvShowImage("server",image_src);                    //显示图像
            cvWaitKey(1);
         }//if(ret>0)条件语句结束
      }//while(ret>0)循环结束,亦即表示接收客户数据结束
      closesocket(ssock);                                       //关闭从套接字
      cvDestroyWindow("server");                                //关闭显示窗口
      cvReleaseImage(&image_src);                               //释放图像
   }//while(1)循环结束
   closesocket(masock);                                         //关闭主套接字
   WSACleanup();                                    //结束 Winsock Socket API
   return 0;
}
```

2. TCP 客户端例程剖析

```
#include "stdafx.h"
#include<windows.h>
#include<winsock2.h>
#include<iostream>
#include<stdio.h>
#include<cv.h>
#include<opencv2/core/core.hpp>
#include<opencv2/highgui/highgui.hpp>
#include<opencv2/imgproc/imgproc.hpp>
#define SERVERIP "172.0.0.1"                          //定义 IP 地址常量
#define SERVERPORT 10000                              //定义端口号常量

#pragma  comment(lib,"ws2_32.lib")

int main(int argc,char*argv[]){
   /*以下语句调用 WSAStartup()函数初始化 Winsock DLL*/
   int ret,num;
WORD sockVersion=MAKEWORD(2,2);
WSADATA wsaData;
ret=WSAStartup(sockVersion,&wsaData);
if (ret !=0){
      printf("Couldn't Find a Useable Winsock.dll!\n");
      exit(-1);
}
SOCKET tsock=socket(AF_INET,SOCK_STREAM,0);      //创建套接字
   if(tsock==INVALID_SOCKET){
     printf("Create Socket Failed!\n");
```

```
        exit(-1);
    }
    sockaddr_in servaddr;
    ZeroMemory(&servaddr,sizeof(servaddr));
    /*以下 3 条语句用于给端点地址结构体变量 servaddr 赋值*/
servaddr.sin_family=AF_INET;                          //给协议族字段赋值
inet_aton(SERVERIP,&servaddr.sin_addr);               //给 IP 地址字段赋值
servaddr.sin_port=htons(SERVERPORT);                  //给端口号字段赋值
/*以下语句用于向远程服务器发起 TCP 连接建立请求*/
ret=connect(tsock,(struct sockaddr*)&servaddr,sizeof(struct sockaddr));
if(ret<0){                                            //调用 connect()函数出错
        printf("Connect Failed!\n");
        exit(-1);
}
    /*以下语句用于读取图像并发送*/
    IplImage*image_src=cvLoadImage("wall.jpg"); //首先,载入原始图像
    /*其次,创建用于存储灰度图像的首地址并分配存储空间*/
    IplImage*image_dst=cvCreateImage(cvSize(640,480),8,1);
    int i,j;
    char sendData[1000000]="";
    cvNamedWindow("client",1);                     //创建图像的显示窗口
    /*然后,将原始图像转换为灰度图像*/
    cvCvtColor(image_src,image_dst,CV_RGB2GRAY);
    /*同时,将灰度图像保存到 sendData 数组中*/
    for(i=0; i<image_dst->height; i++){
        for (j=0; j<image_dst->width; j++){
            sendData[image_dst->width*i  +  j]=((char*)(image_dst->imageData  +
i*image_dst->widthStep))[j];
        }
    }
    cvShowImage("client",image_dst);                  //在窗口显示图像
    cvWaitKey(0);                                     //任意键发送
    num=0;
    num=send(tsock,sendData,strlen(sendData),0);      //最后,发送灰度图像
    if(num!=strlen(sendData)){                        //调用 send()函数出错
        printf("Send Data Failed!\n");
        exit(-1);
}
    cvDestroyWindow("client");                        //关闭图像的显示窗口
    cvReleaseImage(&image_src);                       //释放原始图像
    cvReleaseImage(&image_dst);                       //释放灰度图像
    closesocket(tsock);                               //关闭套接字
    WSACleanup();                                     //结束 Winsock Socket API
    return 0;
}
```

2.4.9 Windows 环境下基于 TCP 套接字的视频传输例程剖析

客户端功能需求描述：向服务器（IP 地址 127.0.0.1，端口号 8888）发送连接请求，连接建立之后，读取摄像头的视频帧，并在将该视频帧在显示屏上显示之后发送给服务器，然后中断本次通信过程。

服务器端功能需求描述：反复读取来自客户的任何请求，在收到客户发送的视频帧之后，则在显示屏上显示该视频帧并中断本次通信过程。

1. TCP 服务器端例程剖析

```
    #include "stdafx.h"
#include<stdio.h>
#include<windows.h>
#include<winsock2.h>
#include<cv.h>
#include<opencv2/core/core.hpp>
#include<opencv2/highgui/highgui.hpp>
#include<opencv2/imgproc/imgproc.hpp>

#pragma comment(lib,"ws2_32.lib")

int main(void){
    /*以下语句调用WSAStartup()函数初始化Winsock DLL*/
    int ret;
WORD sockVersion=MAKEWORD(2,2);
WSADATA wsaData;
ret=WSAStartup(sockVersion,&wsaData);
if (ret !=0){
          printf("Couldn't Find a Useable Winsock.dll!\n");
          exit(-1);
}
        /*以下语句用于创建套接字*/
        SOCKET msock=socket(AF_INET,SOCK_STREAM,IPPROTO_TCP);
        if(msock==INVALID_SOCKET){                  //调用socket()函数出错
            printf("Create Socket Failed!\n");
            exit(-1);
        }
    struct sockaddr_in servaddr;                    //声明端点地址结构体变量
ZeroMemory(&servaddr,sizeof(servaddr));
/*以下3条语句用于给端点地址结构体变量servaddr赋值*/
        servaddr.sin_family=AF_INET;                //给协议族字段赋值
        servaddr.sin_port=htons(10000);             //给端口号字段赋值
        servaddr.sin_addr.s_addr=htonl(INADDR_ANY); //给IP地址字段赋值
    /*以下语句用于调用bind()函数将主套接字与端点地址绑定*/
ret=bind(msock,(struct sockaddr*)&servaddr,sizeof(struct sockaddr_in));
if(ret<0){                                          //调用bind()函数出错
```

```
            printf("Bind Port Failed!\n");
            exit(-1);
     }
        /*以下语句用于设置等待队列长度和设套接字为被动模式*/
     ret=listen(msock,QUEUE);
     if(ret<0){                                        //调用 listen()函数出错
            printf("Listen Failed!\n");
            exit(-1);
     }
          /*以下 while(1)循环用于循环接收来自不同客户端的 TCP 连接建立请求*/
          SOCKET ssock;
          sockaddr_in clientaddr;
          int len=sizeof(clientaddr);
          printf("等待连接...\n");
          while(1){
             ZeroMemory(&clientaddr,sizeof(clientaddr));
          /*以下语句用于接受客户连接请求并创建从套接字*/
     ssock=accept(msock,(struct sockaddr*)&clientaddr,&len);
     if(ssock==INVALID_SOCKET){                 //调用 accept()函数出错
               printf("Accept Failed!\n");
               break;
     }
             printf("接收到一个连接:%s \r\n",inet_ntoa(clientaddr.sin_addr));
             char revData[1000000]="";
             /*假定收到的图像是 640x480 的,如不同请根据实际情况修改*/
             IplImage*image_src=cvCreateImage(cvSize(640,480),8,1);
             int i,j;
             int ret=1;
             cvNamedWindow("server",1);              //创建图像显示窗口
             while(ret>0){
                 ret=0;
                 /*调用 recv()函数从套接字接收灰度图像数据*/
                 ret=recv(ssock,revData,1000000,0);
                 if(ret>0){
                     revData[ret]=0x00;
                     for(i=0; i<image_src->height; i++){
                         for (j=0; j<image_src->width; j++){
                              ((char*)(image_src->imageData     +     i*image_src->
widthStep))[j]=revData[image_src->width*i + j];
                         }//for 循环结束
                     }//for 循环结束
                     cvShowImage("server",image_src);  //显示收到的灰度图像
                     cvWaitKey(1);
                 }//if(ret>0)条件语句结束
             }//while(ret>0)循环结束
         closesocket(ssock);                           //关闭从套接字
         cvDestroyWindow("server");                    //关闭图像显示窗口
             cvReleaseImage(&image_src);               //释放图像
```

```
}//while(1)循环结束
    closesocket(msock);                              //关闭主套接字
        WSACleanup();                                //结束 Winsock Socket API
return 0;
}
```

2. TCP 客户端例程剖析

```
#include "stdafx.h"
#include<windows.h>
#include<winsock2.h>
#include<iostream>
#include<stdio.h>
#include<cv.h>
#include<opencv2/core/core.hpp>
#include<opencv2/highgui/highgui.hpp>
#include<opencv2/imgproc/imgproc.hpp>
#define SERVERIP "172.0.0.1"                         //定义 IP 地址常量
#define SERVERPORT 10000                             //定义端口号常量

#pragma  comment(lib,"ws2_32.lib")

int main(int argc,char*argv[]){
    /*以下语句调用 WSAStartup()函数初始化 Winsock DLL*/
    int ret;
WORD sockVersion=MAKEWORD(2,2);
WSADATA wsaData;
ret=WSAStartup(sockVersion,&wsaData);
if (ret !=0){
        printf("Couldn't Find a Useable Winsock.dll!\n");
        exit(-1);
}
        /*以下语句用于创建套接字*/
        SOCKET tsock=socket(AF_INET,SOCK_STREAM,IPPROTO_TCP);
        if(tsock==INVALID_SOCKET){                   //调用 socket()函数出错
            printf("Create Socket Failed!\n");
            exit(-1);
        }
    struct sockaddr_in servaddr;                     //声明端点地址结构体变量
ZeroMemory(&servaddr,sizeof(servaddr));
/*以下 3 条语句用于给端点地址结构体变量 servaddr 赋值*/
servaddr.sin_family=AF_INET;                         //给协议族字段赋值
inet_aton(SERVERIP,&servaddr.sin_addr);              //给 IP 地址字段赋值
servaddr.sin_port=htons(SERVERPORT);                 //给端口号字段赋值
/*以下语句用于向远程服务器发起 TCP 连接建立请求*/
ret=connect(tsock,(struct sockaddr*)&servaddr,sizeof(struct sockaddr));
if(ret<0){                                           //调用 connect()函数出错
        printf("Connect Failed!\n");
```

```
            exit(-1);
    }
        /*以下语句用于读取图像并发送*/
        IplImage*image_src=NULL;
        /*假定摄像头分辨率为 640x480,如不同请根据实际情况修改*/
        IplImage*image_dst=cvCreateImage(cvSize(640,480),8,1);
        CvCapture*capture=cvCreateCameraCapture(0);          //打开摄像头
        if (!capture){
            printf("摄像头打开失败,请检查设备!\n");
        }
        int i,j;
        char sendData[1000000]="";
        cvNamedWindow("client",1);                            //创建图像显示窗口
        while(1){
            image_src=cvQueryFrame(capture);                  //从摄像头获取 1 帧图像
            /*以下语句用于将图像转换为灰度图像*/
            cvCvtColor(image_src,image_dst,CV_RGB2GRAY);
            /*以下语句用于将灰度图像存储到发送缓存数组 sendData 中*/
            for(i=0; i<image_dst->height; i++){
                for (j=0; j<image_dst->width; j++){
                  sendData[image_dst->width*i     +     j]=((char*)(image_dst->
imageData + i*image_dst->widthStep))[j];
                }//for 循环结束
            }//for 循环结束
            cvShowImage("client",image_src);                  //显示原图
        char c=cvWaitKey(30);     /*延时 30 ms,若服务器端收到的视频比较卡,此处延时可适
当改大一点*/
            if(c==27)break;           /*用户按 ESC 键(ASCII 值为 27)退出 while(1)循环*/
            send(sclient,sendData,1000000,0); //将该帧灰度图像发送给客户端
        }//while(1)循环结束
        cvReleaseCapture(&capture);
        cvDestroyWindow("client");
        closesocket(tsock);
        WSACleanup();
        return 0;
    }
```

2.5 本章小结

本章主要对 UNIX/Linux 与 Windows 环境下的循环服务器进程结构以及循环服务器软件的算法设计流程分别进行了详细介绍，并在此基础上分别给出了 UNIX/Linux 与 Windows 环境下的 2 个循环 UDP 服务器与客户端的完整 C 语言例程以及 6 个循环 TCP 服务器与客户端的完整 C 语言例程。通过本章学习，需要了解循环服务器的进程结构，熟悉循环服务器软件的算法设计流程，掌握 UNIX/Linux 与 Windows 环境下的客户端与循环服务器软件的 C 语言实现方法。

本 章 习 题

1．简述循环的无连接服务器的进程结构以及循环的面向连接的服务器的进程结构，两者之间的主要区别是什么？

2．简述 UNIX/Linux 与 Windows 环境下循环 UDP 服务器的算法流程，并简要分析两者之间的主要区别。

3．简述 UNIX/Linux 与 Windows 环境下循环 TCP 服务器的算法流程，并简要分析两者之间的主要区别。

4．在客户/服务器模型中，服务器模型可依据哪些方式进行分类？分别可分为哪些不同的类型？

5．试分别构造一个 UNIX/Linux 与 Windows 环境下循环 UDP 服务器例程，要求该服务器例程能够反复读取来自客户的任何请求，且一旦客户的请求中包含“time”字段，则该服务器例程将计算服务器的当前时间，并将该时间值作为响应返回给发送请求的客户。

6．试分别构造一个 UNIX/Linux 与 Windows 环境下的 UDP 客户端例程，要求该客户端例程不但能够将本机时间发送给服务器，同时还能够将接收到的服务器回应的应答消息在本机显示器上进行回显。

7．试分别构造一个 UNIX/Linux 与 Windows 环境下的循环 TCP 服务器例程，要求该服务器例程能够反复读取来自客户的任何连接请求，且一旦客户的请求中包含“daytime”字段，则该服务器例程将计算服务器的当前时间，并将该时间值作为响应返回给发送请求的客户。

8．试分别构造一个 UNIX/Linux 与 Windows 环境下的 TCP 客户端例程，要求该客户端例程不但能够将本机时间发送给服务器，同时还能够将接收到的服务器回应的应答消息在本机显示器上进行回显。

第3章 服务器与客户进程中的并发机制

上一章中详细介绍了一种简单的服务器——循环服务器软件的实现原理及其 C 语言实现方法，本章将在此基础上进一步深入介绍服务器与客户进程中的并发机制及其 C 语言实现方法。同时，为了更清晰地说明服务器与客户进程中的并发机制的实现原理及其 C 语言实现方法，本章还将分别给出 UNIX/Linux 与 Windows 环境下的多个并发服务器及其客户端的完整 C 语言实现例程。

3.1 服务器与客户进程中的并发概念

3.1.1 服务器进程中的并发问题

并发（Concurrency）是指真正的或表面呈现的同时计算。通常，一个多用户的计算机系统可以通过分时（Time Sharing）或多处理器（Multiprocessing）来获得并发。其中，分时机制是使得单个处理器在多个计算任务（或多个用户）之间快速地切换，从而使得从表面上来看这些计算（或这些用户所获得的服务）是同时进行的；而多处理器机制则是让多个处理器同时执行多个任务，因此，所实现的是真正的同时计算（即真正的并发）。

在客户/服务器模型中，很多时候会有多个客户使用服务器的一个熟知协议端口与服务器联系，如图 3.1 所示，在一台主机上可能会运行有多个服务器进程，并且每个服务器进程也可能需要及时处理多个客户的请求，并将处理的结果返回给客户，因此，服务器软件还必须在设计中处理好并发请求。

为了理解服务器中并发的重要性，考虑一下需要大量计算或通信的服务器操作。例如，设想一个远程登录服务器，如果其不能并发运行，而是一次只能处理一个远程登录。此时，一旦有一个客户与该服务器建立了联系，则服务器在第一个用户结束会话之前，必须忽略或拒绝所有其他客户的请求。显然，这样的设计限制了服务器的使用效率，而且还使得多个远程用户不能在同一时间对该服务器进行访问。

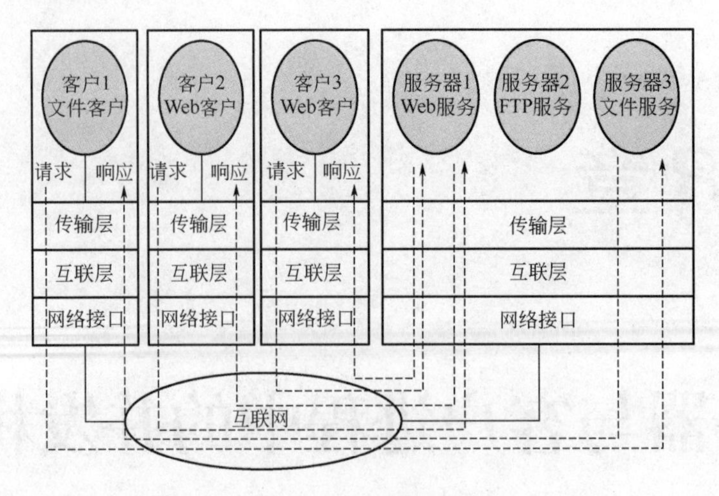

图 3.1 并发服务器模型

3.1.2 客户进程中的并发问题

在开发客户/服务器体系结构的系统过程中，由于以下原因，设计人员往往重视服务器端的并发设计。

1）并发可改善观察到的时间，从而改善了全部客户机的总吞吐量。

2）并发可排除潜在的死锁。

3）并发实现使得设计人员易于创建多协议的或多服务的服务器。

4）使用多进程实现并发非常灵活，因为这样就可以在多种硬件平台上很好地运行。当把并发实现移植到具有多个处理器的计算机时，可以得到更高的工作效率，因为可以充分利用额外的处理能力而不需要改变代码。

由于客户端通常在一个时刻只进行一种活动，客户端一旦向服务器发送了一个请求，在收到响应之前一般无须进行其他活动，因而客户端似乎不能从并发中受益。此外，客户端的效率和死锁问题也不如服务器那样严重，因为如果一个客户端延缓或停止执行，它只是自己停止了，而其他客户端将继续运行。然而，尽管表面上如此，由于以下原因，在客户端中采用并发确实有其优点。

1）由于功能已被划分为概念上能分开的一些部分，并发实现更容易编程。

2）由于代码已经模块化了，并发实现可使得维护和扩展变得更容易。

3）并发客户端可在同一时刻联系多个服务器，往往需要比较响应时间或合并服务器返回的结果。

4）并发允许用户改变参数，查询客户端状态，或动态地控制处理。

5）在客户端中使用并发的最主要的优点在于异步性。异步性允许客户端同时处理多个请求，且不严格规定其执行顺序。

由以上描述可见，并发执行提供了一个强有力的工具。并发客户端实现不但可提供更快的响应时间，而且还可避免死锁问题，帮助程序员将控制和状态处理从正常的处理中分离出来。

3.1.3 服务器与客户端并发性的实现方法

在 UNIX/Linux 与 Windows 环境下，主要提供了以下两种方法来实现服务器与客户端的并发性：一种是服务器或客户端创建多个进程（Process），每个进程都有一个线程（Thread），使得不同进程中的多个线程并行工作以完成多项任务，从而以提高系统的效率；另一种则是服务器或客户端在一个进程中创建多个线程，使得同一进程中的多个线程并行工作以完成多项任务，从而提高系统的效率。

其中，进程和线程的主要差别在于它们是不同的操作系统资源管理方式。进程是系统进行资源分配和调度的一个独立单位，是具有一定独立功能的程序关于某个数据集合上的一次运行活动。由于每个进程都拥有自己独立的地址空间，因此，当一个进程崩溃后，在保护模式下它不会对其他进程产生影响。而线程则是进程的一个实体，是 CPU 调度和分派的基本单位，它是比进程更小的能独立运行的基本单位。但线程自己基本上不拥有系统资源，但可与同属一个进程内的其他线程共享该进程所拥有的全部资源。由于线程除了拥有一点在运行中必不可少的资源（如程序计数器、一组寄存器和栈）之外没有单独的地址空间，因此一个线程的崩溃也就等于整个进程的崩溃。这也意味着多进程的服务器或客户端要比多线程的服务器或客户端健壮，但线程间彼此切换所需的时间远远小于进程间切换所需要的时间，因此，多进程服务器或客户端的效率也就比多线程的服务器或客户端差。

3.1.4 循环服务器与并发服务器

由第 2 章的介绍可知，循环服务器是指服务器在同一时刻只可以响应一个客户端的请求的服务器；而在网络程序中，通常都是有多个客户端对应同一个服务器，因此，为了使服务器可以同时处理来自多个客户的请求，人们提出了并发服务器的概念。其中，所谓并发服务器，就是指在同一个时刻可以处理来自多个客户端的请求的服务器。

由于用户需求、处理速率和通信能力的不同，往往在循环的和并发的服务器设计中难以选择。循环服务器采用客户轮流等待的工作方式，具有设计、编程、调试和修改简单的优点，因此，在其响应时间可以满足需求的条件下（该时间可以在本地或全局网络中进行测试）可以采用循环服务器模式。如果构建一个响应需要大量的 I/O 操作，且各个请求所需要的处理时间差别非常大，或服务器在一台多处理器的计算机上运行，则可采用并发服务器模式来缩短响应时间。

3.1.5 多进程与多线程并发概念

当前计算机技术发展的突出特点是要求对广泛的信息与其他各类资源实现共享，从而促使网络技术的普遍应用和快速发展，进而也要求操作系统必须为用户提供一个符合信息处理要求的分布式计算环境。因此现代操作系统一般采用微内核（Microkernel）结构。其中，微内核是指操作系统的小核心，它将各种操作系统共同需要的核心功能提炼出来，形成微内核的基本功能。这些操作系统的基本功能包括：IPC（Inter-Process Communication，进程通信），VM（Virtual Machine，虚拟机），Tasks（任务）管理、threads（线程）管理，中断处

理及与硬件相关部分等。这样一来，从功能上而言，微内核为各种操作系统打好了一个公共基础，或者说构成了基本操作系统。其中，微内核操作系统的模型如图 3.2 所示。

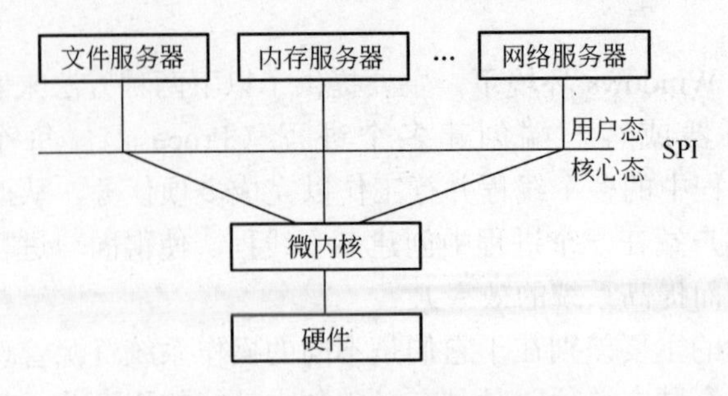

图 3.2　微内核操作系统模型

由图 3.2 可见，微内核在核心态下工作，负责直接与硬件打交道；而操作系统的其他功能则由各服务器（除内核以外操作系统的其他部分被分成若干相对独立的进程，每个进程完成一组服务，称为服务器进程，简称服务器）实现，服务器处于微内核之上，在用户态下工作。各服务器同处一层，通过 SPI（Service Provider Interface，服务提供者接口）与微内核联系。各服务器之间相互独立但彼此间可以直接通信。微内核负责对整个操作系统中的各种来往消息进行验证，在各大部分之间进行消息传递，并保证它们对硬件的访问。

在微内核系统中，进程只是资源分配的单位，而真正可以在处理器（CPU）上独立调度运行的基本单位是线程。在多处理器系统中，每个线程在一个处理器上运行，从而实现应用程序的并发，使每个处理器都得到充分运行。因此，实际实现并发功能的是线程。进程和线程各自的优缺点可简单总结如下：

1）进程优点：编程、调试简单，可靠性较高。

2）进程缺点：创建、销毁、切换速度慢，内存、资源占用大。

3）线程优点：创建、销毁、切换速度快，内存、资源占用小。

4）线程缺点：编程、调试复杂，可靠性较差。

采用多进程或多线程的方式均可实现服务器与客户端的并发，但由以上关于进程和线程各自的优缺点的描述可知，进程和线程有着各自的特点，因此，在 C/S 通信中并发技术的选型上，到底是应该采用多线程还是该采用多进程并发技术呢？这样的争执由来已久。例如，在 Web 服务器技术中，Apache 是采用多进程的（每个客户连接对应一个进程，每个进程中只存在唯一一个执行线程），而 Java 的 Web 容器 Tomcat、Websphere 等则都是采用多线程的（每个客户连接对应一个线程，所有的线程都在同一个进程之中）。

3.1.6　并发等级

在并发服务器模式中，由于每一个访问连接都需要耗费一定的系统资源，过多的并发连接会将服务器系统资源消耗殆尽，从而导致服务器无法正常处理每一个客户的连接请求。为了避免服务器系统无法响应，有必要在服务器系统中对并发连接数量进行适当控制，以保证服务器能够有足够的系统资源来处理每一个客户连接请求。其中，在某个给定时刻一个服务器中正在运行着的执行线程总数，我们称之为该服务器的并发等级。

为了处理一个传入的客户连接请求，并发服务器均需创建一个新的从线程/进程，在处理完该请求之后，该从线程/进程再退出。因此，并发服务器的并发等级是随时间变化的。显然，服务器在任一时刻的并发等级反映了服务器已经收到但还未处理完毕的客户请求的数目。不过，在程序设计中程序员一般无须关心某个服务器在某个给定时刻的并发等级，而只需关心服务器在整个生命周期中所展现出来的并发等级的最大值。

3.2 UNIX/Linux 环境下基于多进程并发机制

3.2.1 创建一个新进程

在 UNIX/Linux 环境下，一个现有的进程可以调用 fork()函数来创建一个新的进程。从本质上来说，fork 函数将运行着的程序分成两个（几乎）完全一样的进程，每个进程都启动一个从代码的同一位置开始执行的线程。其中，由 fork()函数所创建的新进程被称为子进程（Child Process），而调用 fork()函数的进程则称为父进程（Parent Process）。fork()函数的原型如下：

```
#include<unistd.h>      /*Linux 标准头文件,包含各种 Linux 系统服务函数原型和数据结构的定义*/
int fork();
```

成功调用 fork()函数之后，操作系统会复制出一个与父进程（几乎）完全相同的新进程，不过这两个进程虽说是父子关系，但是在操作系统看来它们更像兄弟关系，这两个进程共享代码空间，但是数据空间是互相独立的，子进程数据空间中的内容是父进程的完整拷贝，指令指针也完全相同，子进程拥有父进程当前运行到的位置，也就是说子进程是从 fork()函数返回处开始执行的，但唯一不同的是，若 fork()函数调用成功，则在子进程中其返回值为 0，而在父进程中其返回值为子进程的进程号（进程 ID）；若 fork()函数调用不成功，则在父进程中其返回值为-1。调用 fork()函数创建一个新进程的基本方法主要有以下两种：

1. 调用 fork()函数创建一个新进程的基本方法之一

```
int pid;
pid=fork();                                    //调用 fork()函数创建一个新进程
if(pid==-1 ){                                  //若调用 fork()函数出错
perror ("fork failed!");
exit(1);
}
else if(pid==0 ){                              //以下是子进程所执行的操作
printf("This is the child process!");
} else{                                        //以下是父进程所执行的操作
printf("This is the parent process!");
}
```

2．调用 fork()函数创建一个新进程的基本方法之二

```
int pid;
pid=fork();
switch (pid){
case -1:                                  //若调用 fork()函数出错
        perror("fork failed!");
exit(1);
 case 0:                                  //以下是子进程所执行的操作
      printf("This is the child process!");
      break;
    default:                              //以下是父进程所执行的操作
      printf("This is the parent process!");
}
```

由以上给出的调用 fork()函数的代码段可知，在调用 fork()函数创建一个子进程之后，父子进程之间的关系可以这样想象：在 fork()函数返回之前，这两个进程一直在同时运行，而且步调也保持一致，但在 fork()函数返回之后，它们虽然仍是在同时运行，但从此分别开始做不同的工作，也就是分岔了，这也是 fork()被称为 fork 的原因。不过在 fork()函数返回之后，父子进程在同时运行时，到底是父进程先运行还是子进程先运行，这就与操作系统的实际运行情况有关了。即，上述代码段的运行结果到底是先输出“This is the child process!”还是先输出“This is the parent process!”是不确定的，这与操作系统的实际运行情况有关。

3.2.2 终止一个进程

在 Linux 系统中，进程终止分为正常终止和异常终止两种，可通过调用 exit()函数来实现。exit()函数在头文件 stdlib.h 中声明，其函数原型如下：

```
#include<stdlib.h>
void exit(int status);
```

上述 exit()函数可用来终止当前进程的执行，并把参数 status 返回给当前进程的父进程，而当前进程所有的缓冲区数据将会被自动写回并关闭所有未关闭的文件。其中，exit(0)表示程序正常终止，而 exit(1)/exit(-1)则表示程序出错/异常终止。

3.2.3 获得一个进程的进程标识

进程标识也称为进程号或进程 ID，可通过 getpid()函数来获得，getpid()函数的原型如下：

```
#include<unistd.h>
pid_t getpid(void);
```

getpid()函数的返回值即当前进程的进程号。

3.2.4 获得一个进程的父进程的进程标识

一个进程的父进程的进程标识可通过 getppid()函数来获得，getppid()函数的原型如下：

```
#include<unistd.h>
pid_t getppid(void);
```

getppid()函数的返回值即当前进程的父进程的进程号。

3.2.5 僵尸进程的清除

1. 僵尸进程的定义与清除方法

一个进程在调用 exit()函数结束自己的生命的时候，操作系统内核仍然会在进程表中为其保留一定的信息（包括进程号、退出状态、运行时间等）。由于这类进程已经放弃了几乎所有内存空间，没有任何可执行代码，也不能被调度，仅仅继续占用了系统的进程表资源，除此之外不再占有任何的内存空间，因此被称为僵尸进程（Zombie Process）。在 Linux 中，利用命令 ps 可以看到标记为 Z 的进程就是僵尸进程。

由于僵尸进程需要占用系统的进程表资源，但 Linux 系统对运行的进程数量有限制，如果产生过多的僵尸进程占用了可用的进程号，将会导致新的进程无法生成。为此，有必要对僵尸进程进行及时清除。

僵尸进程的清除工作一般是由其父进程来负责的，当父进程调用 fork()函数创建了子进程后，主要可通过以下几种方法来避免产生僵尸进程：

1）父进程可通过调用 wait()或 waitpid()等函数来等待子进程结束，从而避免产生僵尸进程，但这会导致父进程被挂起（即父进程被阻塞，处于等待状态）。

2）如果父进程很忙而不能被挂起，那么可以通过调用 signal()函数为 SIGCHLD 信号安装 handler 来避免产生僵尸进程。因为当子进程结束后，内核将会发送 SIGCHLD 信号给其父进程，而父进程在收到该信号之后，则可以在 handler 中调用 wait()函数来进行回收。

3）如果父进程不关心子进程何时结束，那么可以通过调用 signal(SIGCHLD，SIG_IGN)函数来通知内核，表明自己对子进程的结束不感兴趣，那么子进程结束后将会被内核自动回收，且不会再给父进程发送 SIGCHLD 信号，由此可以避免产生僵尸进程。

4）由于当一个父进程死后，其子进程将成为“孤儿进程”，从而会被过继给 1 号进程 init，init 是系统中的一个特殊进程，其进程 ID 为 1，主要负责在系统启动时启动各种系统服务以及子进程的清理，只要有子进程终止，init 就会调用 wait 函数清理它。因此，当一个父进程死后，其产生的僵尸进程也会被过继给 1 号进程 init，再由 init 进程负责自动清理，这样一来，就使得一个父进程也可通过 fork 两次来避免产生僵尸进程。具体实现步骤如下：首先，父进程 fork 一个子进程并继续工作，然后该子进程再在 fork 了一个孙进程之后退出，由于该孙进程将会被 init 进程接管，因此当该孙进程结束之后将会被 init 进程自动回收。当然，子进程的回收工作还得由父进程来负责。

2. 清除僵尸进程的相关函数定义

（1）wait()函数

wait()函数的原型如下：

```
#include<sys/types.h>                              //提供数据类型定义
#include<sys/wait.h>                               //提供 wait()函数的原型定义
pid_t wait(int*status);
```

在上述 wait()函数的原型之中，各参数的含义如下：

status：用来保存被收集进程退出时的一些状态，它是一个指向 int 类型的指针。可以通过调用以下宏来判别子进程的结束情况：

1）WIFEXITED(status)：子进程正常结束，则该宏将返回非 0 值。

2）WEXITSTATUS(status)：若子进程正常结束，则利用该宏可获得子进程由 exit()返回的结束代码。

3）WIFSIGNALED(status)：子进程因为信号而结束，则该宏将返回非 0 值。

4）WTERMSIG(status)：若子进程因为信号而结束，则利用该宏可获得子进程的中止信号代码。

5）WIFSTOPPEN(status)：子进程处于暂停执行状态，则该宏将返回非 0 值。

6）WSTOPSIG(status)：若子进程处于暂停状态，则利用该宏可获得引发子进程暂停的信号代码。

进程一旦调用了 wait()函数，就立即阻塞自己，由 wait()函数自动分析是否当前进程的某个子进程已经退出，如果让它找到了这样一个已经变成僵尸的子进程，wait()函数就会收集这个子进程的信息，并把它彻底销毁后返回；如果没有找到这样一个子进程，wait()函数就会一直阻塞在这里，直到有这样一个子进程出现为止。如果 wait()函数调用成功，将会返回被收集的子进程的进程 ID，如果调用失败则返回-1。

（2）waitpid()函数

waitpid()函数的原型如下：

```
#include<sys/types.h>
#include<sys/wait.h>
pid_t waitpid(pid_t pid,int*status,int options);
```

在上述 waitpid()函数的原型之中，各参数的含义如下：

pid：指需要等待的那个子进程的进程号。当 pid 取不同的值时有不同的意义：

1）pid>0 时，只等待进程 ID 等于 pid 的子进程，不管其他已经有多少子进程运行结束退出了，只要指定的子进程还没有结束，waitpid()就会一直等下去。

2）pid=-1 时，等待任何一个子进程退出，没有任何限制，此时 waitpid()和 wait()的作用完全等同。

3）pid=0 时，等待同一个进程组中的任何子进程，如果子进程已经加入了别的进程组，waitpid()不会对它做任何理睬。

4）pid=-1 时，等待一个指定进程组中的任何子进程，这个进程组的 ID 等于 pid 的绝对值。

status：用来保存被收集进程退出时的一些状态，它是一个指向 int 类型的指针。

options：提供了一些额外的选项来控制 waitpid()，主要包括 WNOHANG 和 WUNTRACED 等选项，这些选项可以用“|”运算符连接起来使用，若不想使用这些选项，也可将参数 options 置为 0。其中，若将参数 options 置为 WUNTRACED，则当子进程处于暂停状态，waitpid()将马上返回；若将参数 options 置为 WNOHANG，则即使没有子进程退出，waitpid()也将立即返回；而若将参数 options 置为 0，则 waitpid()会像 wait()那样阻塞父进程，直到所等待的子进程退出。

waitpid()的返回值比 wait 稍微复杂一些，一共有 3 种情况：①当正常返回的时候，waitpid 返回收集到的子进程的进程 ID；②如果设置了选项 WNOHANG，而调用中 waitpid 发现没有已退出的子进程可收集，则返回 0；③如果调用中出错，则返回-1，这时 errno 会被设置成相应的值以指示错误所在。

为了进一步具体阐述清楚 wait()和 waitpid()函数的用法，下面分别举一个例子来加以说明。

例 1：wait()函数的用法。

```
#include<sys/types.h>
#include<sys/wait.h>
#include<unistd.h>
int main(){
  int status;
  pid_t pc,pr;
  pc=fork();                                    //调用 fork()函数创建一个子进程
  if (pc<0){                                //若创建子进程失败
       printf("fork failed");
       exit(-1);                                //退出程序
   }
  else if(pc==0){                               //子进程中执行以下代码段
      int i;
      for (i=3; i>0; i--){
        printf("This is the child\n");
        sleep(5);
      }
      exit(3);                                  //终止子进程,并给父进程返回终止代码 3
   } else{                                      //父进程中执行以下代码段
  pr=wait(&status);                             //调用 wait()等待子进程终止
  if(WIFEXITED(status)){                        //若子进程正常结束
   printf("The child process %d exit normally.\n",pr);
     printf("The WEXITSTATUS return code is %d\n",WEXITSTATUS(status));
printf("The WIFEXITED return code is %d \n",WIFEXITED(status));
      }else                                     //若子进程非正常结束
       printf("The child process %d exit abnormally.\n",pr);
    printf("Status is %d.\n",status);
}
 return 0;
}
```

例 2：waitpid()函数的用法。

```
#include<sys/types.h>
#include<sys/wait.h>
#include<unistd.h>
#include<stdio.h>
#include<stdlib.h>
int main(){
    pid_t pid;
    pid=fork();                              //调用 fork()函数创建一个子进程
    if (pid<0){                              //若创建子进程失败
      printf("fork failed");
      exit(-1);                              //退出程序
    }
    else if (pid==0){                        //子进程中执行以下代码段
       int i;
       for (i=3; i>0; i--){
          printf("This is the child\n");
          sleep(5);
       }
       exit(3);                              //终止子进程,并给父进程返回终止代码 3
     } else{   //父进程中执行以下代码段
       int stat_val;
       waitpid(pid,&stat_val,0);             //调用 waitpid()等待子进程终止
       if (WIFEXITED(stat_val))              //若子进程正常结束
          printf("Child exited with code %d\n",WEXITSTATUS(stat_val));
       else if (WIFSIGNALED(stat_val))       //若子进程因为信号而结束
printf("Child terminated abnormally,signal %d\n",WTERMSIG(stat_val));
     }
     return 0;
}
```

（3）signal()函数

signal()函数的原型如下：

```
#include<signal.h>                           //提供 signal 函数原型的定义
void (*signal(int signum,void(*handler)(int)))(int);
```

在上述 signal()函数的原型之中，各参数的含义如下：

signum：指明了 signal()函数所要处理的信号编号。

handler：描述了与信号关联的动作，它可取以下三种值：

1）一个参数类型为 int 返回值类型为 void 的函数地址：该函数必须在 signal()函数被调用之前申明，handler 为该函数的名字。当接收到一个信号编号为 signum 的信号时，进程就执行 handler 所指定的函数。

2）SIGIGN：这个符号表示忽略该信号，执行了相应的 signal()调用后，进程会忽略信号编号为 signum 的信号。

3）SIGDFL：这个符号表示恢复系统对信号的默认处理。

由上述 signal()函数的原型可知，signal()函数有两个参数，第一个参数类型为 int，第二个是指向参数类型为 int 返回值类型为 void 的函数指针，signal()函数的返回值类型是一个函数指针，同样指向一个参数类型为 int 返回值类型为 void 的函数。signal()函数会依参数 signum 指定的信号编号来设置该信号的处理函数。当指定的信号到达时就会跳转到参数 handler 所指定的函数执行。

由以上描述可知，signal()函数的第二个参数类型是一个函数指针，而且 signal()函数的返回值类型也是一个函数指针。这里，所谓的函数指针，就是指一个指向函数的指针变量，即，函数指针本身首先应该是一个指针变量，只不过该指针变量指向的是一个函数，其实亦与用指针变量指向整型变量、字符型、数组类似，只不过这里是用指针变量指向函数罢了。如前所述，C 在编译时，每一个函数都有一个入口地址，该入口地址就是函数指针所指向的地址。有了指向函数的指针变量之后，即可用该指针变量调用函数，就如同用指针变量可引用其他类型变量一样，这在概念上都是一致的。函数指针有两个用途：调用函数和做函数的参数。函数指针的声明方法如下：

数据类型标志符 (指针变量名) (形参列表);

其中，“函数类型”说明了函数的返回类型，由于“( )”的优先级高于“*”，所以指针变量名外的括号必不可少；而后面的“形参列表”则表示指针变量指向的函数所带的参数列表。例如：

```
int func(int x);          //声明一个函数
int (*f) (int x);         //声明一个函数指针
f=func;          /*将 func()函数的首地址赋给指针 f，赋值时函数 func()不带括号，也不带
参数，由于 func 代表函数的首地址，因此经过赋值以后，指针 f 就指向函数 func(x)的代码的首地址*/
```

基于以上关于函数指针的定义，signal()函数的原型可理解为是由如下两个步骤所组成的：

步骤 1：typedef void(*sig_t) (int);　　/*首先，定义一个参数类型为 int 返回值类型为 void 的函数指针 sig_t */

步骤 2：sig_t signal(int signum,sig_t handler);　　/*然后，定义一个返回值类型为函数指针 sig_t 的函数 signal()，该函数有两个参数，一个参数类型为 int，另一个参数类型为函数指针 sig_t */

由以上步骤 2 可知，handler 为一个类型为 sig_t 的函数指针，因此再由步骤 1 可知，handler 所指向的那个函数只能有一个 int 类型的参数；另外，由以上步骤 2 亦可知，signal()函数的返回值也为一个类型为 sig_t 的函数指针，因此再由步骤 1 可知，signal()函数返回的函数指针所指向的那个函数也只能有一个 int 类型的参数。

基于以上描述，下面给出一个简单的例子来进一步说明 signal()函数的用法：

```
#include<unistd.h>
#include<signal.h>
void handler(){
  printf("hello\n");
}
int main(){
  int i;
  signal(SIGALRM,handler);       /*调用 signal()函数获取 SIGALRM 信号，并交由
```

```
handler 所指向的函数进行处理*/
    alarm(5);             /*调用 alarm()函数设置超时时钟为 5 秒,若时钟超时则内核将给进程发
送 SIGALRM 信号*/
     for(i=1;i<7;i++){
       printf("sleep %d ...\n",i);
       sleep(1);            //调用 sleep()函数休眠 1 秒
   }
   return 0;
   }
```

执行结果如下：

```
sleep 1 ...
sleep 2 ...
sleep 3 ...
sleep 4 ...
sleep 5 ...
hello
sleep 6 ...
```

3.2.6 多进程例程剖析

为了进一步说明上述各进程函数的具体用法，下面给出一个简单的多进程的例程：

```
#include<stdio.h>
#include<sys/types.h>
#include<sys/wait.h>
#include<unistd.h>
int main(){
      pid_t child;
      int i;
      child=fork();
      if(child<0){
         printf("创建进程失败!");
         exit(-1);
      }
      else if(child==0){
         printf("这是子进程,进程号是:%d\n",getpid());
         for(i=0;i<100;i++)
            printf("这是子进程第%d 次打印!\n",i+1);
         printf("子进程结束!");
      }
      else{
         printf("这是父进程,进程号是:%d\n",getppid());
         printf("父进程等待子进程结束...");
         wait(&child);
         printf("父进程结束!");
```

```
        }
    }
```

3.3 UNIX/Linux 环境下基于多线程的并发机制

3.3.1 创建一个新线程

在 UNIX/Linux 环境下，线程的创建是通过调用 pthread_create()函数来实现的。当创建线程成功时，该函数返回 0，若不为 0 则说明创建线程失败。若创建线程成功，则新创建的线程将运行由 pthread_create()函数中第三个参数和第四个参数所确定的函数，而原来的线程则继续运行下一行代码。pthread_create()函数的原型如下：

```
#include<pthread.h>                //提供线程函数原型和数据结构的定义
int pthread_create(
pthread_t*thread,
pthread_attr_t*attr,
void*(*start_routine) (void*),
void*arg);
```

在上述 pthread_create()函数的原型之中，各参数的含义如下：

thread：所创建的线程的标识符。

attr：pthread_attr_t 结构体指针，所指向的结构中的元素分别用于标示线程的运行属性。

start_routine：一个参数类型为(void *)返回值类型也为(void *)的函数指针，用于指向线程的线程体函数，该线程体函数所执行的操作即该线程所执行的操作。

arg：用于传递给线程体函数的参数。

1. 用单变量向线程体函数传递参数

下面的代码片段演示了如何向一个线程传递一个简单的整数：

```
#include<pthread.h>
#include<stdio.h>
#define NUM_THREADS 3
void*PrintHello(void*threadargs){
   int pid;
   pid=(int) threadargs;
   printf("Hello! I am thread #%d!\n",pid);
   pthread_exit(NULL);                    //调用 pthread_exit()终止该线程
}
int main (int argc,char*argv[]){
    pthread_t pids[NUM_THREADS];
    int*args[NUM_THREADS];
    int rc,i;
for(i=0; i<NUM_THREADS; i++){
```

```
        args[i]=(int*) malloc(sizeof(int));
       *args[i]=i;
        printf("Creating thread %d\n",i);
        rc=pthread_create(&threads[i],NULL,PrintHello,(void*) args[i]);
        ...
    }
...
}
```

2. 用结构体变量向线程体函数传递参数

下面的代码片段演示了如何向一个线程传递一个简单的结构体：

```
#include<pthread.h>
#include<stdio.h>
#define NUM_THREADS 3
struct thread_data{                              //定义一个结构体 thread_data
   int thread_id;
   int sum;
};
void*PrintHello(void*threadarg){
    struct thread_data*my_data;
    int pid,sum;
char*hello_msg;
    my_data=(struct thread_data*) threadarg;
    pid=my_data->thread_id;
    sum=my_data->sum;
    printf("Hello! I am thread #%d! The sum is %d!\n",pid,sum);
    pthread_exit(NULL);                          //调用 pthread_exit()终止该线程
}
int main (int argc,char*argv[]){
    pthread_t pids[NUM_THREADS];
struct thread_data thread_data_array[NUM_THREADS];
     int rc,I,sum;
     sum=0;
for(i=0; i<NUM_THREADS; i++){
   sum++;
       thread_data_array[i].thread_id=i;
       thread_data_array[i].sum=sum;
       printf("Creating thread %d\n",i);
       rc=pthread_create(&pids[i],NULL,PrintHello,(void*)  &thread_  data_
array[i]);
       ...
   }
     ...
   }
```

3.3.2 设置线程的运行属性

线程具有运行属性，用 pthread_attr_t 结构体表示，在对该结构体进行处理之前必须进行初始化，在使用后需要对其去除初始化，以释放该结构体所占用的资源。用于对 pthread_attr_t 结构体进行初始化的函数为 pthread_attr_init()，对其去除初始化的函数为 pthread_attr_destroy()。其中，pthread_attr_init()与 pthread_attr_destroy()函数的原型如下：

```
#include<pthread.h>
int pthread_attr_init(pthread_attr_t*attr);
int pthread_attr_destroy(pthread_attr_t*attr);
```

在上述 pthread_attr_init()与 pthread_attr_destroy()函数的原型之中，参数的含义如下：

attr：pthread_attr_t 结构体指针，所指向的结构中的元素分别用于标示线程的运行属性，其中，pthread_attr_t 结构体的定义如下：

```
typedef struct{
 int  detachstate;                          //线程的分离状态
 int  schedpolicy;                          //线程调度策略
 struct sched_param  schedparam;            //线程的调度参数
 int  inheritsched;                         //线程的继承性
 int scope;                                 //线程的作用域
 size_t guardsize;                          //线程堆栈保护区的大小
 int stackaddr_set;                         //线程堆栈的地址集
 void*stackaddr;                            //线程堆栈的地址
 size_t  stacksize;                         //线程堆栈的大小
} pthread_attr_t;
```

Linux 中可通过以下函数来设置上述线程的运行属性：

1. 设置/获取线程的分离状态

线程的分离状态决定了一个线程以何种方式来终止自己。在默认情况下线程为非分离状态，此时，需要让某个原有的线程调用 pthread_join()函数来等待创建的线程结束，只有当 pthread_join()函数返回时，创建的线程才真正终止，并释放自己所占用的系统资源。而分离状态的线程则无须被其他线程等待，一旦自己运行结束，该线程也就自动终止，并立即释放自己所占用的系统资源。为此，若在创建线程时就知道无须关注其终止状态，则可通过设置 pthread_attr_t 结构中的 detachstate 属性来让线程以分离状态运行。

设置线程的分离状态可通过调用 pthread_attr_setdetachstate()函数来实现，而获取线程的分离状态可通过调用 pthread_attr_getdetachstate()函数来实现，这两个函数若调用成功将返回 0，失败则返回-1，其函数原型分别如下：

```
#include<pthread.h>
int pthread_attr_getdetachstate(const pthread_attr_t*attr,int*detachstate);
int pthread_attr_setdetachstate(pthread_attr_t*attr,int detachstate);
```

在上述 pthread_attr_setdetachstate()函数与 pthread_attr_getdetachstate()函数的原型之中，

各参数的含义如下：

attr：pthread_attr_t 结构体指针，所指向的结构中的元素分别用于标示线程的运行属性。

detachstate：线程的分离状态属性。

在 pthread_attr_setdetachstate()函数中，若将参数 detachstate 设置为 PTHREAD_CREATE_DETACHED，则该线程将以分离状态运行；若将参数 detachstate 设置为 PTHREAD_CREATE_JOINABLE，则该线程将以默认的非分离状态运行。

以下给出一个创建分离状态线程的例子：

```
#include<pthread.h>
void*child_thread(){
printf("this is the child thread!\n");
}
int main(){
        pthread_t pid;
        pthread_attr_t attr;                        //定义线程属性结构体变量attr
      pthread_attr_init(&attr);                     //对attr结构体变量进行初始化
        pthread_attr_setdetachstate(&attr,PTHREAD_CREATE_DETACHED);
/*设置 attr 结构体变量中的 detachstate 字段值为 PTHREAD_CREATE_DETACHED(分离状态线程)*/
        pthread_create(&pid,&attr,child_thread,NULL);   /*创建运行属性为 attr 的新线程*/
        pthread_attr_destroy(&attr);               /*对 attr 去除初始化,以释放该结构体所占用的资源*/
        return 0;
}
```

2. 设置/获取线程的继承性

函数 pthread_attr_setinheritsched()和函数 pthread_attr_getinheritsched()分别用来设置和获取线程的继承性，这两个函数若调用成功将返回 0，若调用失败则返回-1，其函数原型分别如下：

```
#include<pthread.h>
int pthread_attr_getinheritsched(const pthread_attr_t*attr,int*inheritsched);
int pthread_attr_setinheritsched(pthread_attr_t*attr,int inheritsched);
```

在上述 pthread_attr_setinheritsched()函数和 pthread_attr_getinheritsched()函数的原型之中，各参数的含义如下：

attr：pthread_attr_t 结构体指针，所指向的结构中的元素分别用于标示线程的运行属性。

inheritsched：线程的继承性。

线程的继承性决定了线程是从创建自己的父线程中自动继承调度策略与参数还是使用在 pthread_attr_t 结构体中的 schedpolicy 和 schedparam 字段中显式地设置的调度策略与参数。若将 pthread_attr_setinheritsched()函数中的参数 inheritsched 的值设置为 PTHREAD_

INHERIT_SCHED，则表示新线程将继承创建自己的父线程的调度策略和参数；若设置为PTHREAD_EXPLICIT_SCHED，则表示使用在 schedpolicy 和 schedparam 属性中显式设置的调度策略和参数。

3．设置/获取线程的调度策略

函数 pthread_attr_setschedpolicy()和函数 pthread_attr_getschedpolicy()分别用来设置和得到线程的调度策略，函数若调用成功将返回 0，若失败则返回-1，其函数原型分别如下：

```
#include<pthread.h>
int pthread_attr_getschedpolicy(const pthread_attr_t*attr,int*policy);
int pthread_attr_setschedpolicy(pthread_attr_t*attr,int policy);
```

在上述两个函数的原型之中，各参数的含义如下：

attr：pthread_attr_t 结构体指针，所指向的结构中的元素分别用于标示线程的运行属性。

policy：线程的调度策略，主要包括先进先出（SCHED_FIFO）、轮循（SCHED_RR）或其他（SCHED_OTHER）等。其中，SCHED_FIFO 策略允许一个线程运行直到有更高优先级的线程准备好，或者直到它自愿阻塞自己。在 SCHED_FIFO 调度策略下，当有一个线程准备好时，除非有平等或更高优先级的线程已经在运行，否则它会很快开始执行。而SCHED_RR 策略则与 SCHED_FIFO 策略稍有不同：如果有一个 SCHED_RR 策略的线程执行了超过一个固定的时期（时间片间隔）没有阻塞，而有另外的 SCHED_RR 或SCHBD_FIFO 策略的相同优先级的线程准备好时，运行的线程将被抢占以便准备好的线程可以执行。当有 SCHED_FIFO 或 SCHED_RR 策略的线程在一个条件变量上等待或等待加锁同一个互斥量时，它们将以优先级顺序被唤醒。

4．设置/获取线程的调度参数

函数 pthread_attr_getschedparam()和函数 pthread_attr_setschedparam()分别用来设置和得到线程的调度参数，函数若调用成功将返回 0，若失败则返回-1，其函数原型分别如下：

```
#include<pthread.h>
int pthread_attr_getschedparam(const pthread_attr_t*attr,
struct sched_param*param);
int pthread_attr_setschedparam(pthread_attr_t*attr,
const struct sched_param*param);
```

在上述两个函数的原型之中，各参数的含义如下：

attr：pthread_attr_t 结构体指针，所指向的结构中的元素分别用于标示线程的运行属性。

param：sched_param 结构体指针，所指向的结构中的元素 sched_priority 用于标示线程运行的优先权值。结构 sched_param 的定义如下：

```
struct sched_param{
    int sched_priority;                          //线程运行的优先权值
};
```

系统支持的最大和最小线程优先权值可以通过调用 sched_get_priority_max()函数和 sched_get_priority_min()函数来分别得到，其中，大的优先权值对应高的优先权。sched_get_priority_max()函数和 sched_get_priority_min()函数的原型分别如下：

```
#include<pthread.h>
int sched_get_priority_max(int policy);
int sched_get_priority_min(int policy);
```

上述两个函数若调用失败将返回-1；若调用成功则返回 0，同时将得到的系统支持的最大/最小线程优先权值保存在 policy 变量之中。

5．设置/获取线程的作用域

函数 pthread_attr_setscope()和函数 pthread_attr_getscope()分别用来设置和得到线程的作用域。这两个函数若调用失败将返回-1，若调用成功则返回 0，其函数原型如下：

```
#include<pthread.h>
int pthread_attr_setscope(pthread_attr_t*attr,int scope);
int pthread_attr_getscope(const pthread_attr_t*attr,int*scope);
```

在上述两个函数的原型之中，各参数的含义如下：

attr：pthread_attr_t 结构体指针，所指向的结构中的元素分别用于标示线程的运行属性。

scope：作用域（在 pthread_attr_setscope()函数中）或指向作用域的指针（在 pthread_attr_getscope()函数中）。

其中，作用域用于控制线程是否在进程内或系统级上竞争资源，可能的值有 PTHREAD_SCOPE_PROCESS（进程内竞争资源），PTHREAD_SCOPE_SYSTEM （系统级上竞争资源）。例如，假设有两个进程 A 和 B，其中，A 进程包含 4 个线程，而 B 进程仅仅只有 1 个主线程，如果假设作用域设置为 PTHREAD_SCOPE_ SYSTEM，则 A 进程中的 4 个线程将和 B 进程中的那 1 个线程一起竞争 CPU 资源，但若作用域设置为 PTHREAD_SCOPE_PROCESS，则 A 进程中的 4 个线程只能竞争所属进程 A 的 CPU 时间。不过，目前 Linux 只支持 PTHREAD_SCOPE_ SYSTEM 方式。

6．设置/获取线程堆栈保护区的大小

函数 pthread_attr_getguardsize()和函数 pthread_attr_setguardsize()分别用来设置和得到线程的堆栈保护区（警戒堆栈）的大小，这两个函数若调用失败将返回-1，若调用成功则返回 0，其函数原型如下：

```
#include<pthread.h>
int pthread_attr_getguardsize(const pthread_attr_t*restrict attr,
size_t*restrict guardsize);
int pthread_attr_setguardsize(pthread_attr_t*attr,size_t*guardsize);
```

在上述两个函数的原型之中，各参数的含义如下：

attr：pthread_attr_t 结构体指针，所指向的结构中的元素分别用于标示线程的运行属性。

guardsize：控制着线程堆栈末尾之后以避免堆栈溢出的堆栈保护区（扩展内存）的大小。

其中，堆栈保护区被用来在堆栈指针越界的情况下提供保护。如果一个线程具有堆栈保护的特性，那么系统在创建线程堆栈时会在堆栈的末尾多分配一块内存，以用来防止指针访问堆栈时溢出堆栈的边界。如果一个应用程序访问堆栈时溢出到堆栈保护区，将会引发一个错误（此时，当前线程将收到一个 SIGSEGV 信号）。

提供堆栈保护区属性设置函数的主要有以下两个原因：①首先，堆栈保护会引起系统资源浪费，因此，如果一个应用程序创建了大量线程，而且确保这些线程均不会越界访问堆栈时，则应用程序可通过调用堆栈保护区属性设置函数来取消堆栈保护区以节省系统资源。②当线程在堆栈中存放大的数据结构时，有可能需要一个大的堆栈保护区，此时则可通过调用堆栈保护区属性设置函数来增加堆栈保护区的大小。

如果线程属性对象的 guardsize 参数值为 0，则创建线程时将不会创建堆栈保护区；若线程属性对象的 guardsize 参数值大于 0，则使用该线程属性对象创建的线程将起码有一个 guardsize 大小的堆栈保护区。

7．设置/获取线程堆栈的地址

函数 pthread_attr_setstackaddr()和函数 pthread_attr_getstackaddr()分别用来设置和得到线程堆栈的地址，这两个函数若调用失败将返回-1，若调用成功则返回 0，其函数原型如下：

```
#include<pthread.h>
int pthread_attr_getstackaddr(const pthread_attr_t*attr,void**stackaddr);
int pthread_attr_setstackaddr(pthread_attr_t*attr,void*stackaddr);
```

在上述两个函数的原型之中，各参数的含义如下：

attr：pthread_attr_t 结构体指针，所指向的结构中的元素分别用于标示线程的运行属性。

stackaddr：线程的堆栈地址。

注：设置堆栈地址将降低可移植性，建议最好不要自己设置堆栈地址。

8．设置/获取线程堆栈的大小

函数 pthread_attr_setstacksize()和函数 pthread_attr_getstacksize()分别用来设置和得到线程堆栈的大小，这两个函数若调用失败将返回-1，若调用成功则返回 0，其函数原型如下：

#include <pthread.h>

```
int pthread_attr_getstacksize(const pthread_attr_t*restrict attr,
size_t*restrict stacksize);
int pthread_attr_setstacksize(pthread_attr_t*attr ,size_t*stacksize);
```

在上述两个函数的原型之中，各参数的含义如下：

attr：pthread_attr_t 结构体指针，所指向的结构中的元素分别用于标示线程的运行属性。

stacksize：线程堆栈的大小。

3.3.3 终止一个线程

在 Linux 系统中，一个线程既可以通过自身调用 pthread_exit()函数来实现显式地终止，也可以通过在另一个线程中调用 pthread_join()函数来实现隐式地终止。其中：

1）pthread_exit()函数：该函数在头文件 pthread.h 中声明，线程在调用该函数后将自行终止并释放其所占资源。pthread_exit()函数的原型如下：

```
#include<pthread.h>
int pthread_exit(void*value_ptr);
```

在上述 pthread_exit()函数的原型之中，参数的含义如下：

value_ptr：线程返回值指针，该返回值将被传给另一个线程，另一个线程则可通过调用 pthread_join()函数来获得该值。

2）pthread_join()函数：该函数在头文件 pthread.h 中声明，其作用是用于等待一个指定的线程结束，该函数的原型如下：

```
#include<pthread.h>
int pthread_join(pthread_t thread,void**value_ptr);
```

在上述 pthread_join()函数的原型之中，各参数的含义如下：

thread：等待终止的线程的线程标识符。

value_ptr：如果 value_ptr 不为 NULL，那么线程 thread 的返回值存储在该指针指向的位置。该返回值可以是由 pthread_exit()给出的值，或者该线程被取消而返回 PTHREAD_CANCELED。

pthread_join()函数是一个线程阻塞函数，调用它的函数将一直等到被等待的线程结束为止。调用 pthread_join()函数的线程将被挂起，直到参数 thread 所代表的线程终止时为止。

当一个非分离的线程终止后，该线程的内存资源（线程描述符和栈）并不会被释放，直到有线程对它调用了 pthread_join()时才会被释放。因此，必须对每个创建的非分离的线程调用一次 pthread_join()以避免内存泄漏。另外，至多只能有一个线程调用 pthread_join()等待给定的线程终止，如果已有一个线程调用了 pthread_join()以等待某个线程终止，那么其他再调用 pthread_join()以等待同一线程终止的线程将返回一个错误。

3.3.4 获得一个线程的线程标识

函数 pthread_self()可以用来使得调用线程获取自己的线程 ID，其函数原型如下：

```
#include<pthread.h>
pthread_t pthread_self();
```

3.3.5 多线程例程剖析

为了进一步说明上述各线程函数的具体用法，下面给出一个简单的多线程的例程：

```
#include<stdio.h>
#include<stdlib.h>
#include<pthread.h>
void thread(){                                          //线程体函数
   int i;
   for(i=0;i<3;i++)
      printf("This is a pthread.\n");
}
int main(){
   pthread_t pid;                                       //声明线程标识符变量pid
   pthread_attr_t attr;                                 //声明线程运行属性变量attr
   int i,ret;
   pthread_attr_init(&attr);                            //初始化线程运行属性变量attr
pthread_attr_setscope(&attr,PTHREAD_SCOPE_SYSTEM);
pthread_attr_setdetachstate (&attr,PTHREAD_CREATE_DETACHED);
   ret=pthread_create(&pid,&attr,(void*) thread,NULL);   /*创建一个新线程执行
线程体函数thread(),该线程的标识符为pid*/
   if(ret!=0){                               //若创建新线程失败,则输出出错提示并退出程序
      printf ("Create pthread error!\n");
      exit (1);
   }
   pthread_attr_destroy(&attr);       //去初始化线程运行属性变量attr
   for(i=0;i<3;i++)                   //在主线程中输出3次主线程提示信息
        printf("This is the main process.\n");
  pthread_join(pid,NULL);             /*在主线程中调用 pthread_join()函数等待新线
程结束并回收新线程所占资源*/
  return 0;
}
```

3.4 Windows环境下基于多进程的并发机制

3.4.1 创建一个新进程

在Windows环境下，一个现有的进程可以调用CreateProcess()函数来创建一个新的进程。如果函数执行成功，返回非零值，如果函数执行失败，返回零，可以使用GetLastError()函数获得错误的附加信息。CreateProcess()函数的原型如下：

```
BOOL CreateProcess(
LPCTSTR lpApplicationName,
LPTSTR lpCommandLine,
LPSECURITY_ATTRIBUTES lpProcessAttributes,
LPSECURITY_ATTRIBUTES lpThreadAttributes,
BOOL bInheritHandles,
DWORD dwCreationFlags,
LPVOID lpEnvironment,
```

```
LPCTSTR lpCurrentDirectory,
LPSTARTUPINFO lpStartupInfo,
LPPROCESS_INFORMATION lpProcessInformation);
```

在上述 CreateProcess()函数的原型之中，各参数的含义如下：

lpApplicationName：指向一个 NULL 结尾的、用来指定可执行文件的字符串。该参数可以被设为 NULL，在这种情况下，可执行模块的名字必须处于 lpCommandLine 参数最前面并由空格符与后面的命令行字符串分开。

lpCommandLinc：指向一个以 NULL 结尾的字符串，该字符串指定要执行的命令行。该参数可以为空，那么函数将使用 lpApplicationName 参数指定的字符串当作要运行的程序的命令行。若 lpApplicationName 和 lpCommandLine 参数都不为空，则 lpApplicationName 参数指定将要被运行的文件，lpCommandLine 参数指定将被运行的文件的命令行。新运行的进程可以使用 GetCommandLine()函数获得整个命令行，C 语言程序则可以使用 argc 和 argv 参数。

lpProcessAttributes：指向一个 SECURITY_ATTRIBUTES 结构体，该结构体决定是否返回的句柄可以被子进程继承。如果 lpProcessAttributes 参数为空（NULL），那么句柄不能被继承。

```
typedef struct _SECURITY_ATTRIBUTES{
DWORD nLength;                          //结构体的大小,可用 SIZEOF 取得
LPVOID lpSecurityDescriptor;            //安全描述符
BOOL bInheritHandle;                    //安全描述的对象能否被新创建的进程继承
} SECURITY_ATTRIBUTES,*PSECURITY_ATTRIBUTES;
```

lpThreadAttributes：同 lpProcessAttribute，不过该参数决定的是线程是否被继承，通常置为 NULL。

bInheritHandles：指示新进程是否从调用进程处继承了句柄。如果参数的值为真，则调用进程中的每一个可继承的打开句柄都将被子进程继承，且被继承的句柄与原进程拥有完全相同的值和访问权限。

dwCreationFlags：指定附加的用来控制优先类和进程的创建的标志，以下的创建标志可以以除下面列出的方式外的任何方式组合后指定：

1）CREATE_DEFAULT_ERROR_MODE：新的进程不继承调用进程的错误模式。CreateProcess()函数赋予新进程当前的默认错误模式作为替代。应用程序可以调用 SetErrorMode()函数设置当前的默认错误模式。对于 CreateProcess()函数，默认的行为是为新进程继承调用者的错误模式。设置这个标志以改变默认的处理方式。

2）CREATE_NEW_CONSOLE：新的进程将使用一个新的控制台，而不是继承父进程的控制台。该标志不能与 DETACHED_PROCESS 标志一起使用。

3）CREATE_NEW_PROCESS_GROUP：新创建的进程将是一个进程树的根进程。进程树中的全部进程都是根进程的子进程。新进程树的用户标识符与这个进程的标识符是相同的，由 lpProcessInformation 参数返回。进程树经常使用 GenerateConsoleCtrlEvent()函数允许发送 CTRL+C 或 CTRL+BREAK 信号到一组控制台进程。

4）CREATE_SEPARATE_WOW_VDM：如果被设置，新进程将会在一个私有的虚拟 DOS 机（VDM）中运行。另外，默认情况下所有的 16 位 Windows 应用程序都会在同一个

共享的 VDM 中以线程的方式运行。单独运行一个 16 位程序的优点是一个应用程序的崩溃只会结束这一个 VDM 的运行；其他那些在不同 VDM 中运行的程序会继续正常地运行。同样的，在不同 VDM 中运行的 16 位 Windows 应用程序拥有不同的输入队列，这意味着如果一个程序暂时失去响应，在独立的 VDM 中的应用程序能够继续获得输入。

5）CREATE_SHARED_WOW_VDM：如果 WIN.INI 中的 Windows 段的 DefaultSeparateVDM 选项被设置为真，该标识使得 CreateProcess()函数越过该选项并在共享的虚拟 DOS 机中运行新进程。

6）CREATE_SUSPENDED：新进程的主线程会以暂停的状态被创建，直到 ResumeThread()函数被调用时才运行。

7）CREATE_UNICODE_ENVIRONMENT：如果被设置，由 lpEnvironment 参数指定的环境块使用 Unicode 字符，如果为空，环境块使用 ANSI 字符。

8）DEBUG_PROCESS：如果这个标志被设置，调用进程将被当作一个调试程序，并且新进程会被当作被调试的进程。系统把被调试程序发生的所有调试事件通知给调试器。如果使用了该标志创建进程，则只有调用进程（调用 CreateProcess 函数的进程）可以调用 WaitForDebugEvent()函数。

9）DEBUG_ONLY_THIS_PROCESS：如果此标志没有被设置且调用进程正在被调试，新进程将成为调试调用进程的调试器的另一个调试对象。如果调用进程没有被调试，有关调试的行为就不会产生。

10）DETACHED_PROCESS：对于控制台进程，新进程没有访问父进程控制台的权限。新进程可以通过 AllocConsole()函数自己创建一个新的控制台。该标志不可以与 CREATE_NEW_CONSOLE 标志一起使用。

11）CREATE_NO_WINDOW：系统不为新进程创建 CUI（Command User Interface，命令行用户交互）窗口，使用该标志可以创建不含窗口的 CUI 程序。

此外，dwCreationFlags 参数还可用来控制新进程的优先类，优先类用来决定该进程的线程调度的优先级，其中，可以被指定的优先级类标志包括（如果下面的优先级类标志都没有被指定，那么默认的优先类是 NORMAL_PRIORITY_CLASS，除非被创建的进程是 IDLE_PRIORITY_CLASS。在该情况下，子进程的默认优先类是 IDLE_PRIORITY_ CLASS）：

1）HIGH_PRIORITY_CLASS：指示这个进程将执行时间临界的任务，所以它必须被立即运行以保证正确。这个优先级的程序优先于正常优先级或空闲优先级的程序。一个例子是 Windows 任务列表，为了保证当用户调用时可以立刻响应，放弃了对系统负荷的考虑。确保在使用高优先级时应该足够谨慎，因为一个高优先级的 CPU 关联应用程序可以占用几乎全部的 CPU 可用时间。

2）IDLE_PRIORITY_CLASS：指示这个进程的线程只有在系统空闲时才会运行并且可以被任何高优先级的任务打断，例如屏幕保护程序。空闲优先级会被子进程继承。

3）NORMAL_PRIORITY_CLASS：指示这个进程没有特殊的任务调度要求。

4）REALTIME_PRIORITY_CLASS：指示这个进程拥有可用的最高优先级。一个拥有实时优先级的进程的线程可以打断所有其他进程线程的执行，包括正在执行重要任务的系统进程。例如，一个执行时间稍长一点的实时进程可能导致磁盘缓存不足或鼠标反应迟钝。

lpEnvironment：指向一个新进程的环境块。如果此参数为空，新进程使用调用进程的环境。一个环境块存在于一个由以 NULL 结尾的字符串组成的块中，这个块也是以 NULL 结尾的。每个字符串都是 name=value 的形式。因为相等标志被当作分隔符，所以它不能被环境变量当作变量名。与其使用应用程序提供的环境块，不如直接把这个参数设为空（NULL）。

lpCurrentDirectory：指向一个以 NULL 结尾的字符串，该字符串用来指定子进程的工作路径。该字符串必须是一个包含驱动器名的绝对路径。若该参数为空，则新进程将使用与调用进程相同的驱动器和目录。

lpStartupInfo：指向一个用于决定新进程的主窗体如何显示的 STARTUPINFO 结构体，该结构体用于指定新进程的主窗口特性。

```
    typedef struct _STARTUPINFO{
DWORD cb;                     /*包含 STARTUPINFO 结构中的字节数,如果 Microsoft 将来
扩展该结构,它可用作版本控制手段,应用程序必须将 cb 初始化为 sizeof(STARTUPINFO)*/
LPTSTR lpReserved;            //保留,必须初始化为 NULL
LPTSTR lpDesktop;             /*用于标识启动应用程序所在的桌面的名字。如果该桌面存在,新
进程便与指定的桌面相关联;如果桌面不存在,便创建一个带有默认属性的桌面,并使用为新进程指定的名
字。如果 lpDesktop 是 NULL,那么该进程将与当前桌面相关联*/
LPTSTR lpTitle;               /*用于设定控制台窗口的名称。如果 lpTitle 是 NULL,则可执
行文件的名字将用作窗口名*/
DWORD dwX;                    /*用于设定应用程序窗口在屏幕上应该放置的位置的 x 和 y 坐
标(以像素为单位),只有当子进程用 CW_USEDEFAULT 作为 CreateWindow 的 x 参数来创建它的第一个重
叠窗口时才使用这两个坐标。若创建控制台窗口的应用程序,这些成员用于指明控制台窗口的左上角
*/DWORD dwY;
DWORD dwXSize;                /*用于设定应用程序窗口的宽度和长度(以像素为单位),只有当
子进程将 CW_USEDEFAULT 用作 CreateWindow()函数的 nWidth 参数来创建它的第一个重叠窗口时,才
使用这些值*/
DWORD dwYSize;
DWORD dwXCountChars;          /*用于设定子应用程序的控制台窗口的宽度和高度(以字符为单
位)*/
DWORD dwYCountChars;
DWORD dwFillAttribute;        /*用于设定子应用程序的控制台窗口使用的文本和背景颜色*/
DWORD dwFlags;                //创建窗口标志。
WORD wShowWindow;             /*如果子应用程序初次调用的 ShowWindow()函数将 SW_
SHOWDEFAULT 作为 nCmdShow 参数传递时,用于设定该应用程序的第一个重叠窗口应该如何出现,本成员
可以是通常用于 ShowWindow()函数的任何一个 SW_*标识符*/
WORD cbReserved2;             //保留,必须被初始化为 0
LPBYTE lpReserved2;           //保留,必须被初始化为 NULL
HANDLE hStdInput;             /*用于设定供控制台输入和输出用的缓存的句柄。按照默认设
置,hStdInput 用于标识键盘缓存,hStdOutput 和 hStdError 用于标识控制台窗口的缓存*/
HANDLE hStdOutput;
HANDLE hStdError;
} STARTUPINFO,*LPSTARTUPINFO;
```

当 Windows 创建新进程时，它将使用该结构的有关成员。大多数应用程序将要求生成的应用程序仅仅使用默认值。至少应该将该结构中的所有成员初始化为零，然后将 cb 成员设置为该结构的大小。

```
STARTUPINFO si={ sizeof(si) };
```

```
CreateProcess(...,&si,...);
lpProcessInformation:指向一个用来接收新进程的识别信息的 PROCESS_INFORMATION 结构体。
    typedef struct _PROCESS_INFORMATION{
HANDLE hProcess;                    //返回新进程的句柄。
HANDLE hThread;                     //返回主线程的句柄。
DWORD dwProcessId;                  /*返回一个全局进程标识符。该标识符用于标识一个进程。
从进程被创建到终止,该值始终有效*/
DWORD dwThreadId;                   /*返回一个全局线程标识符。该标识符用于标识一个线程。
从线程被创建到终止,该值始终有效*/
}PROCESS_INFORMATION;
```

3.4.2 打开一个进程

OpenProcess()函数用来打开一个已存在的进程对象，并返回进程的句柄，该函数若调用成功，返回值为指定进程的句柄；若失败，则返回值为 NULL，并可调用 GetLastError()来获得错误代码。OpenProcess()函数的原型如下：

```
HANDLE OpenProcess(
DWORD dwDesiredAccess,                //渴望得到的访问权限(标志)
BOOL bInheritHandle,                  //是否继承句柄
DWORD dwProcessId                     //进程标示符
);
```

3.4.3 终止/关闭一个进程

1）ExitProcess()函数用于进程自己强制终止（非正常终止）自己，其函数原型如下：

```
VOID ExitProcess(
UINT fuExitCode                       //退出代码
);
```

2）TerminateProcess()函数用于进程强制终止（非正常终止）其他进程，其函数原型如下：

```
    BOOL TerminateProcess(
HANDLE hProcess,                      //希望终止的进程的句柄
UINT fuExitCode                       //退出代码
);
```

3）CloseHandle()函数用于关闭一个进程/线程的句柄。在 CreateProcess()函数或 Create Thread()函数调用成功之后，会返回一个句柄（handle），且内核对象的引用计数将增加 1，而在调用 CloseHandle()函数之后该引用计数会减少 1，当减为 0 时，系统将删除该内核对象。CloseHandle()函数的原型如下：

```
BOOL CloseHandle(HANDLE hObject);
```

在上述 CloseHandle()函数的原型之中，参数的含义如下：

hObject：指将要关闭的线程的句柄。

3.4.4 获得进程的可执行文件或 DLL 对应的句柄

GetModuleHandle()函数用于获取一个指定的应用程序或动态链接库的模块句柄，若调用成功则返回模块句柄，失败则返回 0，GetModuleHandle()函数的原型如下：

```
HMODULE GetModuleHandle(
PCTSTR pszModule                    //进程的可执行文件名称或 DLL 对应的句柄
);
```

注：当参数传 NULL 时获取的是进程的地址空间中可执行文件的基地址。

3.4.5 获取与指定窗口关联在一起的一个进程和线程标识符

GetWindowThreadProcessId()函数用于获取一个指定窗口的创建者（线程或进程）的标识符，若调用成功则返回该指定窗口的创建者（线程或进程）的标识符，失败则返回 0，GetWindowThreadProcessId()函数的原型如下：

```
HANDLE GetWindowThreadProcessId(
    HWND hWnd,                          //窗口句柄
    LPDWORD lpdwProcessId               //与该窗口相关的进程 ID
);
```

3.4.6 获取进程的运行时间

GetProcessTimes()函数用于获取当取进程的经过时间，若调用成功则返回一个大于 0 的值，失败则返回 0，GetProcessTimes()函数的原型如下：

```
Bool GetProcessTimes(
    HANDLE hProcess,                            //进程句柄
     PFILETIME pftCreationTime,                 //创建时间
     PFILETIME pftExitTime,                     //退出时间
     PFILETIME pftKernelTime,                   //内核时间
     PFILETIME pftUserTime                      //用户时间
);
```

注：返回的时间适用于某个进程中的所有线程（甚至已经终止运行的线程）。

3.4.7 获取当前进程 ID

GetCurrentProcessId()函数用于获取当前进程唯一的标识符，若调用成功则返回当前进程唯一的标识符，失败则返回 0，GetCurrentProcessId()函数的原型如下：

```
DWORD GetCurrentProcessId();
```

3.4.8 等待子进程/子线程的结束

1）WaitForSingleObject()函数：主要用来检测 hHandle 事件的信号状态，在某一进程/线程中调用该函数时，该进程/线程将被暂时挂起，如果在挂起的 dwMilliseconds 毫秒内，进程/线程所等待的对象变为有信号状态，则该函数立即返回；如果超时时间已经到达 dwMilliseconds 毫秒，但 hHandle 所指向的对象还没有变成有信号状态，该函数照样返回。参数 dwMilliseconds 有两个具有特殊意义的值：0 和 INFINITE。若为 0，则该函数立即返回；若为 INFINITE，则进程/线程将一直被挂起，直到 hHandle 所指向的对象变为有信号状态时为止。WaitForSingleObject()函数的原型如下：

```
DWORD WaitForSingleObject(HANDLE hHandle,DWORD dwMilliseconds);
```

在上述 WaitForSingleObject()函数的原型之中，各参数的含义如下：

hHandle：对象句柄，可以指定一系列的对象，如 Event、Job、Memory resource notification、Mutex、Process、Semaphore、Thread、Waitable timer 等。

dwMilliseconds：定时时间间隔，单位为毫秒。若指定一个非零值，则 WaitForSingleObject()函数处于等待状态，直到 hHandle 标记的对象被触发或时间到了。若 dwMilliseconds 为 0，对象没有被触发信号，WaitForSingleObject()函数不会进入一个等待状态，而会立即返回。若 dwMilliseconds 为 INFINITE，则只有当对象被触发信号后，WaitForSingleObject()函数才会返回。

WaitForSingleObject()函数若执行成功，则其返回值指示出了引发函数返回的事件。WaitForSingleObject()函数的返回值可能为以下值：

WAIT_ABANDONED 0x00000080：当 hHandle 为 mutex 时，如果拥有 mutex 的线程在结束时没有释放核心对象会引发此返回值。

WAIT_OBJECT_0 0x00000000：核心对象已被激活。

WAIT_TIMEOUT 0x00000102：等待超时。

WAIT_FAILED 0xFFFFFFFF：出现错误，可通过 GetLastError()函数得到错误代码。

2）WaitForMultipleObjects()函数：该函数的功能与 WaitForSingleObject()函数类似，主要区别在于 WaitForMultipleObjects()函数允许调用进程/线程同时查看若干个内核对象的已通知状态。WaitForMultipleObjects()函数的原型如下：

```
DWORD   WaitForMultipleObjects(DWORD   nCount,const   HANDLE*lpHandles,BOOL
bWaitAll,DWORD dwMilliseconds);
```

在上述 WaitForMultipleObjects()函数的原型之中，各参数的含义如下：

nCount：句柄的数量最大值为 MAXIMUM_WAIT_OBJECTS（64）。

lpHandles：句柄数组的指针。HANDLE 类型可以为 Event，Mutex，Process，Thread，Semaphore 数组。

bWaitAll：等待的类型，如果为 TRUE ，则进程/线程将等待所有信号量均有效后才会再往下执行；如果为 FALSE，则进程当其中的一个信号量有效时就会向下执行。

dwMilliseconds：含义同 WaitForSingleObject()函数中的该参数。

3.4.9 多进程例程剖析

为了进一步说明上述各进程函数的具体用法，下面给出一个简单的多进程的例程，在该例程中，每次从文件中读取一条命令行命令，然后启动一个新的进程来执行该命令行命令：

```
#include<windows.h>
# include<process.h>
#include<stdlib.h>
#include<stdio.h>
using namespace std;
#define MAX_LINE_LEN 80

int main(int argc,char*argv){
FILE*fid;
char cmdLine[MAX_LINE_LEN];                    //每个新进程执行一条命令行命令
LPSECURITY_ATTRIBUTES processA=NULL;
LPSECURITY_ATTRIBUTES threadA=NULL;
BOOL shareRights=TRUE;
DWORD creationMask=CREATE_NEW_CONSOLE;         /*每个进程将使用一个新的控制台*/
LPVOID enviroment=NULL;
LPSTR curDir=NULL;
STARTUPINFO startInfo;
PROCESS_INFORMATION procInfo;
if(argc!=2){
printf("Input error,Usage:launch!\n");         //命令行参数输入出错
exit(0);
}
fid=fopen(argv[1],"r");                        //打开包含一组命令的文件launch
/*依次读取文件launch中包含的每一条命令*/
while(fgets(cmdLine,MAX_LINE_LEN,fid)!=NULL){
if(cmdLine[strlen(cmdLine)-1]=='\n')           //若最后一个字符为换行符
cmdLine[strlen(cmdLine)-1]='\0';               //用行结束符替换该换行符
ZeroMemory(&startInfo,sizeof(startInfo));      /*调用 ZeroMemory()函数初始化
startInfo变量为0,ZeroMemory()函数的功能与memset()函数类似*/
startInfo.cb=sizeof(startInfo);/*应用程序必须将cb初始化为sizeof(STARTUPINFO)*/
ZeroMemory(&procInfo,sizeof(procInfo));
/*针对读取的每一条命令,生成一个新的进程来执行该条命令*/
if(!CreateProcess(NULL,cmdLine,processA,threadA,shareRights,creationMask,envir
oment,curDir,&startInfo,&procInfo)){
printf("CreatProcess failed on error %d\n",GetLastError);
ExitProcess(0);
}
WaitForSingleObject(procInfo.hProcess,INFINITE);
    CloseHandle(procInfo.hProcess);
    CloseHandle(procInfo.hThread);
}
return 0;
}
```

注：Windows 中的进程之间的父子关系很弱，没有僵尸进程的概念。

为了更进一步说明 Windows 环境下基于多进程的服务器并发机制，下面再给出一个例子，将利用 CreateProcess 开启一个新进程，启动 IE 浏览器，打开百度的主页，5s 后再将其关闭。

```
#include<Windows.h>
#include<tchar.h>
#include<iostream>
using namespace std;
#define IE L"C:\\Program Files\\Internet Explorer\\iexplore.exe"//IE 浏览器
#define CMD L"open http://www.baidu.com/"                        //百度主页

int _tmain(int argc,_TCHAR*argv[]){
   STARTUPINFO startup_info;
   ZeroMemory(&startup_info,sizeof(startup_info));
   startup_info.dwFlags=STARTF_USESHOWWINDOW;
   startup_info.wShowWindow=SW_HIDE;
startup_info.cb=sizeof(startup_info);
PROCESS_INFORMATION process_info;
ZeroMemory(&process_info,sizeof(process_info));
/*创建一个新进程,启动 IE 浏览器,打开百度的主页*/

if(!CreateProcess(IE,CMD,NULL,NULL,FALSE,CREATE_NO_WINDOW,NULL,NULL,&startup_
info,&process_info)){
         printf("CreatProcess failed on error %d\n",GetLastError);
         return 0;
   }
   Sleep(5000);
   WaitForSingleObject(process_info.hProcess,INFINITE);
  CloseHandle(process_info.hProcess);
  CloseHandle(process_info.hThread);
   return 0;
}
```

3.5 Windows 环境下基于多线程的并发机制

3.5.1 在本地进程中创建一个新线程

在 Windows 环境下，线程创建是通过调用 CreateThread()函数实现的。当创建线程成功时，该函数返回线程句柄，失败则返回 False。CreateThread()函数的原型如下：

```
#include<windows.h>
HANDLE CreateThread(
```

```
LPSECURITY_ATTRIBUTES lpThreadAttributes,
SIZE_T dwStackSize,
LPTHREAD_START_ROUTINE lpStartAddress,
LPVOID lpParameter,
DWORD dwCreationFlags,
LPDWORD lpThreadId
);
```

在上述 CreateThread()函数的原型之中，各参数的含义如下：

lpThreadAttributes：指向 SECURITY_ATTRIBUTES 形态的结构的指针。

dwStackSize：设置初始栈的大小，以字节为单位，如果为 0，那么默认将使用与调用该函数的线程相同的栈空间大小。

lpStartAddress：指向线程函数的指针，形式：@函数名，函数名称没有限制，但是必须以下列形式声明：

```
DWORD WINAPI ThreadProc (LPVOID lpParam);
```

格式不正确将无法调用成功。

也可以直接调用 void 类型，但 lpStartAddress 要按照以下形式来通过 LPTHREAD_START_ROUTINE 转换：

```
(LPTHREAD_START_ROUTINE) MyVoid
```

然后，再声明 MyVoid()函数为：

```
void MyVoid(){
  ……
return;
}
```

lpParameter：向线程函数传递的参数，是一个指向结构的指针，不需传递参数时，为 NULL。

dwCreationFlags：线程标志，可取值如下：

1）CREATE_SUSPENDED(0x00000004)：创建一个挂起的线程，表示线程创建后暂停运行，直到调用 ResumeThread()函数后才可调度执行。

2）0：表示线程创建之后立即就可以进行调度。

lpThreadId：保存新线程的 ID。

3.5.2　在远程进程中创建一个新线程

在 Windows 环境下，CreateRemoteThread()函数提供了一个在远程进程中执行代码的方法，就像代码长出翅膀飞到别处运行。当创建线程成功时，该函数返回新线程句柄，失败则返回 NULL，并且可通过调用 GetLastError()函数来获得错误代码值。CreateRemoteThread()函数的原型如下：

```
#include<windows.h>
```

```
    HANDLE CreateRemoteThread(
HANDLE hProcess,
LPSECURITY_ATTRIBUTES lpThreadAttributes,
SIZE_T dwStackSize,
LPTHREAD_START_ROUTINE lpStartAddress,
LPVOID lpParameter,
DWORD dwCreationFlags,
LPDWORD lpThreadId
);
```

在上述 CreateRemoteThread()函数的原型之中，各参数的含义如下：

hProcess：线程所属进程的进程句柄。

lpThreadAttributes：一个指向 SECURITY_ATTRIBUTES 结构的指针，该结构指定了线程的安全属性。

dwStackSize：线程初始大小，以字节为单位，如果该值设为 0，那么使用系统默认大小。

lpStartAddress：在远程进程的地址空间中该线程的线程函数的起始地址。

lpParameter：传给线程函数的参数。

dwCreationFlags：线程的创建标志，其取值如表 3.1 所示。

表 3.1 线程的创建标志取值及含义

值	含　义
0	线程创建后立即运行
CREATE_SUSPENDED 0x00000004	线程创建后先将线程挂起，直到 ResumeThread 被调用
STACK_SIZE_PARAM_IS_A_RESERVATION 0x00010000	dwStackSize 参数指定为线程栈预订大小，如果 STACK_SIZE_PARAM_IS_A_RESERVATION 没有被指定，dwStackSize 参数指定为线程栈分配大小

lpThreadId：指向所创建线程句柄的指针，若创建失败则该参数为 NULL。

3.5.3 获取/设置线程的优先级

Windows 是抢先式执行任务的操作系统，无论进程还是线程都具有优先级的选择执行方式，这样就可以让用户更加方便处理多任务。例如，当你一边听着音乐，一边上网时，这时就可以把音乐的任务执行级别高一点，这样不让音乐听起来断断续续。在 Windows 环境下，可通过调用 GetThreadPriority()函数来获取线程的优先级，或调用 SetThreadPriority()函数来设置线程的优先级。

1. SetThreadPriority()函数的原型

```
BOOL SetThreadPriority(HANDLE hThread,int priority);
```

在上述 SetThreadPriority()函数的原型之中，各参数的含义如下：

hThread：指要设置优先级的线程的句柄。

priority：指要设置的优先级，具体优先级的定义如表 3.2 所示。

表 3.2　Windows 提供的主要线程优先级设置

线程优先级	值
THREAD_PRIORITY_TIME_CRITICAL	15
THREAD_PRIORITY_HIGHEST	2
THREAD_PRIORITY_ABOVE_NORMAL	1
THREAD_PRIORITY_NORMAL	0
THREAD_PRIORITY_BELOW_NORMAL	-1
THREAD_PRIORITY_LOWEST	-2
THREAD_PRIORITY_IDLE	-15

在调用 SetThreadPriority()函数时，如果发生错误，则返回值为 0；否则，返回非 0 值。

2．GetThreadPriority()函数的原型

```
int GetThreadPriority(HANDLE hThread);
```

在上述 GetThreadPriority()函数的原型之中，参数的含义如下：
hThread：指要获取优先级的线程的句柄。
在调用 GetThreadPriority()函数时，如果发生错误，则返回值为 0；否则，返回非 0 值。

3.5.4　终止一个线程

1）ExitThread()函数用于正常地结束一个线程的执行，其原型如下：

```
VOID ExitThread(DWORD status);
```

在上述 ExitThread()函数的原型之中，参数的含义如下：
status：指线程的终止状态。

2）TerminateThread()函数用于立即中止线程的执行（理论上最好不去使用），其原型如下：

```
BOOL TerminateThread(HANDLE thread,DWORD status);
```

在上述 TerminateThread()函数的原型之中，各参数的含义如下：
thread：指将要终止的线程的句柄。
status：指线程的终止状态。

3）GetExitCodeThread()函数用于获取线程结束时的退出码，其原型如下：

```
BOOL GetExitCodeThread (HANDLE hThread,LPDWORD lpExitCode);
```

在上述 GetExitCodeThread()函数的原型之中，各参数的含义如下：
hThread：指将要退出的线程的句柄，也就是 CreateThread()的返回值。
lpExitCode：用于存储线程的结束代码，也就是线程的返回值。

3.5.5 挂起/启动一个线程

在 Windows 环境下，每个执行的线程都有与其相关的挂起计数。如果这个计数为 0，那么不会挂起线程。如果为非 0 值，则线程就会处于挂起状态。其中，用于挂起一个线程的 Windows API 函数为 SuspendThread()函数，每次调用 SuspendThread()函数之后都会增加挂起计数。而用于重新启动一个线程的 Windows API 函数为 ResumeThread()函数，每次调用 ResumeThread()函数之后都会减小挂起计数。挂起的线程只有在它的挂起计数达到 0 时才会恢复。因此，为了恢复一个挂起的线程，对 ResumeThread()函数的调用次数必须与对 SuspendThread()函数的调用次数相等。SuspendThread()函数和 ResumeThread()函数均返回线程先前的挂起计数，如果发生错误，则返回值为-1。

1）SuspendThread()函数的原型如下所示：

```
#include<windows.h>
DWORD SuspendThread(HANDLE hThread);
```

在上述 SuspendThread()函数的原型之中，参数的含义如下：

thread：指将要挂起的线程的句柄。

2）ResumeThread()函数的原型如下所示：

```
#include<windows.h>
DWORD ResumeThread(HANDLE hThread);
```

在上述 ResumeThread()函数的原型之中，参数的含义如下：

thread：指将要重新启动的线程的句柄。

3.5.6 获得一个线程的标识

GetCurrentThreadId()函数用于获取当前线程的标识，该函数返回当前线程的伪句柄（Pseudohandle）。之所以称之为伪句柄，是因为它是一个预定义的值，总是引用当前的线程，而不是引用指定的调用线程。然而，它能够用在任何可以使用普通线程处理的地方。GetCurrentThreadId()函数的原型如下：

```
HANDLE GetCurrentThread();
```

3.5.7 多线程例程剖析

为了进一步说明上述各线程函数的具体用法，下面给出一个简单的多线程的例程：

```
#include<stdio.h>
#include<windows.h>
//子线程函数
DWORD WINAPI ThreadFun(LPVOID pM){
    printf("子线程 ID:%d,输出 Hello World\n",GetCurrentThreadId());
```

```
    return 0;
}
//主函数,所谓主函数,其实就是主线程执行的函数。
int main(){
    printf("最简单的创建多线程实例!\n");
    HANDLE handle=CreateThread(NULL,0,ThreadFun,NULL,0,NULL);
    WaitForSingleObject(handle,INFINITE);
    return 0;
}
```

3.6 从线程/进程分配技术

3.6.1 从线程/进程预分配技术

在并发服务器中，若针对每一个到达的客户连接请求均创建一个新的从线程/进程来进行处理，在处理完该请求之后，该从线程/进程再退出。这样在服务器负载很重的时候，将导致过多的线程/进程创建开销。为此，为了降低操作系统创建线程/进程所需的额外开销，提高服务器的吞吐率，人们提出了预分配技术。

在采用预分配技术的服务器设计之中，设计人员一般按以下方法来编写服务器程序：服务器在启动时就创建若干个并发的从线程/进程，每个从线程/进程都使用操作系统中提供的设施以等待客户请求的到达，当客户请求到达后，其中一个空闲的从线程/进程就开始执行并处理该客户请求，当完成客户请求的处理后，从线程/进程不退出，而是重新返回到等待客户请求到达的状态。

显然，在基于预分配技术的并发服务器中，由于服务器不需要在客户请求到达时创建从线程/进程，避免了在每次客户请求到达时创建从线程/进程的开销，因此可更快地处理客户请求，降低了服务器的时延。特别地，当客户请求的处理涉及的 I/O 多于计算时，由于预分配技术允许服务器系统在等待与前一个请求相关的 I/O 活动时，切换到另一个从线程/进程，并开始处理下一个请求，因此，此时采用预分配技术就显得尤为重要。

另外，在多处理器上采用预分配技术还可允许设计人员使服务器的并发等级与服务器的硬件性能相关联。如果服务器有 K 个处理器，则设计人员可预分配 K 个从线程/进程，由于多处理器操作系统给每个从线程/进程一个单独的处理器，为此，采用预分配技术可保证服务器的并发等级与硬件之间的匹配，从而服务器可获得尽可能高的处理速率。

3.6.2 延迟的从线程/进程分配技术

虽然预分配技术可提高服务器的效率，但它不能解决所有问题。例如，由前述分析可知，预先创建从线程/进程不但需要消耗时间和服务器资源，也会为操作系统管理从线程/进程带来额外的开销，另外，预分配多个试图接收传入客户请求的从线程/进程还可能会给网络代码增添额外的开销，因此，只有当预先创建额外的从线程/进程能提高系统的吞吐率或降低系统的时延时，采用预分配技术才是合理的。

但是，由于处理客户请求的时间是与客户请求直接相关的，因此，设计人员有时候可能会无法预先明确知道采用预分配技术是否合理。此时，可采用一种称为延迟的从线程/进程分配（Delayed Slave Allocation）技术。该技术的主要思想如下：服务器在启动时先循环地处理每个客户请求，只有当处理需要花费很长时间时，服务器才创建一个并发的从线程/进程来处理该请求。在 Linux 中，采用延迟的从线程/进程分配技术并不难，只需要在主线程中设置一个计时器，并设计在计时器到期时调用 fork()函数创建一个新的从进程，由于该从进程将从父进程处继承打开的套接字以及执行程序和数据的副本，因此，该从进程恰好可从父进程超时所执行代码处继续进行处理。

3.6.3 两种从线程/进程分配技术的结合

由前述分析可知，预分配技术提高了在客户请求到达前的服务器的并发等级，而延迟的从线程/进程分配技术则提高了在客户请求到达服务器后的并发等级。这两种技术均是通过把服务器的并发等级从当前活跃的客户请求数目中分离出来，从而使得设计人员可获得灵活性并由此提高服务器的效率。显然，这两种技术可按以下方法结合使用：

服务器在启动时不采用预分配技术而是采用延迟分配技术，此时，服务器没有预先分配的从线程/进程；当有客户请求到达时，若处理需要花费很长时间，服务器创建一个并发的从线程/进程来处理该请求；但一旦创建了从线程/进程后，该从线程/进程在处理完客户请求之后不必立即退出，它可以认为自己是永久分配的，并继续运行，在处理完一个客户请求之后，继续等待下一个客户请求的到达。

在上述结合了两类并发技术的系统之中，需要对服务器的并发等级进行控制。常用的两种方法如下：一种方法是设法让主线程/进程在创建一个从线程/进程时，指明其最大增长值 M，从而限定了系统最终可达到的并发等级的最大值；另一种方法就是设法让一段时期内不活跃的从线程/进程退出，从线程/进程在等待下一个客户请求前先启动一个计时器，若在下一个客户请求到达之前计时器到期，则从线程/进程就退出。

3.7 基于多进程与基于多线程的并发机制的性能比较

3.7.1 多进程与多线程的任务执行效率比较

究竟何时该采用多进程的并发模式，何时该采用多线程的并发模式？为了具体说明该问题，下面将通过一个 UNIX/Linux 环境下的简单例子来进行分析比较。在该例子中包含两个例程，其中，一个是多进程的例程，另一个是多线程的例程。这两个例程所实现的功能完全相同，都是首先创建“若干”个新的进程/线程，然后再由每个新创建出的进程/线程分别负责打印出“若干”条“Hello Linux”字符串到控制台与日志文件，其中，这里的两个“若干”是分别由两个宏 P_NUMBER 与 COUNT 来定义的。这两个例程的具体代码实现如下：

1．多进程并发例程的 C 语言代码（process.c）

```
#include<stdlib.h>
```

```
#include<stdio.h>
#include<sys/wait.h>
#define P_NUMBER 255                          //定义并发进程的数量
#define COUNT 100                             //定义每个进程打印字符串的次数
#define TEST_LOGFILE "logFile.log"
FILE*logFile=NULL;
char*s="hello linux\0";
int main(){
    int i=0,j=0;
    logFile=fopen(TEST_LOGFILE,"a+");         //打开日志文件"logFile.log"
    for(i=0; i<P_NUMBER; i++){    /*若并发线程的个数没有超过给定的最大值 P_NUMBER*/
        if(fork()==0){                        //创建子进程并在子进程中执行以下操作
            for(j=0; j<COUNT; j++){
                printf("[%d]%s\n",j,s);       //打印输出 COUNT 次字符串 s
fprintf(logFile,"[%d]%s\n",j,s);              /*向日志文件输出 COUNT 次字符串 s*/
            }
            exit(0);                          //结束子进程
        }
    }
    for(i=0; i<P_NUMBER; i++){                //调用 wait()函数回收所有的子进程
        wait(0);
    }
    printf("OK\n");
    return 0;
}
```

2. 多线程并发例程的 C 语言代码（thread.c）

```
#include<pthread.h>
#include<unistd.h>
#include<stdlib.h>
#include<stdio.h>
#define P_NUMBER 255                          //并发线程的最大个数
#define COUNT 100                             //每个线程打印字符串的次数
#define Test_Log "logFIle.log"
FILE*logFile=NULL;
char*s="hello linux\0";
print_hello_linux(){                          //线程执行的线程体函数
    int i=0;
    for(i=0; i<COUNT; i++){
        printf("[%d]%s\n",i,s);               //向控制台输出信息
        fprintf(logFile,"[%d]%s\n",i,s);      //向日志文件输出信息
    }
    pthread_exit(0);                          //结束线程
}
int main(){
    int i=0;
    pthread_t pid[P_NUMBER];                  //用于记录线程 ID 的数组 pid[]
```

```
    logFile=fopen(Test_Log,"a+");      //打开日志文件
 for(i=0; i<P_NUMBER; i++)       /*若并发线程的个数没有超过给定的最大值 P_NUMBER*/
     /*以下语句用于调用 pthread_create()函数创建新的子线程*/
       pthread_create(&pid[i],NULL,(void*)print_hello_linux,NULL);
    for(i=0; i<P_NUMBER; i++)
       pthread_join(pid[i],NULL);/*调用 pthread_join()函数隐式地终止所有子线程
    printf("OK\n");
    return 0;
 }
```

3. 任务执行效率比较结果

基于上述两个例程，通过在每批次的实验中修改宏 P_NUMBER 和 COUNT 的值来调整进程/线程的数量与打印次数，每批次测试五轮后计算平均值，在 Linux2.6、单核单 CPU 的 i386 处理器环境下，所得到的结果如表 3.3～表 3.6 所示。

表 3.3 第 1 次实验结果（进程/线程数 255/打印次数：100）

	第 1 次	第 2 次	第 3 次	第 4 次	第 5 次	平均
多进程	0m1.277s	0m1.175s	0m1.227s	0m1.245s	0m1.228s	0m1.230s
多线程	0m1.150s	0m1.192s	0m1.095s	0m1.128s	0m1.177s	0m1.148s

表 3.4 第 2 次实验结果（进程/线程数 255/打印次数：500）

	第 1 次	第 2 次	第 3 次	第 4 次	第 5 次	平均
多进程	0m6.341s	0m6.121s	0m5.966s	0m6.005s	0m6.143s	0m6.115s
多线程	0m6.082s	0m6.144s	0m6.026s	0m5.979s	0m6.012s	0m6.048s

表 3.5 第 3 次实验结果（进程/线程数 255/打印次数：1000）

	第 1 次	第 2 次	第 3 次	第 4 次	第 5 次	平均
多进程	0m12.155s	0m12.057s	0m12.433s	0m12.327s	0m11.986s	0m12.184s
多线程	0m12.241s	0m11.956s	0m11.829s	0m12.103s	0m11.928s	0m12.011s

表 3.6 第 4 次实验结果（进程/线程数 255/打印次数：5000）

	第 1 次	第 2 次	第 3 次	第 4 次	第 5 次	平均
多进程	1m2.182s	1m2.635s	1m2.683s	1m2.751s	1m2.694s	1m2.589s
多线程	1m2.622s	1m2.384s	1m2.442s	1m2.458s	1m3.263s	1m2.614s

从以上实验数据可得出以下结果：当任务量较大时（打印次数大于等于 5000 次时），多进程比多线程的效率要高；而当任务量较小时（打印次数小于 5000 次时），则多线程要比多进程快。但从整体上来看，多线程较多进程在效率上没有太大的优势。

3.7.2 多进程与多线程的创建与销毁效率比较

预先创建进程或线程可以节省进程或线程的创建、销毁时间，在实际的应用中很多程序使用了这样的策略，例如，Apapche 采用了预先创建进程、Tomcat 采用了预先创建线程的策略，预先创建的进程或线程通常被称为进程池或线程池。为了实际比较进程或线程的创建与销毁效率，下面通过一个简单的例子来进行分析比较。在该例子中包含两个例程，其中，一个是多进程的例程，而另一个是多线程的例程。这两个例程所实现的功能完全相同，都是计算创建与销毁 10 万个进程/线程所需的绝对用时。这两个例程的具体代码实现如下：

1．多进程并发例程的 C 语言代码（process_time.c）

```
#include<stdlib.h>
#include<signal.h>
#include<stdio.h>
#include<unistd.h>
#include<sys/stat.h>
#include<fcntl.h>
#include<sys/types.h>
#include<signal.h>
#include<sys/wait.h>
int count;                          //声明记录子进程创建成功个数的全局变量 count
int fcount;                         //声明记录子进程创建失败个数的全局变量 fcount
int scount;                         //声明子进程回收数量
void sig_chld(int signo){           //信号处理函数-子进程关闭收集
    pid_t chldpid;                  //子进程 id
    int stat;                       //子进程的终止状态
  while ((chldpid=wait(&stat))>0){              //子进程回收,避免出现僵尸进程
        scount++;
    }
}
int main(){
    signal(SIGCHLD,sig_chld);                   //注册子进程回收信号处理函数
    int i;
    for (i=0; i<100000; i++){                   //循环创建 100000 个子进程
        pid_t pid=fork();                       //调用 fork()函数创建子进程
        if (pid==-1){                           //若子进程创建失败
                fcount++;                       //则将创建失败的子进程的个数加 1
        }
        else if (pid>0){                        //若子进程创建成功
                count++;                        //则将创建成功的子进程的个数加 1
        }
        else if (pid==0){                       //子进程的执行过程
                exit(0);                        //退出子进程
        }
    }
    printf("count: %d fcount: %d scount: %d\n",count,fcount,scount);
//输出创建成功与失败的子进程的个数
}
```

2. 多线程并发例程的 C 语言代码（thread_time.c）

```
#include<stdio.h>
#include<pthread.h>
int count=0;                                    //成功创建线程数量
void thread(void){
                                                //子线程什么也不做
}
int main(void){
    pthread_t id;                               //声明用于记录线程 ID 的局部变量 id
    int i,ret;                                  /*声明用于计数记录的局部变量 i 和用于记录
pthread_create()返回值的局部变量 ret*/
    for (i=0; i<100000; i++){           //创建 10 万个子线程
        ret=pthread_create(&id,NULL,(void*)thread,NULL);
        if(ret !=0){                            //若创建子线程出错则提示出错信息
            printf ("Create pthread error!\n");
            return (1);
        }
        count++;                                //将子线程的个数加 1
        pthread_join(id,NULL);                  /*在主线程中调用 pthread_join 函数来实现
对子线程隐式地终止*/
    }
    printf("count: %d\n",count);                //输出子线程的个数信息
}
```

3. 创建与销毁效率比较结果

基于上述两个例程，采用测试五轮后计算平均值，在 Linux2.6、赛扬 1.5G 的 CPU 环境下，所得到的结果如表 3.7 所示。

表 3.7　多进程与多线程的创建与销毁效率比较

创建销毁 10 万个进程	创建销毁 10 万个线程
0m18.201s	0m3.159s

从表 3.7 中的数据结果可以看出，多线程比多进程在创建与销毁效率上有 5～6 倍的优势。但由于平均创建销毁一个进程仅需要约 0.18 毫秒（= 0m18.201s/ 100000），且预先派生子进程/线程需要对池中进程/线程数量进行动态管理，比现场创建子进程/线程要复杂很多，因此对于当前服务器几百或几千的并发量，预先派生线程也不见得比现场创建线程快。

3.8　本章小结

本章主要对基于多进程或多线程的服务器并发机制及其 C 语言实现方法进行了详细介绍，并在 UNIX/Linux 环境下针对多进程与多线程并发机制的性能进行了深入比较。通过本章学习，需要了解基于多进程或多线程的服务器并发概念，熟悉基于多进程与多线程的并发机制、从线程/进程预分配技术以及延迟的从线程/进程分配技术，掌握 UNIX/Linux 和

Windows 环境下基于多进程与多线程并发软件的 C 语言实现方法。

本 章 习 题

1．简述进程和线程各自的优缺点。

2．简述 UNIX/Linux 环境下调用 fork()函数创建一个新进程的两种基本方法。

3．简述 UNIX/Linux 环境下僵尸进程的定义与清除方法。

4．简述从线程/进程预分配技术的实现原理。

5．简述延迟的从线程/进程分配技术的实现原理。

6．试分别构造一个 UNIX/Linux 和 Windows 环境下的多进程的例程，该例程能实现以下功能：首先，创建 1 万个新进程，然后再由每个新创建出的进程分别负责打印出 100 条 Hello World 字符串到控制台。

7．试分别构造一个 UNIX/Linux 和 Windows 环境下的多线程的例程，该例程能实现以下功能：首先，创建 1 万个新线程，然后再由每个新创建出的线程分别负责打印出 100 条 Hello World 字符串到控制台。

第4章 多进程并发机制的实现原理与方法

在上一章中系统地介绍了服务器与客户进程中的并发机制及其C语言实现方法，本章将在此基础上进一步具体介绍多进程并发机制的实现原理及其C语言实现方法。同时，为了更清晰地说明多进程并发机制的实现原理及其 C 语言实现方法，本章还将分别给出UNIX/Linux 与 Windows 环境下的多个创建多进程并发 TCP 服务器及其客户端的完整C语言实现例程。

4.1 多进程并发 TCP 服务器与客户端进程结构

4.1.1 多进程并发 TCP 服务器进程结构

图 4.1 给出了多进程并发 TCP 服务器的进程结构，在该服务器中使用的是单线程的进程，即一个进程之中只包含一个线程。

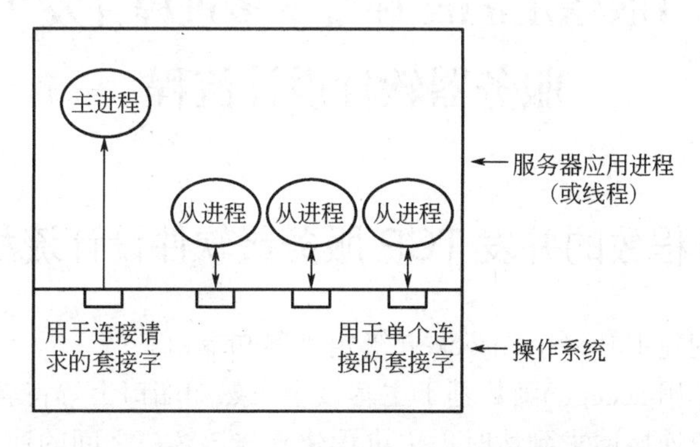

图 4.1 多进程并发 TCP 服务器的进程结构

由图 4.1 可知，在多进程并发 TCP 服务器中，主进程并不直接负责与客户之间进行通信，它通过调用 accept()函数阻塞在熟知端口上以等待下一个客户连接请求，一旦有客户连接请求到达，accept()调用就返回一个新的用于该连接的从套接字描述符，同时，主进程将调用 fork()函数创建一个新的从进程来处理该连接，而主进程则重新调用 accept()函数阻塞在熟知端口上以等待新客户连接请求的到来。因此在多进程并发 TCP 服务器中，服务器在任何时候都会包括一个主进程以及零个或多个从进程，其中，主进程基于主套接字监听是否有新的客户连接请求到达，而每一个从进程则基于不同的从套接字负责处理与不同客户之间的通信和交互。

4.1.2　多进程并发客户端进程结构

UNIX/Linux 系统支持一个进程中有多个线程共享内存，图 4.2 给出了在 UNIX/Linux 环境下如何使用多线程/多进程的并发客户方法来支持面向连接的应用协议。

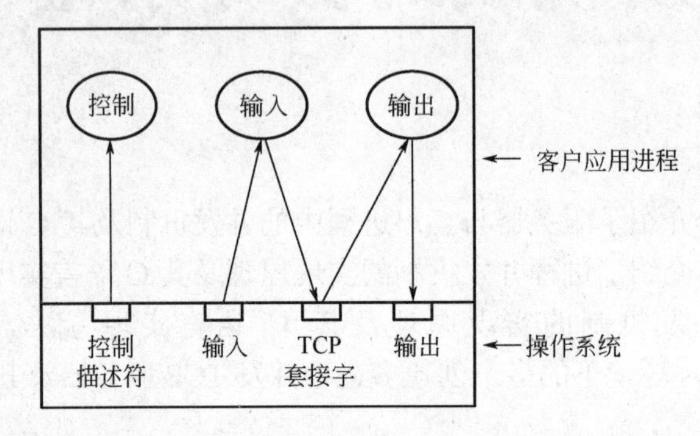

图 4.2　多线程/多进程并发 TCP 客户端的一种可能进程结构

由图 4.2 可知，多线程/多进程并发客户端应用允许客户把输入和输出处理分开。其中，利用一个独立的线程/进程（输入线程/进程）从标准输入读入数据，以形成请求，并通过 TCP 连接发送给服务器；然后，再利用另一个独立的线程/进程（输出线程/进程）从服务器接收响应，并写入标准输出；同时，还可以再利用第三个独立的线程/进程（控制线程/进程），从控制处理的用户那里接受命令。

4.2　UNIX/Linux 环境下多进程并发 TCP 服务器软件设计流程

4.2.1　不固定进程数的并发 TCP 服务器软件设计流程

步骤 1：主进程创建主套接字 msock 并绑定到熟知端口。

步骤 2：主进程调用 accept()函数基于主套接字在熟知端口上等待客户连接请求的到达。

步骤 3：当有客户连接请求到达时，主进程建立与该客户之间的通信连接，同时 accept()调用返回一个新的用于该连接的从套接字描述符 ssock。

步骤 4：主进程创建一个新的从进程来处理该连接。

步骤 5：主进程关闭套接字 ssock（此时，由于从进程仍然打开着从套接字 ssock，故主进程的关闭操作仅仅只是把从套接字 ssock 的引用计数减少 1，而不会真正关闭该从套接字）。

步骤 6：主进程返回步骤 2 继续执行。

步骤 7：从进程关闭主套接字 msock（此时，由于主进程仍打开着主套接字 msock，故从进程的关闭操作仅仅是把主套接字 msock 的引用计数减少 1，而不会真正关闭该主套接字）。

步骤 8：从进程调用 recv()和 send()等操作与客户进行数据交换。

步骤 9：数据交换完毕，从进程关闭从套接字 ssock，从进程结束。

4.2.2 固定进程数的并发 TCP 服务器软件设计流程

固定进程数的并发 TCP 服务器模型是一种介于单进程与多进程之间的折中方案，在固定进程数的并发 TCP 服务器模型中，主进程在创建主套接字 msock 之后将创建给定数目的从进程，由从进程来等待客户端的连接请求并完成与客户端的通信交换等工作，而主进程的功能只是用于维持从进程的数量不变。

1. 父进程的设计流程

步骤 1：主进程创建主套接字 msock 并绑定到熟知端口。

步骤 2：主进程创建给定数目的从进程。

步骤 3：主进程调用 wait()函数等待从进程结束，一旦有从进程退出，则主进程立即创建一个新的从进程，以保证从进程在数量上维持不变。

2. 从进程的设计流程

步骤 1：从进程调用 accept()函数等待客户连接请求的到达。

步骤 2：当有客户连接请求到达，从进程建立与该客户之间的通信连接，同时 accept()调用返回一个新的用于该连接的从套接字描述符 ssock。

步骤 3：从进程调用 recv()和 send()等操作与客户端进行数据交换。

步骤 4：数据交换完毕，从进程关闭从套接字 ssock。

步骤 5：从进程返回步骤 1 继续执行。

4.3 UNIX/Linux 环境下多进程并发 TCP 服务器通信实现例程

4.3.1 不固定进程数的多进程并发 TCP 服务器通信实现例程

1. 服务器端例程（不固定进程数）

该服务器所实现的功能为：首先，等候客户连接请求，一旦连接成功则显示客户的 IP 地址；然后，接收该客户的名字并显示；最后，接收来自用户的其他信息，每收到一个字符串时，则首先显示该字符串，然后再将该字符串反转并将反转后的字符串回送给该客户端。

```
//TCPserver.c
#include<stdio.h>
#include<unistd.h>
#include<sys/types.h>
#include<sys/socket.h>
#include<netinet/in.h>
#include<arpa/inet.h>
#include<stdlib.h>
#include<string.h>
#define SERVER_PORT 10000                       //定义服务器端的熟知端口号
#define QUEUE 10                                //定义允许排队的连接数
#define BUFSIZE 1024                            //定义缓冲区大小为1024B
void sig_chld(int);                             //声明 sig_chld()函数
void process_cli(int ssock,sockaddr_in clientaddr);  /*声明用于处理与客户之
间通信的子函数 process_cli*/
int main(){
    int msock,ssock;                            //声明主套接字和从套接字描述符变量
    pid_t pid;                                  //声明进程标识变量
    struct sockaddr_in servaddr;                //声明服务器套接字端点地址结构变量
    struct sockaddr_in clientaddr;              //声明客户端套接字端点地址结构变量
    int ret,len;
    msock=socket(AF_INET,SOCK_DGRAM,0);        //创建套接字
if (msock<0){                                   //调用 socket()函数出错
        printf("Create Socket Failed!\n");
        exit(-1);
}
        int opt=SO_REUSEADDR;                   //*设置与主套接字关联的选项,允许主套
接字重用本地地址和端口*/
    setsockopt(msock,SOL_SOCKET,SO_REUSEADDR,&opt,sizeof(opt));
    memset(&servaddr,0,sizeof(struct sockaddr_in));
/*以下3条语句用于给端点地址结构体变量 servaddr 赋值*/
servaddr.sin_family=AF_INET;                    //给协议族字段赋值
servaddr.sin_addr.s_addr=htonl(INADDR_ANY);     //给 IP 地址字段赋值
servaddr.sin_port=htons(SERVER_PORT);           //给端口号字段赋值
    /*以下语句用于调用 bind()函数将套接字与端点地址绑定*/
ret=bind(msock,(struct sockaddr*)&servaddr,sizeof(struct sockaddr_in));
if(ret<0){                                      //调用 bind()函数出错
        printf("Server Bind Port: %d Failed!\n",SERVER_PORT);
        exit(-1);
}
    /*以下语句用于设置等待队列长度和设套接字为被动模式*/
ret=listen(msock,QUEUE);
if(ret<0){                                      //调用 listen()函数出错
        printf("Listen Failed!\n");
        exit(-1);
}
    len=sizeof(struct sockaddr_in);
```

```
    signal(SIGCHLD,sig_chld);    /*调用 signal()函数为 SIGCHLD 信号安装 handler*/
  /*以下 while(1)循环用于反复调用 accept()函数来接受新的客户发送过来的 TCP 连接请求,并创建新的从套接字 ssock 来处理该连接*/
    while(1){
  memset(&clientaddr,0,sizeof(struct sockaddr_in));
  /*以下语句用于接受客户连接请求并创建从套接字*/
  ssock=accept(msock,(struct sockaddr*)&clientaddr,&len);
  if(ssock<0){                                   //调用 accept()函数出错
          printf("Accept Failed!\n");
          break;
  }
  if ((pid=fork())>0){                           //创建新的从进程
        close(ssock);                            //在父进程中关闭从套接字描述符
        continue;                                //父进程返回 while 循环
     }
     else if (pid==0){                           //在子进程中
       close(msock);                             //关闭主套接字描述符
  process_cli(ssock,clientaddr);                 /*在子进程中调用 process_cli()函数基于新建的从套接字 ssock 来处理与客户端之间的具体通信*/
       exit(0);                                  //处理完毕与客户端的通信后退出子进程
     }
     else{                                       //创建从进程出错则打印出错信息并退出系统
       printf("fork error\n");
       exit(0);
    }
   }
   close(msock);                                 //主进程结束时关闭主套接字
  }
    void process_cli(int ssock,sockaddr_in clientaddr){
    int num;
    char recvbuf[BUFSIZE+1];                     //声明保存接收数据的缓存区变量
  char sendbuf[BUFSIZE+1];                       //声明保存发送数据的缓存区变量
  char clientname[BUFSIZE+1];                    //声明保存客户端名称的缓存区变量
    int len;
    printf("You got a connection from %s.",inet_ntoa (clientaddr.sin_addr));
  //打印输出客户的 IP 地址
       memset(clientname,'\0',sizeof(clientname));
  num=recv(ssock,clientname,BUFSIZE,0),  /*从套接字中读取客户端发送过来的数据(即接收该客户端的名字)*/
    if (num==0){                     //若从套接字中数据读取完毕则关闭从套接字并返回
      close(ssock);
      printf("Client disconnected.\n");
      exit(-1);
    }
    clientname[num]='\0';                        //在字符串末尾添加字符串结束符'\0'
    printf("Client's name is %s.\n",clientname);         //打印输出客户的名字
```

```
    /*以下while循环用于反复接收客户端发送过来的其他信息*/
    memset(recvbuf,'\0',sizeof(recvbuf));
    while (num=recv(ssock,recvbuf,BUFSIZE,0)>0){
        recvbuf[num]='\0';        //在字符串末尾添加字符串结束符'\0'
        printf("Received client (%s ) message: %s.\n",clientname,recvbuf);
        memset(sendbuf,'\0',sizeof(sendbuf));
        for (int i=0; i<num; i++){                  //将接收到的客户信息进行反转
            sendbuf[i]=recvbuf[num - i -1];
        }
        sendbuf[num]='\0';                          //在字符串末尾添加字符串结束符'\0'
        len=strlen(sendbuf);
        num=send(connectfd,sendbuf,len,0);  //将反转后的数据回送客户端
        if(num !=len){                              //调用send()函数出错
            printf("Send Data Failed!\n");
            break;
}
        memset(recvbuf,'\0',sizeof(recvbuf));
    }
    close(ssock);                                   //关闭从套接字
}

void sig_chld(int signo){
    pid_t pid;
    int stat;
    while((pid=waitpid(-1,&stat,WNOHANG))>0) /*调用waitpid()函数等待子进程结束,
若有子进程结束则waitpid()函数将对其回收,从而避免产生僵尸进程*/
        printf("child %d terminated\n",pid);
    return;
}
```

2. 客户端例程

客户端首先与服务器相连，接着发送客户端名字，然后发送客户信息，接收到服务器信息并显示，之后等待用户输入Ctrl+D，就关闭连接并退出。

```
//TCPclient.c
#include<stdio.h>
#include<unistd.h>
#include<string.h>
#include<sys/types.h>
#include<sys/socket.h>
#include<netinet/in.h>
#include<netdb.h>
#include<stdlib.h>
#define SERVER_PORT 10000                       //定义服务器的熟知端口号
#define BUFSIZE 100                             //定义缓冲区的大小
void process(FILE*fp,int sockfd);               /*声明用于处理与服务器之间的通信的子
函数process*/
```

```
char*getMessage(char*sendline,int len,FILE*fp);/*声明用于实现接受用户键盘输入数
据的子函数 getMessage()*/
int main(int argc,char*argv[]){
  int tsock;                                    //声明套接字描述符变量
  struct hostent*he;                            //声明 hostent 结构变量
  struct sockaddr_in servaddr;                  //声明服务器端点地址结构变量
  if (argc !=2){                   //若用户输入的命令行参数错误,则提示用法并退出系统
    printf("Usage: %s<IP Address>\n",argv[0]);
    exit(-1);
  }
if ((he=gethostbyname(argv[1]))==NULL){         /*调用 gethostbyname()函数,由
用户输入的远程服务器的十进制 IP 地址获得其二进制的 IP 地址*/
    printf("gethostbyname() error\n");
    exit(-1);                    //若调用 gethostbyname()函数出错,则退出系统
  }
  tsock=socket(AF_INET,SOCK_STREAM,0);          //创建套接字
if (tsock<0){                                   //调用 socket()函数出错
        printf("Create Socket Failed!\n");
        exit(-1);
}
  memset(&servaddr,0,sizeof(struct sockaddr_in));
/*以下 3 条语句用于给端点地址结构体变量 servaddr 赋值*/
  servaddr.sin_family=AF_INET;                  //给协议族字段赋值
  servaddr.sin_port=htons(SERVERPORT);          //给端口号字段赋值
  servaddr.sin_addr=*((struct in_addr*)he->h_addr);    //给 IP 地址字段赋值
  /*以下语句用于向远程服务器发起 TCP 连接建立请求*/
int ret;
ret=connect(tsock,(struct sockaddr*)&servaddr,sizeof(struct sockaddr));
if(ret<0){                                      //调用 connect()函数出错
      printf("Connect Failed!\n");
      exit(-1);
}
  process(stdin,tsock);          //调用 process()子函数基于套接字与服务器通信
  close(tsock);                  //通信完毕,关闭套接字
}
void process(FILE*fp,int tsock){
  char sendline[BUFSIZE+1],recvline[BUFSIZE+1];
  int numbytes;
  printf("Connected to server. \n");
 printf("Input name:");
 /*以下语句调用 fgets()函数接受客户从键盘输入的客户端名字*/
if (fgets(sendline,BUFSIZE,fp)==NULL){
       printf("\nExit.\n");
       return;
  }
  send(tsock,sendline,strlen(sendline),0);/*将 sendline 中缓存的客户端名字发送
给服务器*/
/*以下 while 循环用于反复调用 getMessage()函数接受客户从键盘输入的信息并存入缓冲区
```

```
sendline*/
    while(getMessage(sendline,BUFSIZE,fp) !=NULL){
        send(sockfd,sendline,strlen(sendline),0);    /*将缓存在 sendline 中的信息
发送给服务器*/
        if ((numbytes=recv(sockfd,recvline,BUFSIZE,0))==0){  /*调用 recv()函数接
收服务器的应答信息并存入缓冲区 recvline*/
            printf("Server terminated.\n");
            return;
        }
        recvline[numbytes]='\0'; //在字符串末尾添加字符串结束符'\0'
        printf("Server Message: %s\n",recvline); //打印输出服务器的回送信息内容
    }
    printf("\nExit.\n");
}

char*getMessage(char*sendline,int len,FILE*fp){
    printf("Input string to server:");
    return(fgets(sendline,BUFSIZE,fp));    /*调用 fgets()函数接受客户从键盘输入的
信息并存入缓冲区 sendline*/
}
```

4.3.2 固定进程数的多进程并发 TCP 服务器通信实现例程

1. 服务器端例程（固定进程数）

该服务器例程所实现的功能为将服务器系统时间返回给客户端。

```
#include<stdio.h>
#include<stdlib.h>
#include<string.h>
#include<errno.h>
#include<sys/socket.h>
#include<arpa/inet.h>
#include<netinet/in.h>
#include<sys/types.h>
#include<unistd.h>
#include<time.h>
#include<signal.h>
#define BUFLEN 1024
#define PIDNUM 3

static void handle_fork(int msock){
    int ssock;
    struct sockaddr_in clentaddr;
    char buf[BUFLEN];
    socklen_t len;
    time_t now;
```

```
    while(1){                //每个从进程循环接收客户的连接请求并处理与客户的通信
        len=sizeof(struct sockaddr_in);
        memset(&clientaddr,0,len);
        ssock=accept(msock,(struct sockaddr*)&clientaddr,&len);
  if(ssock<0){                                              //调用 accept()函数出错
            printf("Accept Failed!\n");
            exit(-1);
  }
        printf("\n*****************通信开始***************\n");
        printf("正在通信的客户端是:%s: %d\n",inet_ntoa(c_addr.sin_addr),
ntohs(c_addr.sin_port));
        /******处理客户端请求*******/
        memset(buf,'\0',sizeof(buf));
        len=recv(ssock,buf,BUFLEN,0);
        if(len>0 && !strncmp(buf,"TIME",4)){
            memset(buf,'\0',sizeof(buf));
            now=time(NULL);                        //调用 time()函数获取系统当前时间
            /*调用 ctime 函数将系统时间转换为字符串,然后调用 sprintf()函数将转化后的字
符串保存在 buf 中*/
            sprintf(buf,"%24s\r\n",ctime(&now));
            send(ssock,buf,strlen(buf),0);    //发送系统时间给客户端
        }
        close(ssock);
    }
  }
  int main(int argc,char**argv){
    int msock;
    int ret;
    struct sockaddr_in servaddr;
    unsigned int port,listnum;
    pid_t pid[PIDNUM];
    msock=socket(AF_INET,SOCK_STREAM,0);           //创建主套接字
  if (msock<0){                                   //调用 socket()函数出错
          printf("Create Socket Failed!\n");
          exit(-1);
  }
    printf("Create Socket Successfully!\n");
    /*以下语句用于给端点地址结构体变量 servaddr 赋值*/
    memset(&servaddr,0,sizeof(servaddr));
    servaddr.sin_family=AF_INET;                   //给协议族字段赋值
    /*以下语句用于给结构体变量 servaddr 的 IP 地址字段赋值*/
    if(argv[1])
        servaddr.sin_addr.s_addr=inet_addr(argv[1]);
    else
        servaddr.sin_addr.s_addr=INADDR_ANY;
    if(argv[2])
        port=atoi(argv[2]);
    else
```

```
        port=10000;
    servaddr.sin_port=htons(port);                    //给端口号字段赋值
    /*设置 listen 等待队列长度*/
    if(argv[3])
        listnum=atoi(argv[3]);
    else
        listnum=3;
    /*以下语句用于调用 bind()函数将主套接字与端点地址绑定*/
ret=bind(msock,(struct sockaddr*)&servaddr,sizeof(struct sockaddr_in));
if(ret<0){                                                //调用 bind()函数出错
        printf("Server Bind Port: %d Failed!\n",port);
        exit(-1);
}
    printf("Bind Successfully!\n");
    /*以下语句用于设置等待队列长度和设套接字为被动模式*/
ret=listen(msock,listnum);
if(ret<0){                                                //调用 listen()函数出错
        printf("Listen Failed!\n");
        exit(-1);
}
    printf("Server is Listening......!\n");
    signal(SIGCLD,SIG_IGN);
    int i=0;
    for(i=0; i<PIDNUM; i++){                      //主进程只负责创建 PIDNUM 个从进程
        pid[i]=fork();
        if(pid[i]==0)
            handle_fork(msock);                   //在从进程中调用子函数与客户端通信
    }
    close(msock);  //关闭主套接字
    return 0;
}
```

2. 客户端例程

客户端例程所实现的功能为：首先向服务器发送 TIME 消息，然后读取服务器返回的系统时间并将其打印出来。

```
#include<stdio.h>
#include<stdlib.h>
#include<string.h>
#include<errno.h>
#include<sys/socket.h>
#include<arpa/inet.h>
#include<netinet/in.h>
#include<sys/types.h>
#include<unistd.h>
#include<time.h>
#define BUFLEN 1024
```

```
int main(int argc,char**argv){
    int tsock;
    struct sockaddr_in servaddr;
    socklen_t len;
    unsigned int port;
    char buf[BUFLEN];
    /*建立 socket*/
    tsock=socket(AF_INET,SOCK_STREAM,0);                    //创建套接字
if (tsock<0){                                               //调用 socket()函数出错
        printf("Create Socket Failed!\n");
        exit(-1);
}
    printf("Create Socket Successfully!\n");
    /*以下语句用于给端点地址结构体变量 servaddr 赋值*/
    memset(&servaddr,0,sizeof(servaddr));
    servaddr.sin_family=AF_INET;                            //给协议族字段赋值
    /*以下语句用于给结构体变量 servaddr 中的 IP 地址字段赋值*/
    if (inet_aton(argv[1],(struct in_addr*)&servaddr.sin_addr.s_addr)==0){
       printf("IP address input error!\n");
       exit(errno);
    }
    /*以下语句用于给结构体变量 servaddr 中的端口号字段赋值*/
    if(argv[2])
       port=atoi(argv[2]);
    else
       port=10000;
    servaddr.sin_port=htons(port);
    /*以下语句用于向远程服务器发起 TCP 连接建立请求*/
int ret;
ret=connect(tsock,(struct sockaddr*)&servaddr,sizeof(struct sockaddr));
if(ret<0){                                              //调用 connect()函数出错
        printf("Connect Failed!\n");
        exit(-1);
}
    printf("conncet success!\n");
    memset(buf,'\0',sizeof(buf));
    strcpy(buf,"TIME");
    send(tsock,buf,strlen(buf),0);
    memset(buf,'\0',sizeof(buf));
    len=recv(tsock,buf,BUFLEN,0);
    if(len>0)
       printf("服务器的系统时间是:%s\n",buf);
    close(tsock);                                       //关闭套接字
    return 0;
}
```

4.3.3 UNIX/Linux 服务器与 Windows 客户端通信实现例程

1. 服务器端例程（UNIX/Linux）

```
#include<stdio.h>
#include<stdlib.h>
#include<errno.h>
#include<string.h>
#include<sys/types.h>
#include<netinet/in.h>
#include<sys/socket.h>
#include<sys/wait.h>
#define SERVER_PORT 10000                        //定义端口号为10000
#define QUEUE 10                                 //定义等待队列长度为10

void main(){
        int msock,ssock;
        char*buf="Hello World!";
        struct sockaddr_in servaddr;
        struct sockaddr_in clientaddr;
int ssize,ret;
msock=socket(AF_INET,SOCK_STREAM,0);             //创建主套接字
if (msock<0){                                    //调用 socket()函数出错
        printf("Create Socket Failed!\n");
        exit(-1);
}
    memset(&servaddr,0,sizeof(struct sockaddr_in));
/*以下 3 条语句用于给端点地址结构体变量 servaddr 赋值*/
servaddr.sin_family=AF_INET;                     //给协议族字段赋值
servaddr.sin_addr.s_addr=htonl(INADDR_ANY);      //给 IP 地址字段赋值
servaddr.sin_port=htons(SERVER_PORT);            //给端口号字段赋值
/*以下语句用于调用 bind()函数将主套接字与端点地址绑定*/
ret=bind(msock,(struct sockaddr*)&servaddr,sizeof(struct sockaddr_in));
if(ret<0){                                       //调用 bind()函数出错
        printf("Server Bind Port: %d Failed!\n",SERVER_PORT);
        exit(-1);
}
/*以下语句用于设置等待队列长度和设套接字为被动模式*/
ret=listen(msock,QUEUE);
if(ret<0){                                       //调用 listen()函数出错
        printf("Listen Failed!\n");
        exit(-1);
}
        while(1){
  ssize=sizeof(struct sockaddr_in);
  memset(&clientaddr,0,sizeof(clientaddr));
```

```
            if  ((ssock=accept(msock,(struct  sockaddr*)&clientaddr,&ssize))
==-1){
                printf("Accept Failed!\n");
                continue;
            }
            printf("got  connection  from  %s\n",inet_ntoa(their_addr.sin_
addr));
      if (!fork()){                                    //在从进程中
        close(msock);                                  //关闭主套接字
                if (send(ssock,buf,strlen(buf),0)==-1)
                    printf("Send Data Error.\n");
                close(ssock);
                exit(0);
            }
     close(ssock);                                     //在主进程中关闭从套接字
            while(waitpid(-1,NULL,WNOHANG)>0); /*waitpid()的返回值有 3 情况:
①正常情况下返回收集到的子进程 ID;②若设置了选项 WNOHANG,而调用中 waitpid 发现没有已退出的子
进程可收集则返回 0;③若调用中出错则返回-1*/
          }
    }
```

2．客户端例程（Windows）

```
   #include "stdafx.h"
#include<Winsock2.h>
#include<Winsock.h>
#include<windows.h>
#include<stdio.h>
#pragma comment (lib,"WS2_32.lib")
   #include<stdlib.h>

int main(int argc,_TCHAR*argv[]){
     int i;
     char recvBuffer[255];
     int err;
     int ret;
WORD sockVersion=MAKEWORD(2,2);
WSADATA wsaData;
ret=WSAStartup(sockVersion,&wsaData);
if (ret !=0){
      printf("Couldn't Find a Useable Winsock.dll!\n");
      exit(-1);
}
SOCKET tsock;                                         //声明套接字描述符变量
tsock=socket(AF_INET,SOCK_STREAM,0);                  //创建套接字
if (tsock==INVALID_SOCKET){                           //调用 socket()函数出错
      printf("Create Socket Failed!\n");
      exit(-1);
```

```
}
        struct sockaddr_in servaddr;
        ZeroMemory(&servaddr,sizeof(servaddr));
        /*以下3条语句用于给端点地址结构体变量servaddr赋值*/
        servaddr. sin_addr.s_addr=inet_addr("192.11.11.11");
        servaddr.sin_family=AF_INET;
        servaddr.sin_port=htons(10000);
        printf("Connecting to server...\n");
    /*以下语句用于向远程服务器发起TCP连接建立请求*/
int ret;
ret=connect(tsock,(struct sockaddr*)&servaddr,sizeof(struct sockaddr));
if(ret<0){                                          //调用connect()函数出错
         printf("Connect Failed!\n");
         exit(-1);
}
         recv(tsock,recvBuffer,sizeof(recvBuffer),0);
         printf("%s\n",recvBuffer);
         closesocket(tsock);
 WSACleanup();
         return 0;
}
```

4.3.4 基于SMTP和POP3协议的电子邮件收发实现例程

1．电子邮件收发原理

电子邮件的收发流程如图4.3所示，其中，邮件接收采用的是POP3（Post Office Protocol 3，邮局协议版本3）协议，该协议是在RFC-1939中定义的，是Internet上的大多数人用来接收邮件的机制。POP3协议采用Client/Server工作模式，默认使用TCP 110端口。而邮件发送则采用的是SMTP（Simple Message Transfer Protocol，简单邮件传输）协议，该协议是在RFC-821中定义的，是Internet上的大多数人用来发送邮件的机制。SMTP协议采用Client/Server工作模式，默认使用TCP 25端口。

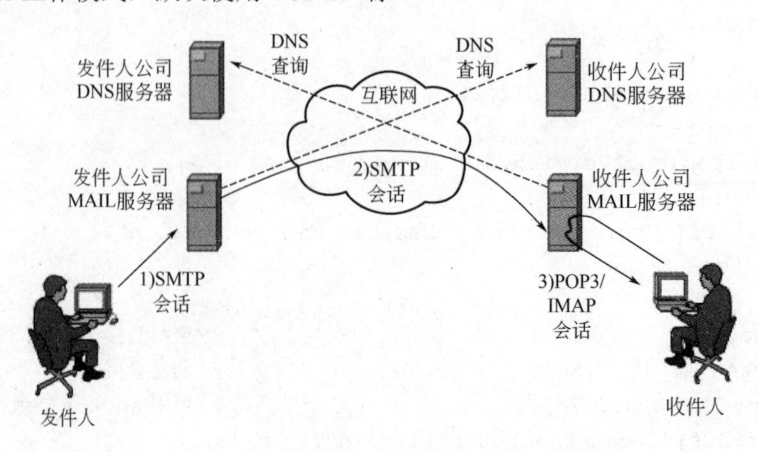

图4.3　电子邮件的收发流程示意

POP3 服务器的响应一般形式为：“+OK”表示成功，“-ERR”表示失败。POP3 协议的常用指令主要包括：

① USER <用户名>：用户登录。

② PASS <密码>：发送用户密码。

③ STAT：返回邮箱列表（邮件数量、字节）。

④ DELE <邮件编号>：删除指定的邮件。

⑤ LIST <邮件编号>：返回指定的邮件报头。

⑥ RETR <邮件编号>：传回指定的邮件，以只有一个“.”号的行结束。

⑦ QUIT：关闭连接。

基于 POP3 协议接收电子邮件的具体实现步骤为：

步骤 1：客户端使用 TCP 协议连接邮件服务器的 110 端口。

步骤 2：客户端使用 USER 命令将邮箱的账号传给 POP3 服务器。

步骤 3：客户端使用 PASS 命令将邮箱的账号传给 POP3 服务器。

步骤 4：完成用户认证后客户端使用 STAT 命令请求服务器返回邮箱的统计资料。

步骤 5：客户端使用 LIST 命令列出服务器里的邮件数量。

步骤 6：客户端使用 RETR 命令接收邮件，接收一封后便使用 DELE 命令将邮件服务器中的邮件置为删除状态。

步骤 7：客户端发送 QUIT 命令，邮件服务器将置为删除标志的邮件删除，连接结束。

SMTP 协议的常用指令则主要包括：

1）HELO <domain>：发件方问候收件方，后面是发件人的服务器地址或标识。收件方回答 OK 时标识自己的身份。问候和确认过程表明两台机器可以进行通信，同时状态参量被复位，缓冲区被清空。

2）MAIL FROM: <发件人地址>：这个命令用来开始传送邮件，它的后面跟随发件方邮件地址（返回邮件地址）。它也用来当邮件无法送达时，发送失败通知。为保证邮件的成功发送，发件方的地址应是被对方或者中间转发方同意接受的。这个命令会清空有关的缓冲区，为新的邮件做准备。

3）RCPT TO: <收件人地址>：这个命令告诉收件方收件人的邮箱。当有多个收件人时，需要多次使用该命令，每次只能指明一个人。如果接收方服务器不同意转发这个地址的邮件，它必须报 550 错误代码通知发件方。如果服务器同意转发，它要更改邮件发送路径，把最开始的目的地址（该服务器）换成下一个服务器。

4）DATA：收件方把该命令之后的数据作为发送的数据。数据被加入数据缓冲区中，以单独一行是"."的行结束数据。结束行对于接收方同时意味着立即开始缓冲区内的数据传送，传送结束后清空缓冲区。如果传送结束，接收方回复 OK。

5）REST：这个命令用来通知收件方复位，所有已存入缓冲区的收件人数据、发件人数据和待传送的数据都必须清除，接收方必须回答 OK。

6）NOOP：这个命令不影响任何参数，只是要求接收方回答 OK，不会影响缓冲区的数据。

7）QUIT：SMTP 要求接收方必须回答 OK，然后中断传输；在收到这个命令并回答 OK 前，收件方不得中断连接，即使传输出现错误。发件方在发出这个命令并收到 OK 答复前，也不得中断连接。

基于SMTP协议发送电子邮件的具体实现步骤为：

步骤1：客户端使用TCP协议连接SMTP服务器的25端口。

步骤2：客户端发送HELO报文将自己的域地址告诉SMTP服务器。

步骤3：SMTP服务器接受连接请求，向客户端发送请求账号密码的报文（AUTH LOGIN）。

步骤4：客户端向SMTP服务器传送账号和密码，如果验证成功，向客户端发送一个OK命令，表示可以开始报文传输。

步骤5：客户端使用MAIL命令将邮件发送者的名称发送给SMTP服务器。

步骤6：SMTP服务器发送OK命令做出响应。

步骤7：客户端使用RCPT命令发送邮件接收者地址，如果SMTP服务器能识别这个地址，就向客户端发送OK命令，否则拒绝这个请求。

步骤8：收到SMTP服务器的OK命令后，客户端使用DATA命令发送邮件的数据。

步骤9：客户端发送QUIT命令终止连接。

2. 电子邮件收发例程

在该例程中，主进程负责基于SMTP协议进行电子邮件的发送，子进程负责基于POP3协议进行电子邮件的接收。

```
#include<stdio.h>
#include<stdlib.h>
#include<string.h>
#include<sys/types.h>
#include<sys/socket.h>
#include<errno.h>
#include<unistd.h>
#include<netinet/in.h>
#include<limits.h>
#include<netdb.h>
#include<arpa/inet.h>
#include<ctype.h>
#include<signal.h>
#define MAXBUF 2048

struct data6{
     unsigned int d4:6;
     unsigned int d3:6;
     unsigned int d2:6;
     unsigned int d1:6;
};

char con628(char c6){
     char rtn='\0';
     if (c6<26) rtn=c6 + 65;
     else if (c6<52) rtn=c6 + 71;
     else if (c6<62) rtn=c6 - 4;
```

```
    else if (c6==62) rtn=43;
    else rtn=47;
    return rtn;
}

// base64 加密算法的实现
 void base64(char*dbuf,char*buf128,int len){
    struct data6*ddd=NULL;
    int i=0;
    char buf[256]={0};
    char*tmp=NULL;
    char cc='\0';
    memset(buf,0,256);
    strcpy(buf,buf128);
    for(i=1; i<=len/3; i++){
        tmp=buf+(i-1)*3;
        cc=tmp[2];
    tmp[2]=tmp[0];
        tmp[0]=cc;
        ddd=(struct data6*)tmp;
        dbuf[(i-1)*4+0]=con628((unsigned int)ddd->d1);
        dbuf[(i-1)*4+1]=con628((unsigned int)ddd->d2);
        dbuf[(i-1)*4+2]=con628((unsigned int)ddd->d3);
        dbuf[(i-1)*4+3]=con628((unsigned int)ddd->d4);
    }
    if(len%3==1){
        tmp=buf+(i-1)*3;
        cc=tmp[2];
        tmp[2]=tmp[0];
        tmp[0]=cc;
        ddd=(struct data6*)tmp;
        dbuf[(i-1)*4+0]=con628((unsigned int)ddd->d1);
        dbuf[(i-1)*4+1]=con628((unsigned int)ddd->d2);
        dbuf[(i-1)*4+2]='=';
        dbuf[(i-1)*4+3]='=';
    }
    if(len%3==2){
        tmp=buf+(i-1)*3;
        cc=tmp[2];
        tmp[2]=tmp[0];
        tmp[0]=cc;
        ddd=(struct data6*)tmp;
        dbuf[(i-1)*4+0]=con628((unsigned int)ddd->d1);
        dbuf[(i-1)*4+1]=con628((unsigned int)ddd->d2);
        dbuf[(i-1)*4+2]=con628((unsigned int)ddd->d3);
        dbuf[(i-1)*4+3]='=';
    }
    return;
```

```
    }

    int main(int argc,char**argv){
        signal(SIGCLD,SIG_IGN);
        /*以下语句首先调用 fork 函数创建一个子进程,然后在主进程中基于 SMTP 协议发送电子邮件,在
子进程中基于 POP3 协议接收电子邮件*/
    if ((pid=fork())>0){                                   //在主进程中
    struct hostent*smtphost;
    char*smtpServer="smtp.sohu.com";                       //sohu 的 SMTP 邮件服务器名
    /*以下语句用于获取 SMTP 服务器的 IP 地址*/
    if((smtphost=gethostbyname(smtpServer))==NULL){
    printf("Gethostbyname error,%s\n",strerror(errno));
    exit(-1);
    }
        short sPort=25;                                    //SMTP 端口号
          int smtpsock;
        if((smtpsock=socket(AF_INET,SOCK_STREAM,0))==-1){
    printf("Create Socket Error!\n");
    exit(-1);
    }              //创建基于 SMTP 协议发送电子邮件的套接字
    struct sockaddr_in smtpaddr;
        /*以下语句用于填充服务器端套接字的信息*/
    memset(&smtpaddr,0,sizeof(smtpaddr));
    smtpaddr.sin_family=AF_INET;
    smtpaddr.sin_port=htons(sPort);
    smtpaddr.sin_addr=*((struct in_addr*)smtphost->h_addr);
      if(connect(smtpsock,(struct     sockaddr*)(&     smtpaddr),sizeof(struct
smtpaddr))==-1){
    printf("Connect Error!\n");
    exit(-1);
    }                                                      //向服务器发送连接请求
       printf("SMTP Client connecting to server: %s on port: %d\n",smtpServer,
sPort);
          char buf[1500]; //发送缓存
          char rbuf[1500]; //接收缓存
          char login[128];
          char pass[128];
          memset(rbuf,'\0',1500);
          recv(smtpsock,rbuf,1500,0);                     //接收服务器应答

         //发送 HELO 指令
       memset(buf,'\0',1500);
      sprintf(buf,"HELO smtp.sohu.com\r\n");
       send(smtpsock,buf,strlen(buf),0);           /*发送 HELO 指令,将自己邮箱的域地址告
诉 SMTP 服务器*/
       memset(rbuf,'\0',1500);
       recv(smtpsock,rbuf,1500,0);                       //接收服务器的应答
       printf("%s\n",rbuf);
```

```
    /*以下语句用于发送登录信息*/
memset(buf,'\0',1500);
    sprintf(buf,"AUTH LOGIN\r\n");
    send(smtpsock,buf,strlen(buf),0);                        //发送登录指令
    memset(rbuf,'\0',1500);
    recv(smtpsock,rbuf,1500,0);                              //接收服务器的应答
    printf("%s\n",rbuf);

    /*发送用户名字符串和密码字符串,其中,用户名字符串和密码字符串必须先用 base64 进行
转码。此外,对于电子邮箱来说,用户名是@前面的字符串*/
    /*以下语句用于发送用户名*/
     memset(buf,'\0',1500);
    sprintf(buf,"abcdefg");                 //假定电子邮箱账号为 abcdefg@sohu.com
    memset(login,'\0',128);
    base64(login,buf,strlen(buf)); //用户名用 base64 进行转码
    sprintf(buf,"%s\r\n",login);                //在数组 buf 的末位添加"\r\n"
    send(smtpsock,buf,strlen(buf),0);           //发送用户名
    memset(rbuf,0,1500);
    recv(smtpsock,rbuf,1500,0);                 //接收服务器的应答
    printf("%s\n",rbuf);
     /*以下语句用于发送密码*/
     sprintf(buf,"123456");                     //假定电子邮箱密码为 123456
    memset(pass,'\0',128);
    base64(pass,buf,strlen(buf));               //密码用 base64 进行转码
    sprintf(buf,"%s\r\n",pass);                 //在数组 buf 的末位添加"\r\n"
    send(smtpsock,buf,strlen(buf),0);           //发送密码
    memset(rbuf,0,1500);
    recv(smtpsock,rbuf,1500,0);                 //接收服务器的应答
    printf("%s\n",rbuf);
    /*以下语句用于发送(用于发送邮件)的邮箱,发件人邮箱*/
    memset(buf,0,1500);
   sprintf(buf,"MAIL FROM:<abcdefg@sohu.com>\r\n");
   send(smtpsock,buf,strlen(buf),0);            //发送 MAIL FROM 指令
   memset(rbuf,0,1500);
   recv(smtpsock,rbuf,1500,0);                  //接收服务器的应答
   printf("%s\n",rbuf);
    /*以下语句用于发送(用于接收邮件)的邮箱,收件人邮箱*/
    char email[]="1234567@qq.com";
    sprintf(buf,"RCPT TO:<%s>\r\n",email);
   send(smtpsock,buf,strlen(buf),0);            //发送 RCPT TO 指令
   memset(rbuf,0,1500);
   recv(smtpsock,rbuf,1500,0);                  //接收服务器的应答
   printf("%s\n",rbuf);
     /*准备开始发送邮件内容*/
   sprintf(buf,"DATA\r\n");
   send(smtpsock,buf,strlen(buf),0);            //发送 DATA 指令
   memset(rbuf,0,1500);
   recv(smtpsock,rbuf,1500,0);                  //接收服务器的应答
```

```
    printf("%s\n",rbuf);
      /*发送邮件内容,\r\n.\r\n内容结束标记*/
     char body[]="From: \"lucy\"<abcdefg@sohu.com>\r\n"
     "To: \"dasiy\"<1234567@qq.com>\r\n"
     "Subject: Hello\r\n\r\n"
     "Hello World,Hello Email!";

    sprintf(buf,"%s\r\n.\r\n",body);
    send(smtpsock,buf,strlen(buf),0);                    //发送邮件内容
    memset(rbuf,0,1500);
    recv(smtpsock,rbuf,1500,0);                          //接收服务器的应答
    printf("%s\n",rbuf);
      //发送邮件结束
    sprintf(buf,"QUIT\r\n");
    send(smtpsock,buf,strlen(buf),0);                    //发送QUIT指令
    memset(rbuf,0,1500);
    recv(smtpsock,rbuf,1500,0);
    printf("%s\n",rbuf);
      close(smtpsock);
   }else if (pid==0){                          //在子进程中基于POP3协议接收电子邮件
  struct hostent*pophost;
  char*popServer="pop.sohu.com";
  /*获取POP3服务器的IP地址*/
  if((pophost=gethostbyname(popServer))==NULL){
  printf("Gethostbyname error,%s\n",strerror(errno));
  exit(-1);
  }
      short rPort=110;                         //POP3端口号
      int popsock;
    if((popsock=socket(AF_INET,SOCK_STREAM,0))==-1){
  printf("Create Socket Error!\n");
  exit(-1);
  }          //创建基于POP3协议接收电子邮件的套接字
  struct sockaddr_in popaddr;
    /*以下语句用于填充服务器端套接字的信息*/
  memset(&popaddr,0,sizeof(popaddr));
  popaddr.sin_family=AF_INET;
  popaddr.sin_port=htons(rPort);
  popaddr.sin_addr=*((struct in_addr*)pophost->h_addr);
    if(connect(popsock,(struct  sockaddr*)(&popaddr),sizeof(struct  sockaddr))==
-1){                                    //向服务器发送连接请求
  printf("Connect Error!\n");
  exit(-1);
   }
      printf("POP3  Client  connecting  to  server:  %s  on  port:  %d\n",
popServer,rPort);
      char name[]="user abcdefg@sohu.com\t\n";
  //邮箱账号 abcdefg@sohu.com
```

```
char pass[]="pass 123456\t\n";      //邮箱密码123456
char ret[]="retr 1\t\n";
char quit[]="quit\t\n";
      char recvbuf[MAXBUF];
      memset(recvbuf,'\0',sizeof(recvbuf));
      recv(popsock,recvbuf,MAXBUF ,0);                    //接收服务器应答
      memset(recvbuf,0,MAXBUF);
      send(popsock,name,strlen(name) ,0);                 //发送邮箱账号
      recv(popsock,recvbuf,MAXBUF ,0);                    //接收服务器应答
      memset(recvbuf,0,MAXBUF);
      send(popsock,pass,strlen(pass),0);                  //发送邮箱密码
      recv(popsock,recvbuf,MAXBUF,0);                     //接收服务器应答
      memset(recvbuf,0,MAXBUF);
      send(popsock,"stat\r\n",strlen("stat\r\n"),0);    /*请求服务器端返回邮箱
的统计资料*/
      recv(popsock,recvbuf,MAXBUF,0);                     //接收服务器应答
      memset(recvbuf,0,MAXBUF);
      send(popsock,ret,strlen(ret) ,0);                   //请求接收第一封新邮件
      while (1){                             //接收服务器返回的第一封新邮件的内容
          num=recv(popsock,recvbuf,MAXBUF,0);
          memset(recvbuf,0,MAXBUF);
          if (num<=0){
             break;
          }
       }
       //send(popsock,"dele 1",strlen("dele 1") ,0);
       //num=recv(popsock,recvbuf,MAXBUF ,0);
       //memset(recvbuf,0,MAXBUF);
       send(popsock,quit,strlen(quit),0);
       num=recv(popsock,recvbuf,MAXBUF ,0);
       memset(recvbuf,0,MAXBUF);
       close(popsock);
   }//else if (pid==0)结束
   return 0;
}
```

4.4 本章小结

本章主要对多进程并发 TCP 服务器的实现原理及其 C 语言实现方法进行了深入介绍，并在此基础上针对 UNIX/Linux 环境具体给出了 4 个创建多进程并发 TCP 服务器及其对应客户端的完整 C 语言实现例程。通过本章学习，需要了解基于多进程并发 TCP 服务器的进程结构，熟悉多进程并发 TCP 服务器的设计流程，掌握 UNIX/Linux 环境下多进程并发 TCP 服务器的 C 语言实现方法。

本 章 习 题

1．简述基于多进程的并发的面向连接服务器的进程结构。

2．简述基于多进程的并发的面向连接服务器软件的设计流程。

3．试构造一个 UNIX/Linux 环境下基于多进程的并发 TCP 服务器例程，该例程能实现以下功能：能同时等候来自 10 个不同客户的连接请求，一旦与某个客户连接成功则接收来自该客户的信息，每收到一个字符串时将首先显示该字符串，然后再将该字符串反转，最后再将反转后的字符串回送给该客户。

第5章 多线程并发 TCP 服务器软件的实现原理与方法

上一章系统介绍了多进程并发机制的实现原理与 C 语言实现方法，本章将在此基础上进一步对多线程并发 TCP 服务器的实现原理及其 C 语言实现方法进行深入介绍。同时，为了更清晰地说明多线程并发机制的实现原理及其 C 语言实现方法，本章还将分别给出 UNIX/Linux 与 Windows 环境下的多个创建多线程并发 TCP 服务器及其客户端的完整 C 语言实现例程。

5.1 线程之间的协调与同步

5.1.1 UNIX/Linux 环境下线程之间的协调与同步

虽然多线程能给我们带来好处，但是也有不少问题需要解决。例如，对于磁盘驱动器这样的独占性系统资源，由于线程可以执行进程的任何代码段，且线程的运行是由系统调度自动完成的，具有一定的不确定性，因此就有可能出现两个线程同时对磁盘驱动器进行操作，从而出现操作错误；又例如，对于银行系统的计算机来说，可能使用一个线程来更新其用户数据库，而用另外一个线程来读取数据库以响应储户的需要，极有可能读数据库的线程读取的是未完全更新的数据库，因为可能在读的时候只有一部分数据被更新过。为此，程序员在编写多线程的程序时，需要考虑同一进程中的多个线程的协调执行问题，其中，使得隶属于同一进程的各线程协调一致地工作的机制，称为线程的同步机制。UNIX/Linux 提供了以下三种主要线程同步机制：互斥锁（Mutex）、信号量（Semaphore）和条件变量（Condition Variable）。

1. 互斥锁

所谓互斥也就意味着“排它”，互斥锁提供了对共享资源的一种保护访问。其中，每个互斥锁与一个共享数据项相关，从而使得两个线程不能同时进入被互斥锁所保护的该共享数据项。互斥锁只有两种状态，即上锁和解锁，可以把互斥锁看作某种意义上的全局变量。在同一时刻，只有拥有上锁状态的线程能够对共享资源进行操作。若其他线程希望上锁一个已经上锁了的互斥锁，则该线程会被挂起，直到上锁的线程释放掉该互斥锁为止。显然，采用互斥锁可以使共享资源能够按先后顺序在各个线程中依次操作。

以一个公用电话亭的运作为例。假定一个电话亭只有一部公用电话，一次只允许一个用户使用，为了防止用户发生冲突，显然电话亭的门上就应该有这样一个标志，并用它来表示电话亭的被占用情况。例如，用一个可以变换两种颜色的牌子，用红色表示“有人”，用绿色表示“没人”。这样一来，当人们见到牌子上的颜色是绿色时就可以进去打电话；而如果是红色就只好等待；如果后来又陆续到了很多人，那么这些后来的人就需要排队等待。其中，这里电话亭上的牌子就相当于一个互斥锁。

在 UNIX/Linux 环境下，可以通过定义数据类型 pthread_mutex_t 的互斥锁变量来实现对于多个线程的互斥操作，该机制的作用是对某个需要互斥的共享数据项，在进入时先得到互斥锁，如果没有得到互斥锁，表明互斥部分被其他线程拥有，此时欲获取互斥锁的线程将会被阻塞，直到拥有该互斥体的其他线程完成互斥部分的操作为止。

互斥锁可以分为快速互斥锁、递归互斥锁和检错互斥锁。这三种锁的区别主要在于其他未占有互斥锁的线程在希望得到互斥锁时是否需要阻塞等待。其中，快速互斥锁是指调用线程会阻塞直至拥有互斥锁的线程解锁为止。递归互斥锁能够成功地返回并且增加调用线程在互斥上加锁的次数，而检错互斥锁则为快速互斥锁的非阻塞版本，它会立即返回并返回一个错误信息。互斥锁的操作主要包括以下几个步骤：

定义互斥锁变量：pthread_mutex_t；

定义互斥锁属性变量：pthread_mutexattr_t；

初始化互斥锁属性变量：pthread_mutexattr_init()；

设置互斥锁属性：pthread_mutexattr_settype、pthread_mutexattr_setpshared、pthread_mutexattr_gettype、pthread_mutexattr_getpshared、pthread_mutexattr_destroy；

初始化互斥锁变量：pthread_mutex_init()；

互斥锁上锁：pthread_mutex_lock()；

互斥锁判断上锁：pthread_mutex_trylock()；

互斥锁解锁：pthread_mutex_unlock()；

消除互斥锁：pthread_mutex_destroy()。

在上述互斥锁的操作步骤中，各相关函数及其调用方法如下：

（1）pthread_mutex_init()函数

在 UNIX/Linux 环境下，线程的互斥锁变量的数据类型是 pthread_mutex_t，在使用互斥锁变量之前需要先对其进行初始化。其中，对于静态分配的互斥锁变量，可以把它设置为 PTHREAD_MUTEX_INITIALIZER，也可调用 pthread_mutex _init()对互斥锁变量进行动态分配。pthread_mutex_init()函数若调用成功将返回 0，若出错则返回-1，其函数原型如下：

```
#include <pthread.h>
int pthread_mutex_init(pthread_mutex_t *mutex, const pthread_mutexattr_t *mutexattr);
```

在上述 pthread_mutex_init()函数的原型中，各参数的含义如下：

mutex：指向要初始化的互斥锁的指针。

mutexattr：指向互斥锁属性对象的指针，该属性对象定义要初始化的互斥锁的属性。如果该指针设置为 NULL，则表示使用默认的属性，默认属性为快速互斥锁。

（2）pthread_mutexattr_init()函数

互斥锁的属性类型为 pthread_mutexattr_t，声明后调用 pthread_mutexattr_init()函数来初

始化该互斥锁的属性对象。然后再调用 pthread_mutexattr_settype()函数和 pthread_mutexattr_setpshared()函数来设置其属性。其中，pthread_mutexattr_init()函数的原型如下：

```
#include<pthread.h>
int pthread_mutexattr_init(pthread_mutexattr_t*mattr);
```

在上述 pthread_mutexattr_init()函数的原型中，参数的含义如下：

mattr：指向互斥锁属性对象的指针。

（3）pthread_mutexattr_getpshared()/pthread_mutexattr_setpshared()函数

pthread_mutexattr_getpshared()/pthread_mutexattr_setpshared()函数分别用于获得/设置互斥锁属性对象的共享属性，函数若调用成功将返回 0，若失败则返回错误编号。其函数原型如下：

```
#include<pthread.h>
int     pthread_mutexattrattr_setpshared(const     pthread_attr_t*mattr,int
pshared);
int     pthread_mutexattrattr_setpshared(const     pthread_attr_t*mattr,int*
pshared);
```

在上述 pthread_mutexattr_getpshared()/pthread_mutexattrattr_setpshared()函数的原型中，各参数的含义如下：

mattr：指向互斥锁属性对象的指针。

pshared：互斥锁属性对象的共享属性，该参数只有两个取值，分别为 PTHREAD_PROCESS_PRIVATE 和 PTHREAD_PROCESS_SHARED。前者表示在多个进程中的线程之间共享该互斥锁，后者表示仅在那些由同一个进程所创建的线程之间共享该互斥锁。

（4）pthread_mutexattr_gettype()/pthread_mutexattr_settype()函数

pthread_mutexattr_gettype()/pthread_mutexattr_settype()函数分别用于获得/设置互斥锁的类型属性。函数若调用成功将返回 0，若失败则返回错误编号。其函数原型如下：

```
#include<pthread.h>
int pthread_mutexattr_settype(pthread_mutexattr_t*mattr,int type);
int pthread_mutexattr_gettype(pthread_mutexattr_t*mattr,int*type);
```

在上述 pthread_mutexattr_gettype()/pthread_mutexattr_settype()函数的原型中，各参数的含义如下：

mattr：指向互斥锁属性对象的指针。

type：互斥锁的类型属性，主要包括以下几种：

1）PTHREAD_MUTEX_NORMAL：快速互斥锁。

2）PTHREAD_MUTEX_RECURSIVE：递归互斥锁。

3）PTHREAD_MUTEX_ERRORCHECK：检错互斥锁。

（5）pthread_mutexattr_destroy()函数

在修改互斥锁属性对象之前需要调用 pthread_ mutexattr_init()函数对其进行初始化，而在使用之后还需调用 pthread_mutexattr_destroy()函数来将其回收，该函数若调用成功将返回 0，若失败则返回错误编号。其函数原型如下：

```
#include<pthread.h>
int pthread_mutexattrattr_destroy( pthread_mutexattr_t*mattr );
```

在上述 pthread_mutexattr_destroy()函数的原型中，参数的含义如下：

mattr：指向互斥锁属性对象的指针。

（6）pthread_mutex_lock()函数

当前线程调用 pthread_mutex_lock()函数时，如果该互斥锁尚未加锁，则当前线程将获得该互斥锁并将该互斥锁加锁；如果当前该互斥锁已经加锁，则当前线程将会被阻塞，直到该互斥锁被解锁，然后当前线程将获得该互斥锁并加锁返回（注：若有多个线程调用了该互斥锁，则每次解锁之后将只有一个线程可以被解除阻塞恢复执行，而其他调用该互斥锁的线程都会被继续阻塞；另外，在所有被阻塞的线程之中，解除阻塞的线程是不可预知的）。pthread_mutex_lock()函数若调用成功将返回 0，若失败则返回错误编号。其函数原型如下：

```
#include<pthread.h>
int pthread_mutex_lock(pthread_mutex_t*mutex);
```

在上述 pthread_mutex_lock()函数的原型中，参数的含义如下：

mutex：指向要加锁的互斥锁的指针。

（7）pthread_mutex_trylock()函数

pthread_mutex_trylock()函数在互斥锁已被其他线程锁住时将会立即返回，而不会阻塞当前线程；除此之外，pthread_mutex_trylock()与 pthread_mutex_lock()函数的功能完全一样。函数若调用成功，则在获得了互斥锁后将返回 0，若失败则将返回一个错误编号。pthread_mutex_trylock()的函数原型如下：

```
#include<pthread.h>
int pthread_mutex_trylock(pthread_mutex_t*mutex);
```

在上述 pthread_mutex_trylock()函数的原型中，参数的含义如下：

mutex：指向要加锁的互斥锁的指针。

（8）pthread_mutex_unlock()函数

pthread_mutex_unlock()函数用于释放互斥锁。释放互斥锁后的行为取决于 mutex 的类型属性。如果有多个线程正被此互斥锁阻塞，释放此互斥锁时，互斥锁可被其他调用该互斥锁的线程所获取，但具体哪个线程可获得该互斥锁是不可预知的，由调度策略决定（注：当互斥锁类型为 PTHREAD_MUTEX_RECURSIVE 时，只有当锁住次数为 0 且调用线程不再拥有该互斥锁时，该互斥锁才会变为可用）。pthread_mutex_unlock()函数若调用成功将返回 0，若失败则将返回一个错误编号。pthread_mutex_unlock()的函数原型如下：

```
#include<pthread.h>
int pthread_mutex_unlock(pthread_mutex_t*mutex);
```

在上述 pthread_mutex_unlock()函数的原型中，参数的含义如下：

mutex：指向要解锁的互斥锁的指针。

（9）pthread_mutex_destroy()函数

pthread_mutex_destroy()函数的作用是用于释放一个互斥锁，函数若调用成功将返回 0，若失败则返回一个错误编号。pthread_mutex_destroy()的函数原型如下：

```
#include<pthread.h>
int pthread_mutex_destroy(pthread_mutex_t*mutex);
```

在上述 pthread_mutex_destroy()函数的原型中，参数的含义如下：

mutex：指向待释放的互斥锁的指针。

为了进一步形象地说明上述互斥锁函数的用法，以下给出一个基于互斥量的多线程应用例程。

例程功能简介：该例程使用互斥锁实现主从线程之间的同步，其中，主线程负责从标准输入设备中读取数据并保存到全局变量 work_area 之中，而从线程则负责将全局变量 work_area 中的数据输出到标准输出设备上。具体实现过程包括以下两个步骤：①首先，主线程调用 fgets()函数接收一行用户的键盘输入数据并将其保存到全局变量 work_area 之中，在用户按下回车键时，从线程会把 work_area 中的数据输出到标准输出设备上并将 work_area 缓存区中的数据清空；②当在某次键盘输入中用户仅输入了“end”字符串时，则表示用户键盘输入数据过程结束，此时程序将结束并退出。

例程的 C 语言源代码如下：

```
#include<stdio.h>
#include<unistd.h>
#include<stdlib.h>
#include<string.h>
#include<pthread.h>
void*thread_function(void*arg);                    //声明线程体函数
pthread_mutex_t work_mutex;                        //声明互斥锁变量
#define WORK_SIZE 1024                             //声明符号常量,用作指定缓存区大小
char work_area[WORK_SIZE];                         //声明全局变量,缓存用户键盘输入数据
int time_to_exit =0;                               //声明全局变量,用作循环结束标志符
int main() {
int ret;
pthread_t a_thread;                                //声明局部变量,存储新线程的标识符
void*thread_result;          /*声明局部指针变量,存储调用 pthread_join()函数等待从线程结束时被等待线程的返回值*/
 ret =pthread_mutex_init(&work_mutex,NULL);    //对互斥锁进行初始化
 if (ret !=0) {
printf("Mutex initialization failed");
exit(-1);
}
/*以下语句调用pthread_create()函数创建一个新线程*/
ret =pthread_create(&a_thread,NULL,thread_function,NULL);
if (ret !=0) {
printf("Thread creation failed");
exit(EXIT_FAILURE);
}
/*由于需要对全局变量 work_area 进行写操作,因此主线程需先调用 pthread_mutex_lock()函数对互斥锁进行加锁*/
pthread_mutex_lock(&work_mutex);
printf("Input some text. Enter 'end' to finish\n");
while(!time_to_exit) {  /*若 time_to_exit 等于 0,即表示用户键盘输入尚未结束,time_to_exit 的值由从线程修改更新*/
fgets(work_area,WORK_SIZE,stdin);
/*调用 fgets()函数从标准输入设备 stdin 中读入 WORK_SIZE-1 个字符放入 work_area 缓存区,如果在未读满 WORK_SIZE-1 个字符之时,已读到一个换行符或一个 EOF(文件结束标志),则结束本次读操作,读入的字符串中最后包含读到的换行符。读入结束后系统将自动在最后添加'\0'字符作为行结束符*/
pthread_mutex_unlock(&work_mutex);      /*对全局变量 work_area 写操作完毕后,对互斥锁进行解锁*/
```

```
/*以下 while(1)循环用于反复判断客户从键盘输入的数据是否已经由从线程输出到了标准输出设备。由于从线程在输出完毕之后会把 work_area 缓存区清空,因此,只需反复判断 work_area 缓存区是否为空,即可判定客户从键盘输入的数据是否已由从线程输出到了标准输出设备上*/
while(1){
pthread_mutex_lock(&work_mutex);        /*由于需要对全局变量 work_area 进行读操作,因此需先对互斥锁进行加锁*/
if (work_area[0] !='\0') {        /*若 work_area[0] !='\0',则表示从线程尚未把 work_area 缓存区清空,即意味着客户从键盘输入的数据尚未由从线程输出到标准输出设备上*/
 pthread_mutex_unlock(&work_mutex);        /*对全局变量 work_area 读操作完毕,对互斥锁进行解锁*/
sleep(1);        /*让主线程休眠 1 秒,以便让从线程获得互斥锁,将客户从键盘输入的数据输出到标准输出设备上*/
} else {        /*若 time_to_exit 等于 1,即表示用户键盘输入结束,调用 break 退出 while 循环*/
break;
}
} //while(1)循环结束
} //while(!time_to_exit)循环结束
/*若 time_to_exit 等于 1,即表示客户的键盘输入已经结束,此时执行以下代码段*/
pthread_mutex_unlock(&work_mutex);        //对互斥锁进行解锁
printf("\nWaiting for thread to finish...\n");
/*调用 pthread_join()函数让主线程等待从线程结束,主线程会一直等待直到等待的线程结束自己才结束;若不调用 pthread_join()函数,则主线程会很快结束从而使整个进程结束,此时可能从线程还未来得及将客户的键盘输入数据输出到标准输出设备上*/
ret =pthread_join(a_thread,&thread_result);
 if (ret !=0){
printf("Thread join failed");
exit(-1);
}
printf("Thread joined\n");
 pthread_mutex_destroy(&work_mutex);        //释放互斥锁
exit(-1);
}

void*thread_function(void*arg) {        //从线程执行体函数
sleep(1);        //从线程先休眠,让主线程先执行以便获取客户的键盘输入
pthread_mutex_lock(&work_mutex);        /*从线程用于将客户的键盘输入数据输出到标准输出设备,由于需要对全局变量 work_area 进行读操作,因此从线程需先对互斥锁进行加锁*/
/*若 work_area 中包含的字符串不为"end"字符串,表示用户键盘输入尚未结束。显然,需要注意的是,若用户在一次输入中包含了"end"字符串,此时并不表示用户键盘输入已经结束,而只有在一次输入中用户仅仅输入了"end"字符串时才表示用户键盘输入已经结束*/
while(strncmp("end",work_area,3) !=0){
    /*调用 printf()与 strlen()函数统计并显示客户本次输入的字符数*/
printf("You input %d characters\n",strlen(work_area) -1);
work_area[0] ='\0';        //清空缓存区 work_area
pthread_mutex_unlock(&work_mutex);        /*全局变量 work_area 读操作完毕,对互斥锁进行解锁*/
sleep(1);        /*从线程休眠,从而让主线程执行并获得互斥锁,以再次获取客户的键盘输入*/
```

```
    pthread_mutex_lock(&work_mutex);              /*由于以下需要通过检查 work_area 是
否为空来获知用户的键盘输入过程是否已经结束,因此从线程需先对互斥锁进行加锁*/
    while(work_area[0] =='\0') {                  //反复判定 work_area 是否为空
    pthread_mutex_unlock(&work_mutex);            /*若 work_area 为空则对互斥锁进行解锁*/
    sleep(1);     /*让从线程休眠 1 秒,让主线程执行并获得互斥锁,以再次获取客户的键盘输入*/
    pthread_mutex_lock(&work_mutex);              //对互斥锁进行加锁
    } //while(work_area[0] =='\0')循环结束
    }// while(strncmp("end",work_area,3) !=0)循环结束
    /*若 work_area 中的字符串等于"end"字符串,则执行以下代码段*/
     time_to_exit =0;                             /*设置 time_to_exit =0,使得主线程可跳
出 while(!time_to_exit)循环*/
    work_area[0] ='\0';                           //清空缓存区 work_area
    pthread_mutex_unlock(&work_mutex);            //对互斥锁进行解锁
    pthread_exit(0);                              //从线程退出
    }
```

运行结果如下:

```
Input some text. Enter 'end' to finish
Wait
You input 4 characters
The Crow Road
You input 13 characters
end
Waiting for thread to finish...
Thread joined
```

2. 信号量

信号量（Semaphore）也称为信号灯，主要用于系统中有 N 个资源可用的情况，是对互斥机制的一种推广。信号量允许 N 个线程同时执行，而不像互斥一样在某个时刻只允许一个线程执行通过临界区。

以一个公用电话亭的运作为例。假定一个电话亭可以允许多人（线程）打电话，电话亭门上的计数器在每进入一个人时自动减 1，而每出去一个人时会自动加 1，则计数器上的初值就是电话亭最多能容纳打电话的人数。如此一来，那么来人只要见到计数器的值大于 0，就可以进去打电话；否则只能等待。其中，这里的计数器就相当于用于同步线程的信号量。

抽象地讲，信号量具有如下特性：信号量是一个非负整数（电话门数），所有通过它的线程/进程（人）都会将该整数减 1，当该整数值为零时，所有试图通过它的线程都将处于等待状态。

POSIX 信号量有两种形式：有名信号量和无名信号量。其中，有名信号量的值保存在文件中，因此既可用于同一进程的不同线程之间的同步也可用于不同进程之间的同步，而无名信号量的值保存在内存中，常用于同一进程的不同线程之间的同步以及相关进程（如父子进程）之间的同步。

（1）无名信号量

与互斥锁类似，无名信号量也可以动态启动，其中，函数 sem_init()用于初始化一个信号量，它带有一个参数 N，表示可用的资源数。在初始化一个信号量之后，一个线程在使用一个资源之前必须调用函数 sem_wait()/sem_trywait()等待一个可用的信号量，并在用完资源之后，还需调用函数 sem_post()来返还资源。N 个线程都可以在调用函数 sem_wait()之后获取资源并继续执行，但此后若还有其他线程也调用了函数 sem_wait()，则它们将会被阻塞。这些后续的线程也将一直处于阻塞状态，直至前面的 N 个线程之中有某一个调用了函数 sem_post()将其所占资源返还之后，其中的一个阻塞线程才能得以继续运行。另外，线程还可调用 sem_getvalue()函数来获取信号量的当前值，可调用 sem_destroy()函数来释放信号量。

在上述无名信号量的操作步骤中，各相关函数及其调用方法如下：

1）sem_init()函数。

信号量的数据类型为结构 sem_t，它本质上是一个长整型的数。函数 sem_init()用来初始化一个信号量。函数若调用成功将返回 0，若出错则返回-1。函数 sem_init()的原型如下：

```
#include<semaphore.h>
int sem_init(sem_t*sem,int pshared,unsigned int value);
```

在上述 sem_init()函数的原型中，各参数的含义如下：

sem：指向信号量结构的指针。

pshared：决定信号量能否在几个进程间共享。不为 0 时此信号量在进程间共享，否则只能为当前进程的所有线程共享。

value：信号量初始化值。信号量通常用来协调对资源的访问，因此，信号量初始化值通常会初始化为可用资源的数目。

2）sem_wait()函数。

函数 sem_wait()被用来阻塞当前线程直到信号量 sem 的值大于 0，解除阻塞后将 sem 的值减 1，表明公共资源经使用后减少。函数若调用成功将返回 0，若出错则返回-1。函数 sem_wait()的原型如下：

```
#include<semaphore.h>
int sem_wait(sem_t*sem);
```

在上述 sem_wait()函数的原型中，参数的含义如下：

sem：指向信号量结构的指针。

3）sem_trywait()函数。

函数 sem_trywait()是函数 sem_wait()的非阻塞版本，如果信号灯计数大于 0，则将信号量 sem 的值减 1 并返回 0，否则立即返回-1。函数 sem_trywait()的原型如下：

```
#include<semaphore.h>
int sem_trywait(sem_t*sem);
```

在上述 sem_trywait()函数的原型中，参数的含义如下：

sem：指向信号量结构的指针。

4）sem_post()函数。

函数 sem_post()用来将信号量 sem 的值增加 1，表示增加了一个可访问的资源。当有线程阻塞在这个信号量上时，其他线程若调用这个函数会使阻塞线程中的一个不再阻塞，但选择机制是由线程的调度策略所决定的。函数若调用成功将返回 0，若出错则返回-1。函数 sem_post()的原型如下：

```
#include<semaphore.h>
int sem_ post(sem_t*sem);
```

在上述 sem_ post()函数的原型中，参数的含义如下：

sem：指向信号量结构的指针。

5）sem_ getvalue()函数。

函数 sem_ getvalue()用来读取 sem 中的信号灯计数，函数若调用成功将返回 0，若出错则返回-1。函数 sem_ getvalue()的原型如下：

```
#include<semaphore.h>
int sem_getvalue(sem_t*sem,int*sval);
```

在上述 sem_getvalue()函数的原型中，各参数的含义如下：

sem：指向信号量结构的指针。

sval：用于存储读取到的 sem 中的信号灯计数值。

6）sem_destroy()函数。

函数 sem_destroy()用来释放信号量，归还自己所占用的一切资源。函数若调用成功将返回 0，若出错则返回-1。函数 sem_destroy()的原型如下：

```
#include<semaphore.h>
int sem_destroy(sem_t*sem);
```

在上述 sem_destroy()函数的原型中，参数的含义如下：

sem：指向信号量结构的指针。

为了进一步形象地说明上述信号量函数的用法，以下给出一个基于无名信号量的多线程同步应用例程。

例程功能简介：该例程使用无名信号量实现两个从线程之间的同步，其中从线程 1 在获得无名信号量之后将对全局变量 number 执行加 1 操作，而从线程 2 在获得无名信号量之后将对全局变量 number 执行减 1 操作。

例程的 C 语言源代码如下：

```
#include<pthread.h>
#include<semaphore.h>
#include<sys/types.h>
#include<stdio.h>
#include<unistd.h>
int number;                                              //声明全局变量
sem_t sem_id;                                            //声明无名信号量变量

void*thread_one_fun(void*arg){                           //从线程 1 执行体函数
    sem_wait(&sem_id);                        //阻塞线程 1 直到信号量 sem_id 的值大于 0
    printf("The thread_one has the semaphore\n");        //提示线程 1 获得信号量
    number++;                                            //全局变量 number 加 1
    printf("number=%d\n",number);                        //输出全局变量 number 的值
    sem_post(&sem_id);                                   //释放信号量 sem_id
}
```

```
void*thread_two_fun(void*arg) {                                  //从线程2执行体函数
    sem_wait(&sem_id);     //阻塞线程2直到信号量sem_id的值大于0
    printf("The thread_two has the semaphore\n");    //提示线程2获得信号量
    number--;                                                    //全局变量number减1
    printf("number=%d\n",number);                                //输出全局变量number的值
    sem_post(&sem_id);                                           //释放信号量sem_id
}

int main(int argc,char*argv[]) {
    number =1;
    pthread_t pid1,pid2;                                         //声明线程描述符变量
    sem_init(&sem_id,0,1);                                       /*无名信号量用于多线程间的同
步,设置无名信号量的初始值为1*/
    pthread_create(&pid1,NULL,thread_one_fun,NULL);              //创建从线程1
    pthread_create(&pid2,NULL,thread_two_fun,NULL);              //创建从线程2
    pthread_join(pid1,NULL);                                     //主线程等待从线程1结束
    pthread_join(pid2,NULL);                                     //主线程等待从线程2结束
    printf("main…\n");
    return 0;
}
```

在上述例程中，两个线程将通过随机竞争以获取信号量资源。以下例程给出了一个无名信号量在相关进程（父子进程）中的同步应用示例。

例程功能简介：该例程使用无名信号量实现父子进程之间的同步，其中从子进程在获得无名信号量之后将对全局变量 number 执行加 1 操作，而父进程在获得无名信号量之后将对全局变量 number 执行减 1 操作。

例程的 C 语言源代码如下：

```
#include<pthread.h>
#include<semaphore.h>
#include<sys/types.h>
#include<stdio.h>
#include<unistd.h>

int main(int argc,char*argv[]) {
    int i,number =1,nloop=10;                                    //声明两个局部变量
    sem_t sem_id;                                                //声明无名信号量变量
sem_init(&sem_id,1,1); /*无名信号量用于父子进程间同步,设置无名信号量的初始值为1*/
    if(fork()==0) {                                  //在子进程中执行以下for循环代码段
        for (i=0,i<nloop,i++) {
sem_wait(&sem_id);  //阻塞从进程直到信号量sem_id值>0
            printf("The son_process has the semaphore\n");    /*提示从进程获得信
号量*/
            number++;                                        //全局变量number加1
            printf("number=%d\n",number);                    //输出全局变量number的值
            sem_post(&sem_id);                               //释放信号量sem_id
        }
        exit(0);                                             //退出子进程
```

```
}
/*在父进程中执行以下 for 循环代码段*/
for (i=0,i<nloop,i++) {
sem_wait(&sem_id);      //阻塞父进程直到信号量 sem_id 的值>0
       printf("The father_process has the semaphore\n");  /*提示父进程获得信号量*/
       number--;                                     //全局变量 number 减 1
       printf("number=%d\n",number);                 //输出全局变量 number 的值
sem_post(&sem_id);                                   //释放信号量 sem_id
       }
exit(0);                                             //退出父进程
}
```

（2）有名信号量

有名信号量在使用时，和无名信号量共享函数 sem_wait()/ sem_trywait()以及 sem_post()，但不同之处在于，有名信号量使用 sem_open()函数代替了无名信号量的初始化函数 sem_init()，另外，在结束时需要调用 sem_close()函数与 sem_unlink()函数像关闭文件一样去关闭该有名信号量。在有名信号量的操作步骤中，各相关函数及其调用方法如下：

1）sem_open()函数。

函数 sem_open()用于创建一个新的有名信号量或打开一个已存在的有名信号量。函数调用成功时返回指向该有名信号量的指针，出错则返回 SEM_FAILED。函数 sem_open()的原型如下：

```
#include<semaphore.h>
sem_t*sem_open(const char*name,int oflag,mode_t mode,unsigned int value);
```

在上述 sem_open()函数的原型中，各参数的含义如下：

name：信号量的外部名字。注：由于 sem 都是创建在/dev/shm 目录之下的，因此在命名信号量的外部名字要注意不要包含路径。

oflag：有 O_CREAT|EXCL 和 O_CREAT 两个选项，选用 O_CREAT 时则当 name 指定的信号量不存在时会创建一个并要求后面的 mode 和 value 两个参数必须有效，而当 name 指定的信号量存在时则直接打开该信号量并忽略后面的 mode 和 value 两个参数；若选用 O_CREAT|EXCL，则当 name 指定的信号量不存在时与选用 O_CREAT 时功能相同，而当 name 指定的信号量存在时则将返回 error。

mode：控制新的信号量的权限。

value：信号量初始值。

2）sem_close()函数与 sem_unlink()函数。

函数 sem_close()用于关闭 sem 信号量，并释放资源。函数 sem_unlink()用于在所有进程都关闭了信号量之后删除 name 所指的信号量。函数若调用成功则返回 0，否则返回-1。这两个函数的原型分别如下：

```
#include<semaphore.h>
int sem_close(sem_t*sem);
int sem_unlink(const char*name);
```

在上述 sem_close()与 sem_unlink()函数的原型中，各参数的含义如下：

sem：指向待关闭信号量的指针。

name：信号量的外部名字。

为了进一步形象地说明上述信号量函数的用法，以下例程给出了基于有名信号量的多线程同步应用。

例程功能简介：该例程采用循环方法建立 5 个从线程，然后让它们调用同一个线程处理函数 thread_function()，在该函数中利用有名信号量来限制访问共享资源的线程数。共享资源用 print()函数来代表，而在真正编程中有可能是个终端设备（如打印机）或是一段有实际意义的代码。

例程的 C 语言源代码如下：

```
#include<pthread.h>
#include<semaphore.h>
#include<sys/types.h>
#include<stdio.h>
#include<unistd.h>
void*thread_function(void*arg);                           //声明线程执行体函数
void print(void);                                         //声明共享资源函数
sem_t bin_sem;                                            //声明有名信号量变量
int val;                                                  //声明信号量的当前值变量
char sem_name[]='SEM_NAME';     /*声明存储有名信号量外部名字的数组变量并赋值*/
int main(){
int n=0;                              //声明用于记录循环次数的计数变量,初始值设为0
pthread_t a_thread[4];                //声明线程描述符数组变量
/*主线程调用sem_open()函数创建有名信号量bin_sem,信号量的初始值大小设为3*/
bin_sem =sem_open(sem_name,O_CREAT,0644,3);
if(bin_sem ==SEM_FAILED) {            //若创建失败,则:
  printf("unable to create semaphore");                   //提示出错信息
  sem_unlink(sem_name);                                   //删除该信号量
  exit(-1);                                               //退出系统
}
while(n<5) {                                              //循环创建5个从线程
  n++;                                                    //将循环次数计数变量加1
  /*以下语句用于调用pthread_create()函数创建从线程*/
  if((pthread_create(&a_thread[n],NULL,thread_function,NULL))!=0){
          printf("Thread creation failed");
          exit(-1);
}
pthread_join(a_thread[n],NULL);                           //主线程等待子线程结束
}
sem_close(bin_sem);                                       //主线程释放该信号量
sem_unlink(sem_name);                                     //主线程删除该信号量
}

void*thread_function(void*arg){               //从线程执行体函数
sem_wait(&bin_sem);                           //阻塞从线程直到信号量bin_sem的值>0
print();                                      //从线程获得信号量并执行共享资源函数
print()
sleep(1);                        //从线程休眠1秒以等待其他线程执行
```

```
sem_post(&bin_sem);          //当执行任务完毕,从线程释放信号量
printf("I finished,my pid is %d\n",pthread_self()); /*从线程输出完成提示信息*/
pthread_exit(arg);           //从线程结束并返回参数 arg 给主线程
}

void print(){                //从线程的共享资源函数
printf("I get it,my tid is %d\n",pthread_self()); /*从线程输出获得信号量的提示
信息*/
sem_getvalue(&bin_sem,&value);                    //获取信号量的当前值
printf("Now the value have %d\n",value);          //从线程输出当前信号量的值
}
```

程序编译运行后得到的结果如下：

```
I get it,my tid is 1082330304
Now the value have 2
Iget it,my pid is 1894
Now the value have 1
Iget it,my pid is 1895
Now the value have 0
I'm finished,my pid is 1893
I'm finished,my pid is 1894
I'm finished,my pid is 1895
I get it,my pid is 1896
Now the value have 2
I get it,mypid is 1897
Now the value have 1
I'm finished,my pid is 1896
I'm finished,my pid is 1897
```

以下例程给出了一个应用有名信号量来限制访问共享代码的进程数目的实现方法。

例程功能简介：该例程采用循环方法建立 5 个子进程，然后让它们利用有名信号量来限制访问同一段共享代码（用 print()函数来代表）。

例程的 C 语言源代码如下：

```
#include<pthread.h>
#include<semaphore.h>
#include<sys/types.h>
#include<stdio.h>
#include<unistd.h>
void print(pid_t);                        //声明共享子函数 print()
sem_t*bin_sem;                            //声明信号量变量
int val;                                  //声明信号量的当前值变量
int main(int argc,char*argv[]){
int n=0;                          //声明用于记录循环次数的计数变量,初始值设为 0
/*以下语句判断参数个数是否为 2,若不为 2 则提示用户输入格式*/
if(argc!=2){
printf("please input a file name!\n");         //提示输入有名信号量的名字
exit(-1);
```

```
    }
    bin_sem =sem_open(argv[1],O_CREAT,0644,2);        /*主线程创建有名信号量 argv[1],
信号量的初始值大小设为2*/
    while(n<5){                                   //循环创建5个子进程,使它们同步运行
          n++;                                    //将循环次数计数变量加1
    if(fork()==0) {        /*调用 fork()函数创建一个新的子进程并在子进程中执行以下操作*/
            sem_wait(bin_sem);                    //申请信号量,若成功则将信号量的值减1
            print(getpid());                      //子进程调用 print()函数执行共享代码段
            sleep(1);                             //子进程休眠1秒以便让其他进程执行
            sem_post(bin_sem);                    //子进程任务执行完毕,将信号量的值加1
            printf("I'm finished,my pid is %d\n",getpid());  /*子进程提示结束信
息*/
    }
    }//while(n<5)循环结束
    wait();                                       //父进程等待所有子进程结束以避免僵尸进程产生
    sem_close(bin_sem);                           //父进程释放该信号量
    sem_unlink(argv[1]);                          //父进程删除该信号量
    return 0;
    }

    void print(pid_t pid){                                   //子进程的共享代码段
    printf("I get it,my pid is %d\n",pid);                   //显示子进程的进程号
    sem_getvalue(bin_sem,&val);                              //获得信号量的当前值
    printf("Now the value have %d\n",val);                   //显示信号量的当前值
    }
```

程序编译后运行得的结果如下:

```
I get it,my tid is 1082330304
Now the value have 1
I get it,my tid is 1090718784
Now the value have 0
I finished,my pid is 1082330304
I finished,my pid is 1090718784
I get it,my tid is 1099107264
Now the value have 1
I get it,my tid is 1116841120
Now the value have 0
I finished,my pid is 1099107264
I finished,my pid is 1116841120
I get it,my tid is 1125329600
Now the value have 1
I finished,my pid is 1125329600
```

注：互斥锁和信号量的区别在于，一个互斥锁只能用于对一个资源的互斥访问，它不能实现多个资源的多线程互斥问题；另外，它也无法限制访问者对资源的访问顺序，即互斥访问是无序的。但信号量可以实现多个同类资源的多线程互斥访问，且同时还能保障这些线程之间的同步，即可实现访问者对资源的有序访问。例如，信号量可以在生产者——消费者模

式的程序中用于提供事件通知。在这种程序之中，消费者在消费资源（如队列中的数据）之前先试图获取信号量，而生产者一旦生产了资源就增加信号量的值，这里也可以理解为生产者把实例交给了信号量，而消费者则把实例从信号量中拿走了。通常，该类信号量的初值会被设置为0，其值直到生产者生产了资源才会增加。

3．条件变量

条件变量是一种同步机制，允许线程挂起，直到共享数据上的某些条件得到满足。条件变量是利用线程间共享的全局变量进行同步的一种机制，主要包括两个动作：一个线程等待“条件变量的条件成立”而挂起；另一个线程使“条件成立”并给出条件成立信号。条件变量的类型是 pthread_cond_t。为了防止竞争，条件变量一般需要和互斥锁结合起来使用。使用条件变量的基本过程如下：

声明一个 pthread_cond_t 条件变量，并调用 pthread_cond_init()函数对其进行初始化。

声明一个 pthread_mutex_t 互斥锁变量，并调用 pthread_mutex_init()函数对其进行初始化。

调用 pthread_cond_signal()函数发出信号。如果此时有线程在等待该信号，那么该线程将会唤醒。如果没有，则该信号就会被忽略。如果想唤醒所有等待该信号的线程，则调用 pthread_cond_broadcast()函数。

调用 pthread_cond_wait()/pthread_cond_timedwait()等待信号。如果没有信号，线程将会阻塞，直到有信号。该函数的第一个参数是条件变量，第二个参数是一个 mutex。在调用该函数之前必须先获得互斥量。如果线程阻塞，互斥量将立刻被释放。

调用 pthread_cond_destroy()销毁条件变量，释放其所占用的资源。

在上述条件变量的操作步骤中，各相关函数及其调用方法如下：

（1）pthread_cond_init()函数

使用条件变量之前要先进行初始化。其中，对于静态分配的条件变量，可以把它设置为 PTHREAD_COND_INITIALIZER，也可调用 pthread_cond_init()对条件变量进行动态分配。pthread_cond_init()函数若调用成功将返回 0，若出错则返回错误编号，其函数原型如下：

```
#include<pthread.h>
int pthread_cond_init(pthread_cond_t*cond,const pthread_condattr_t*attr);
```

在上述 pthread_cond_init()函数的原型中，各参数的含义如下：

cond：指向要初始化的条件变量的指针。

attr：条件变量属性。尽管 POSIX 标准中为条件变量定义了属性，但在 LinuxThreads 中没有实现，因此 cond_attr 值通常为 NULL，且被忽略。

（2）pthread_cond_signal()函数

调用 pthread_cond_signal()函数将会激活在该条件变量上阻塞的所有线程之中的一个。如果有多个线程同时被阻塞在该条件变量上，则由调度策略确定具体哪个线程会被激活；如果没有在该条件变量上等待的线程，则什么也不做。函数若调用成功将返回 0，若出错则返回错误编号。pthread_cond_signal()函数的原型如下：

```
#include<pthread.h>
int pthread_cond_signal(pthread_cond_t*cond);
```

在上述 pthread_cond_signal()函数的原型中，参数的含义如下：

cond：指向条件变量的指针。

注：调用 pthread_cond_signal()函数时需要利用互斥锁来进行保护。

（3）pthread_cond_broadcast()函数

调用 pthread_cond_broadcast()函数将会激活在该条件变量上阻塞的所有线程；如果没有在该条件变量上等待的线程，则什么也不做。函数若调用成功将返回 0，若出错则返回错误编号。pthread_cond_broadcast()函数的原型如下：

```
#include<pthread.h>
int pthread_cond_broadcast(pthread_cond_t*cond);
```

在上述 pthread_cond_broadcast()函数的原型中，参数的含义如下：

cond：指向条件变量的指针。

注：调用 pthread_cond_broadcast()函数时需要利用互斥锁来进行保护。

（4）pthread_cond_wait()/pthread_cond_timedwait()函数

等待条件成立有两种方式：无条件等待 pthread_cond_wait() 和计时等待 pthread_cond_timedwait()，其中，在计时等待方式下若在给定时刻前条件没有满足，则返回 ETIMEOUT 并结束等待。pthread_cond_wait()/pthread_cond_timedwait()函数若调用成功将返回 0，若出错则返回错误编号，其函数原型如下：

```
#include<pthread.h>
int pthread_cond_wait(pthread_cond_t*cond,pthread_mutex_t*mutex);
int       pthread_cond_timedwait(pthread_cond_t*cond,pthread_mutex_t*mutex,
const struct timespec*abstime);
```

在上述 pthread_cond_wait()和 pthread_cond_timedwait()函数的原型中，各参数的含义如下：

cond：指向条件变量的指针。

mutex：指向互斥锁的指针。

abstime：超时时间。abstime 以与 time()系统调用相同意义的绝对时间形式出现，其中，0 表示格林尼治时间 1970 年 1 月 1 日 0 时 0 分 0 秒。

注：无论哪种等待方式，都必须和一个互斥锁配合。

（5）pthread_cond_destroy()函数

调用 pthread_cond_destroy()函数将会销毁指定的条件变量；pthread_cond_destroy()函数若调用成功将返回 0，若出错则返回错误编号。pthread_cond_destroy()函数的原型如下：

```
#include<pthread.h>
int pthread_cond_destroy(pthread_cond_t*cond);
```

在上述 pthread_cond_destroy()函数的原型中，参数的含义如下：

cond：指向要销毁的条件变量的指针。

为了进一步形象地说明条件变量函数的用法，以下给出一个说明条件变量函数用法的简单例程。

例程功能简介：该例程使用条件变量实现两个从线程之间的同步，其中从线程 t_b 负责

打印 9 以内 3 的倍数，从线程 t_a 则负责打印其他的数，程序开始时，从线程 t_b 不满足条件等待，从线程 t_a 运行使 i 循环加 1 并打印。直到 i 为 3 的倍数时，从线程 t_a 发送信号通知从线程 t_b，这时，从线程 t_b 将满足条件并开始打印 i 的值。

例程的 C 语言源代码如下：

```
#include<pthread.h>
#include<stdio.h>
#include<stdlib.h>
pthread_mutex_t mutex=PTHREAD_MUTEX_INITIALIZER;    //初始化互斥锁
pthread_cond_t cond =PTHREAD_COND_INITIALIZER;      //初始化条件变量
void*thread1(void*);                                //声明线程 t_a 的线程体函数
void*thread2(void*);                                //声明线程 t_b 的线程体函数
int i=1;                           //定义用于记录循环次数的计数变量,初始值设为 0
int main(void) {
   pthread_t t_a;                  //声明线程标识符 t_a
   pthread_t t_b;                  //声明线程标识符 t_b
   pthread_create(&t_a,NULL,thread1,(void*)NULL);          //创建从线程 t_a
   pthread_create(&t_b,NULL,thread2,(void*)NULL);          //创建从线程 t_b
   pthread_join(t_a,NULL);         //等待从线程 t_a 结束
   pthread_join(t_b,NULL);         //等待从线程 t_b 结束
   pthread_mutex_destroy(&mutex);  //释放互斥锁
   pthread_cond_destroy(&cond);    //释放条件变量
   exit(0); //程序正常退出
}

void*thread1(void*junk) {                       //线程 t_a 的线程体函数
   for(i=1;i<=9;i++) {
      pthread_mutex_lock(&mutex);               //在等待条件成立之前,需先上锁
      if(i%3==0)  //设置等待的条件,当 i 为 3 的倍数时执行以下语句
pthread_cond_signal(&cond);                     /*若条件成立则发送信号,以激活某个在该
条件变量上阻塞的线程*/
      else                                      //当 i 不为 3 的倍数时执行以下语句
         printf("thead1:%d\n",i);               //线程 t_a 执行打印任务
      pthread_mutex_unlock(&mutex);             //在执行完任务之后,需解锁
sleep(1);    //线程 t_a 休眠 1 秒,以便让其他线程执行
}
}

void*thread2(void*junk) {                              //线程 t_b 的线程体函数
   while(i<9) {
      pthread_mutex_lock(&mutex);                      //在等待条件成立前,需先上锁
if(i%3!=0)  //设置等待的条件,当 i 不为 3 的倍数时执行以下语句
         pthread_cond_wait(&cond,&mutex);              //等待上述条件成立
      printf("thread2:%d\n",i);                        //当条件成立则执行打印任务
      pthread_mutex_unlock(&mutex);                    //在执行完打印任务之后需解锁
sleep(1);                                  //线程 t_b 休眠 1 秒,以便让其他线程执行
}
}
```

例程的运行结果如下：

```
thread1:1
thread1:2
thread2:3
thread1:4
thread1:5
thread2:6
thread1:7
thread1:8
thread2:9
```

5.1.2 Windows 环境下线程之间的协调与同步

与 UNIX/Linux 环境下的线程同步机制类似，在 Windows 环境下提供了四种主要的线程同步机制：临界区（Critical Section）、互斥锁（Mutex）、信号量（Semaphore）和事件（Event）。

1．临界区

在多线程程序中，有些代码是共享资源，需将这些代码作为临界区。如果有多个线程试图同时访问临界区，那么在一个线程进入后，其他线程将被挂起，并一直持续到进入临界区的线程离开。临界区在被释放后，其他线程可以继续抢占。临界区的同步速度很快，它不是内核对象，因而不能跨进程同步；不能指定阻塞时的等待时间（只能无限等待下去）。操作临界区要涉及的 API 函数主要包括以下四个：

（1）InitializeCriticalSection()函数

InitializeCriticalSection()函数的功能是用于初始化一个临界资源对象，该函数无返回值。InitializeCriticalSection()函数的原型如下：

```
#include<windows.h>
VOID InitializeCriticalSection(LPCRITICAL_SECTION  lpCriticalSection);
```

在上述 InitializeCriticalSection()函数的原型之中，参数的含义如下：

lpCriticalSection：临界资源对象指针。

（2）EnterCriticalSection()函数

EnterCriticalSection()函数的功能是用于等待进入临界区的权限，当获得该权限后进入临界区，该函数没有返回值。EnterCriticalSection()函数的原型如下：

```
#include<windows.h>
VOID  EnterCriticalSection(LPCRITICAL_SECTION  lpCriticalSection);
```

在上述 EnterCriticalSection()函数的原型之中，参数的含义如下：

lpCriticalSection：临界资源对象指针。

（3）LeaveCriticalSection()函数

LeaveCriticalSection()函数的功能是用于释放临界区的使用权限，该函数没有返回值。LeaveCriticalSection()函数的原型如下：

```
#include<windows.h>
VOID  LeaveCriticalSection(LPCRITICAL_SECTION  lpCriticalSection);
```

在上述 LeaveCriticalSection()函数的原型之中，参数的含义如下：

lpCriticalSection：临界资源对象指针。

（4）DeleteCriticalSection()函数

DeleteCriticalSection()函数的功能是用于删除与临界区有关的所有系统资源，该函数没有返回值。DeleteCriticalSection()函数的原型如下：

```
#include<windows.h>
VOID  DeleteCriticalSection(LPCRITICAL_SECTION  lpCriticalSection);
```

在上述 DeleteCriticalSection()函数的原型之中，参数的含义如下：

lpCriticalSection：临界资源对象指针。

以上四个函数的形参都是一个指向 CRITICAL_SECTION 结构体的指针，因而必须先定义一个 CRITICAL_SECTION 类型的变量。为了进一步形象地说明上述四个函数的用法，下面给出一个简单的例程：

```
#include<windows.h>
#include<iostream>
DWORD WINAPI Fun1Proc(LPVOID param);
DWORD WINAPI Fun2Proc(LPVOID param);

int time =0;
CRITICAL_SECTION critical;

void main(){
   HANDLE thread1,thread2;
   thread1 =CreateThread(NULL,0,Fun1Proc,NULL,0,NULL);
   thread2 =CreateThread(NULL,0,Fun2Proc,NULL,0,NULL);
   CloseHandle(thread1);
   CloseHandle(thread2);

   InitializeCriticalSection(&critical);                         //初始化临界区
   Sleep(4000);
   DeleteCriticalSection(&critical);                             //删除临界区
}

DWORD WINAPI Fun1Proc(LPVOID param){                             //线程 1 的体函数
   while(1){
      EnterCriticalSection(&critical);                           //进入临界区
      if(time<=20){
         Sleep(1);
         printf("I am thread1,the value of time is d%!\n",time++);
      }
      else
         break;
      LeaveCriticalSection(&critical);                         //释放临界区
```

```
    }
    return 0;
}

DWORD WINAPI Fun2Proc(LPVOID param){                    //线程 2 的体函数
    while(1){
        EnterCriticalSection(&critical);                //进入临界区
        if(time<=20){
            Sleep(1);
            printf("I am thread2,the value of time is d%!\n",time++);
        }
        else
            break;
        LeaveCriticalSection(&critical);                //释放临界区
    }
    return 0;
}
```

2．互斥锁

互斥锁的作用是保证每次只能有一个线程获得互斥锁而得以继续执行，其中，互斥锁主要包含使用数量、线程 ID 和递归计数器等信息。其中，线程 ID 表示当前拥有互斥锁的线程号，递归计数器表示线程拥有互斥锁的次数。互斥锁是 Windows 的内核对象，可跨进程互斥，并且能指定阻塞时的等待时间。操作互斥锁要涉及的 API 函数主要包括以下四个：

（1）CreateMutex()函数

CreateMutex()函数的功能是用于创建一个互斥锁对象，若互斥锁对象创建成功，将返回该互斥锁对象的句柄。如果给出的互斥锁对象是系统已存在的互斥锁对象，将返回已存在的互斥锁对象的句柄。如果失败，系统返回 NULL，可以调用函数 GetLastError()查询失败原因。CreateMutex()函数的原型如下：

```
#include<windows.h>
HANDLE CreateMutex(LPSECURITY_ATTRIBUTES lpMutexAttributes, BOOL bInitialOwner,
LPCTSTR lpName);
```

在上述 CreateMutex()函数的原型之中，各参数的含义如下：

lpMutexAttributes：指定安全属性，当取值为 NULL 时，表示互斥锁对象将得到一个默认的安全描述。

bInitialOwner：指定初始的互斥锁对象。如果该值为 TRUE 并且互斥锁对象已经存在，则调用线程获得互斥锁对象的所有权，否则调用线程不能获得互斥锁对象的所有权。要想知道互斥锁对象是否已经存在，可参见返回值说明。

lpName：给出互斥锁对象的名字。

（2）ReleaseMutex()函数

ReleaseMutex()函数的功能是用于释放互斥锁对象，如果成功，返回一个非 0 值；若失败返回 0，可以调用函数 GetLastError()查询失败的原因。ReleaseMutex()函数的原型如下：

```
#include<windows.h>
```

```
BOOL  ReleaseMutex(HANDLE  hMutex);
```

在上述 ReleaseMutex()函数的原型之中，参数的含义如下：

hMutex：互斥锁对象的句柄，这个句柄是 CreateMutex()或者 OpenMutex()函数的返回值。

（3）OpenMutex()函数

OpenMutex()函数的功能是用于打开一个互斥锁对象，如果成功，将返回该互斥对象的句柄；如果失败，系统返回 NULL，可以调用函数 GetLastError()查询失败原因。OpenMutex()函数的原型如下：

```
#include<windows.h>
HANDLE OpenMutex(DWORD dwDesiredAccess,BOOL bInheritHandle,LPCTSTR  lpName);
```

在上述 OpenMutex()函数的原型之中，各参数的含义如下：

dwDesiredAccess：指出打开后要对互斥锁对象进行何种访问，具体描述如表 5.1 所示。

表 5.1　OpenMutex()函数对互斥锁对象进行访问的种类

访问	描　　述
MUTEX_ALL_ACCESS	可以进行任何对互斥对象的访问
SYNCHRONIZE	使用等待函数 wait functions 等待互斥对象成为可用状态或使用 ReleaseMutex()释放使用权，从而获得互斥对象的使用权

bInheritHandle：指出返回的互斥锁对象句柄是否可以继承。

lpName：给出互斥锁对象的名字。

（4）WaitForSingleObject()函数

用来检测互斥锁对象句柄的信号状态，具体介绍详见 3.4.8 节。

为了进一步形象地说明上述四个函数的用法，下面给出一个简单的例程：

```
#include<windows.h>
#include<iostream>
DWORD WINAPI Fun1Proc(LPVOID param);
DWORD WINAPI Fun2Proc(LPVOID param);
int time =0;
HANDLE Mutex;

void main(){
    HANDLE thread1,thread2;
    thread1 =CreateThread(NULL,0,Fun1Proc,NULL,0,NULL);
    thread2 =CreateThread(NULL,0,Fun2Proc,NULL,0,NULL);
    CloseHandle(thread1);
    CloseHandle(thread2);
    Mutex =CreateMutex(NULL,FALSE,NULL);                        //创建互斥锁对象
    printf("运行主线程!");
    Sleep(4000);
}

DWORD WINAPI Fun1Proc(LPVOID param){                           //线程 1 体函数
```

```
    while(1) {
        WaitForSingleObject(Mutex,INFINITE);                //等待互斥锁对象
        if(time<=20) {
            Sleep(1);
            printf("I am thread1,the value of time is d%!\n",time++);
        }
        else
            break;
        ReleaseMutex(Mutex);                                //释放互斥锁对象
    }
    return 0;
}

DWORD WINAPI Fun2Proc(LPVOID param){                        //线程2体函数
    while(1) {
        WaitForSingleObject(Mutex,INFINITE);                //等待互斥锁对象
        if(time<=20) {
            Sleep(1);
            printf("I am thread2,the value of time is d%!\n",time++);
        }
        else
            break;
        ReleaseMutex(Mutex);                                //释放互斥锁对象
    }
    return 0;
}
```

3. 信号量

信号量允许多个线程在同一时刻访问统一资源，但是限制了在同一时刻访问共享资源的最大线程数。信号量是内核对象，允许跨进程使用。操作信号量要涉及的API函数主要包括以下三个：

（1）CreateSemaphore()函数

CreateSemaphore()函数的功能是用于创建一个新的信号量，如果成功，将返回信号量对象的句柄；如果失败，系统返回0，可以调用函数GetLastError()查询失败原因。CreateSemaphore()函数的原型如下：

```
#include<windows.h>
HANDLE CreateSemaphore(
    LPSECURITY_ATTRIBUTES lpSemaphoreAttributes,
    LONG lInitialCount,
    LONG lMaximumCount,
    LPCTSTR lpName);
```

在上述CreateSemaphore()函数的原型之中，各参数的含义如下：

lpSemaphoreAttributes：指定安全属性，当取值为NULL时，表示信号量对象将得到一个默认的安全描述。

lInitialCount：设置信号量的初始计数，可设置 0 到 lMaximumCount 之间的一个值。

lMaximumCount：设置信号量的最大计数。

lpName：指定信号量对象的名称。

（2）ReleaseSemaphore()函数

ReleaseSemaphore()函数的功能是用于对指定的信号量增加指定的值，如果成功返回 TRUE，如果失败返回 FALSE，可以调用函数 GetLastError()查询失败原因。ReleaseSemaphore()函数的原型如下：

```
#include<windows.h>
BOOL ReleaseSemaphore(
HANDLE hSemaphore,
LONG lReleaseCount,
LPLONG lpPreviousCount);
```

在上述 ReleaseSemaphore()函数的原型之中，各参数的含义如下：

hSemaphore：所要操作的信号量对象的句柄，这个句柄是 CreateSemaphore()或者 OpenSemaphore()函数的返回值。

lReleaseCount：所要操作的信号量对象在当前基础上所要增加的值，这个值必须大于 0，如果信号量加上这个值会导致信号量的当前值大于信号量创建时指定的最大值，那么这个信号量的当前值不变，同时这个函数返回 FALSE。

lpPreviousCount：指向返回信号量上次值的变量的指针，如果不需要信号量上次的值，那么这个参数可以设置为 NULL。

（3）OpenSemaphore()函数

OpenSemaphore()函数的功能是用于为现有的一个已命名信号机对象创建一个新句柄，如果成功返回对象句柄；返回零则表示失败，可以调用函数 GetLastError()查询失败原因。OpenSemaphore()函数的原型如下：

```
#include<windows.h>
HANDLE OpenSemaphore(
DWORD dwDesiredAccess,
BOOL bInheritHandle,
LPCTSTR lpName);
```

在上述 OpenSemaphore()函数的原型之中，各参数的含义如下：

dwDesiredAccess：下述常数之一：

1）SEMAPHORE_ALL_ACCESS：要求对信号量对象的完全访问。

2）SEMAPHORE_MODIFY_STATE：允许使用 ReleaseSemaphore 函数。

3）SYNCHRONIZE：允许同步使用信号量对象。

bInheritHandle：如果允许子进程继承句柄，则设为 TRUE。

lpName：指定要打开的信号量对象的名字。

为了进一步形象地说明上述三个函数的用法，下面给出一个简单的例程：

```
#include<windows.h>
#include<iostream>
using namespace std;
```

```
DWORD WINAPI Fun1Proc(LPVOID param);
DWORD WINAPI Fun2Proc(LPVOID param);
int time =0;
HANDLE sema;

void main(){
    HANDLE thread1,thread2;
    thread1 =CreateThread(NULL,0,Fun1Proc,NULL,0,NULL);
    thread2 =CreateThread(NULL,0,Fun2Proc,NULL,0,NULL);
    CloseHandle(thread1);
    CloseHandle(thread2);

    sema =CreateSemaphore(NULL,1,1,NULL);            //创建信号量
    Sleep(4000);
}

DWORD WINAPI Fun1Proc(LPVOID param){               //线程1体函数
    while(1){
        WaitForSingleObject(sema,INFINITE);          //等待信号量
        if(time<=20){
            Sleep(1);
            printf("I am thread1,the value of time is d%!\n",time++);
        }
        else
            break;
        ReleaseSemaphore(sema,1,NULL);               //释放信号量
    }
    return 0;
}

DWORD WINAPI Fun2Proc(LPVOID param){               //线程2体函数
    while(1){
        WaitForSingleObject(sema,INFINITE);          //等待信号量
        if(time<=20){
            Sleep(1);
            printf("I am thread2,the value of time is d%!\n",time++);
        }
        else
            break;
        ReleaseSemaphore(sema,1,NULL);               //释放信号量
    }
    return 0;
}
```

4. 事件

事件是内核对象，具有“激发状态”和“未激发状态”两种状态。事件主要分为两类：

1）人工重置事件：用程序手动设置。

2）自动重置事件：一旦事件发生并被处理后，自动恢复到没有时间状态。

操作信号量要涉及的 API 函数主要包括以下七个：

（1）CreateEvent()函数

CreateEvent()函数的功能是用于创建或者打开一个命名的或无名的事件对象，如果成功，返回事件对象的句柄。如果对于命名的对象在函数调用前已经被创建，将返回存在的事件对象的句柄，如果调用失败，将返回值为 NULL，可以调用函数 GetLastError()查询失败原因。CreateEvent()函数的原型如下：

```
#include<windows.h>
HANDLECreateEvent(
LPSECURITY_ATTRIBUTES lpEventAttributes,
BOOL bManualReset,
BOOL bInitialState,
LPCTSTR lpName);
```

在上述 CreateEvent()函数的原型之中，各参数的含义如下：

lpEventAttributes：指定安全属性，当取值为 NULL 时，表示命名的或无名的事件对象将得到一个默认的安全描述。

bManualReset：指定将事件对象创建成手动复原还是自动复原。如果是 TRUE，那么必须用 ResetEvent 函数来手工将事件的状态复原到无信号状态。如果设置为 FALSE，当一个等待线程被释放以后，系统将会自动将事件状态复原为无信号状态。

bInitialState：指定事件对象的初始状态。如果为 TRUE，初始状态为有信号状态；否则为无信号状态。

lpName：指定事件对象的名称，是一个以 0 结束的字符串指针。名称是对大小写敏感的。如果 lpName 为 NULL，将创建一个无名的事件对象。

（2）SetEvent()函数

SetEvent()函数的功能是用于设置事件对象为有信号状态，释放任意等待线程。如果事件是手工的，此事件将保持有信号状态直到调用 ResetEvent，这种情况下将释放多个线程；如果事件是自动的，此事件将保持有信号状态，直到一个线程被释放，系统将设置事件的状态为无信号状态；如果没有线程在等待，则此事件将保持有信号状态，直到一个线程被释放。若调用成功则返回非零值，否则为 0，可调用函数 GetLastError()查询失败原因。SetEvent()函数的原型如下：

```
#include<windows.h>
BOOL SetEvent(HANDLE hEvent);
```

在上述 SetEvent()函数的原型之中，参数的含义如下：

hEvent：所要操作的事件对象的句柄，这个句柄是 CreateEvent()或者 OpenEvent()函数的返回值。

（3）ResetEvent()函数

ResetEvent()函数的功能是用于把指定的事件对象设置为无信号状态。如果调用成功，则返回非零值，否则为 0，可以调用函数 GetLastError()查询失败原因。ResetEvent()函数的原型如下：

```
#include<windows.h>
```

```
BOOL ResetEvent(HANDLE hEvent);
```

在上述 ResetEvent()函数的原型之中，参数的含义如下：

hEvent：所要操作的事件对象的句柄，这个句柄是 CreateEvent()或者 OpenEvent()函数的返回值。

（4）PulseEvent()函数

PulseEvent()函数的功能是用于把指定的事件对象设置为有信号状态。在自动重置模式下PulseEvent()函数和 SetEvent()函数的作用没有什么区别，但在手动模式下，正在等候事件的、被挂起的所有线程都会进入活动状态，函数随后将事件设回无信号，并且函数返回。如果调用成功，则返回非零值，否则为 0，可以调用函数 GetLastError()查询失败原因。PulseEvent()函数的原型如下：

```
#include<windows.h>
BOOL PulseEvent(HANDLE hEvent);
```

在上述 PulseEvent()函数的原型之中，参数的含义如下：

hEvent：所要操作的事件对象的句柄，这个句柄是 CreateEvent()或者 OpenEvent()函数的返回值。

注：不建议使用该函数。

（5）OpenEvent()函数

OpenEvent()函数的功能是用于打开一个已经存在的命名事件对象。如果调用成功，返回事件对象的句柄，失败则返回 NULL，可以调用函数 GetLastError()查询失败原因。OpenEvent()函数的原型如下：

```
#include<windows.h>
HANDLEOpenEvent(
DWORD dwDesiredAccess,
BOOL bInheritHandle,
LPCTSTR lpName);
```

在上述 OpenEvent()函数的原型之中，各参数的含义如下：

dwDesiredAccess：指定对事件对象的请求访问权限，该参数必须设置为 EVENT_ALL_ACCESS，表示指定事件对象所有可能的权限。

bInheritHandle：指定返回的句柄是否继承，该参数必须设置为 FALSE。

lpName：指向一个以 NULL 结束的字符串，代表即将要打开的事件对象的名称。名称是区分大小写的。

（6）WaitforSingleObject()函数

用来检测事件对象句柄的信号状态，具体介绍详见 3.4.8 节。

（7）WaitForMultipleObjects()函数

用来检测事件对象句柄的信号状态，具体介绍详见 3.4.8 节。

为了进一步形象地说明上述七个函数的用法，下面给出一个简单的例程：

```
#include<windows.h>
#include<iostream>
DWORD WINAPI Fun1Proc(LPVOID param);
```

```
DWORD WINAPI Fun2Proc(LPVOID Param);
int time;
HANDLE events;

void main(){
    HANDLE thread1,thread2;
    thread1 =CreateThread(NULL,0,Fun1Proc,NULL,0,NULL);
    thread2 =CreateThread(NULL,0,Fun2Proc,NULL,0,NULL);
    CloseHandle(thread1);
    CloseHandle(thread2);
    events =CreateEvent(NULL,FALSE,FALSE,NULL);     //创建一个事件对象
    SetEvent(events);                               //设置事件对象为有信号状态
    Sleep(4000);
    CloseHandle(events);                            //关闭事件对象
}
DWORD WINAPI Fun1Proc(LPVOID param){                //线程 1 体函数
    while(1) {
        WaitForSingleObject(events,INFINITE);       //等待事件对象
        if(time<=20) {
            Sleep(1);
            printf("I am thread1,the value of time is d%!\n",time++);
        }
        else
            break;
        SetEvent(events);                           //设置事件对象为有信号状态
    }
    return 0;
}

DWORD WINAPI Fun2Proc(LPVOID param){                //线程 2 体函数
    while(1) {
        WaitForSingleObject(events,INFINITE);       //等待事件对象
        if(time<=20) {
            Sleep(1);
            printf("I am thread2,the value of time is d%!\n",time++);
        }
        else
            break;
        SetEvent(events);                           //设置事件对象为有信号状态
    }
    return 0;
}
```

5.2 基于多线程的并发 TCP 服务器软件设计流程

多线程并发 TCP 服务器可以面向不定长时间才能处理完的客户请求，其中每个客户请求将由服务器的不同线程负责处理，每个客户一个线程，多个线程可并发执行。采用多线程的模式可以使得服务器的进程数目不会随着客户数目的增加而线性增加，由此可有效减少服务器进程的压力，降低服务器端的开销。多线程并发 TCP 服务器的结构如图 5.1 所示。在某一个时刻，由同一服务器进程所产生的多个并发线程可同时对多个客户的并发请求进行处理，从而解决了多个客户的并发请求问题。其中，各个线程既能独立操作，又可以协同作业，由此实现了一种简单高效的服务器结构。

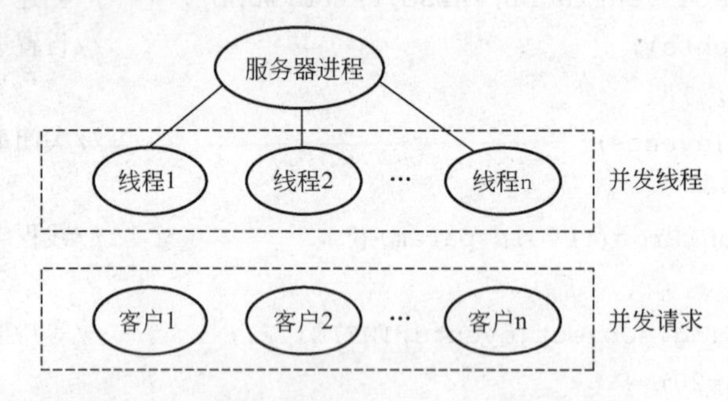

图 5.1　基于多线程的并发 TCP 服务器结构

多线程并发 TCP 服务器的工作流程可按照以下三个步骤来建立：

步骤 1：建立套接字并在某一约定端口上等待接收客户请求。

步骤 2：当接收到来自客户端的服务请求后，建立一新线程来处理，同时主线程继续等待其他客户连接。当新线程处理完成后，关闭新线程与客户的通信链路并终止新线程。

步骤 3：关闭服务器。

5.2.1 不固定线程数的并发 TCP 服务器软件设计流程

基于上述多线程并发 TCP 服务器的工作流程可知，不固定线程数的多线程并发 TCP 服务器算法的实现流程可描述如下：

步骤 1：主线程（进程）创建主套接字 msock 并绑定到熟知端口。

步骤 2：主线程（进程）调用 accept()函数，基于主套接字在熟知端口上等待客户连接请求的到达。

步骤 3：当有客户连接请求到达时，主线程（进程）建立与该客户之间的通信连接，同时 accept()调用返回一个新的用于该连接的从套接字描述符 ssock。

步骤 4：主线程（进程）创建一个新的线程（从线程）来处理该连接。

步骤 5：主线程（进程）关闭套接字 ssock（此时，由于从线程仍然打开着从套接字 ssock，故主线程（进程）的关闭操作仅仅只是把从套接字 ssock 的引用计数减少 1，而不会真正关闭该从套接字）。

步骤 6：主线程（进程）返回步骤 2 继续执行。

步骤 7：从线程关闭主套接字 msock（此时，由于主线程（进程）仍打开着主套接字

msock，故从线程的关闭操作仅仅只是把主套接字 msock 的引用计数减少 1，而不会真正关闭该主套接字）。

步骤 8：从进程调用 recv()和 send()等操作与客户进行数据交换。

步骤 9：数据交换完毕，从线程关闭从套接字 ssock，从线程结束。

5.2.2 固定线程数的并发 TCP 服务器软件设计流程

基于上述多线程并发 TCP 服务器的工作流程可知，固定线程数的多线程并发 TCP 服务器算法的实现流程可描述如下：

1．父线程的设计流程

步骤 1：主线程创建主套接字 msock 并绑定到熟知端口。

步骤 2：主线程创建给定数目的从进程。

步骤 3：主线程调用 wait()函数等待从进程结束，一旦有从进程退出，则主线程立即创建一个新的从进程，以保证从线程在数量上维持不变。

2．从线程的设计流程

步骤 1：从线程调用 accept()函数等待客户连接请求的到达。

步骤 2：当有客户连接请求到达时，从线程建立与该客户之间的通信连接，同时 accept()调用返回一个新的用于该连接的从套接字描述符 ssock。

步骤 3：从线程调用 recv()和 send()等操作与客户端进行数据交换。

步骤 4：数据交换完毕，从线程关闭从套接字 ssock。

步骤 5：从线程返回步骤 1 继续执行。

5.3 多线程并发 TCP 服务器实现例程

5.3.1 UNIX/Linux 环境下多线程并发 TCP 服务器实现例程

例程功能简介：客户端负责从键盘接收客户的输入信息，然后将该信息发送给服务器端。服务器端则负责循环接收客户的连接请求，当收到一个客户的连接请求之后，将创建两个新的线程来负责处理与该客户的通信，其中，一个线程专门负责接收该客户发送过来的信息，并将收到的信息保存到一个全局变量（字符数组 buffer）之中，而另一个线程则专门读取 buffer 中的信息，并在将 buffer 中的信息反转之后，将反转后的字符串作为服务器的应答信息回送给该客户。

例程的 C 语言源代码如下：

1．服务器端例程

```
#include<stdio.h>
#include<string.h>
#include<unistd.h>
```

```
#include<sys/types.h>
#include<sys/socket.h>
#include<netinet/in.h>
#include<arpa/inet.h>
#include<pthread.h>
#include<stdlib.h>
#define SERVER_PORT 10000                    //定义服务器端的熟知端口号
#define QUEUE 10                             //定义允许排队的连接数
#define MAXSIZE 1024                         //定义缓冲区大小
pthread_mutex_t  work_mutex;                 //互斥锁变量

char buffer[MAXSIZE];                        //多线程公用读写缓存区

void*recv_data(void*fd){                     //接收客户端发送过来的数据
    int sockfd;
    int num;
    sockfd=*((int*)fd);
    for(;;){
        pthread_mutex_lock(&work_mutex);    /*由于需要对公用读写缓存区 buffer 进
行写操作,因此需先对互斥锁进行加锁*/
    memset(buffer,'\0',MAXSIZE);
    /*调用 recv()函数接收来自客户端的数据保存到buffer之中*/
        if((num=recv(sockfd,buffer,MAXSIZE,0))==-1){
            printf("recv error.\n");
            exit(-1);
        }
        buffer[num-1] ='\0';                 //在 buffer 末尾加上字符串结束符'\0'
        if(strcmp(buffer,"exit")==0)         //接收到 exit 时,跳出 for 循环
            break;
        printf("Received client message: %s.\n",buffer);
    pthread_mutex_unlock(&work_mutex);       /*对公用读写缓存区 buffer 操作完毕,对
互斥锁进行解锁*/
    sleep(3);       /*每接收一次客户端的数据,休眠 3 秒,以便让其他线程获取控制权*/
    }//for 循环结束
    return;
}

void*send_data(void*fd){                     //给客户端发送数据
    int sockfd;
    int i,num;
    sockfd=*((int*)fd);
  char sendbuffer[MAXSIZE];
    for(;;){
        pthread_mutex_lock(&work_mutex);          /*由于需要对公用读写缓存区
buffer 进行写操作,因此需先对互斥锁进行加锁*/
        if(strcmp(buffer,"exit")==0)              //接收到 exit 时,跳出 for 循环
            break;
        num=strlen(buffer);
```

```
        memset(sendbuf,'\0',MAXSIZE);
        /*将 buffer 中的字符串反转后,存入 sendbuf 中*/
        for (int i =0; i< num-1; i++) {
sendbuf[i] =buffer[num - i -2];
}
sendbuf[num-1] ='\0';      //在 sendbuf 末尾加上字符串结束符'\0'
/*调用 send()函数将反转后的字符串回送给客户端*/
send(sockfd,sendbuf,strlen(sendbuf),0);
  pthread_mutex_unlock(&work_mutex);        /*对公用读写缓存区 buffer 操作完毕,对
互斥锁进行解锁*/
sleep(3);             /*每发送一次数据给客户端,休眠 3 秒,以便让其他线程获取控制权*/
    }//for 循环结束
    return;
}

int main(){
int msock,ssock;                              //声明主、从套接字描述符变量
pthread_t thread1,thread2;                    //声明线程描述符变量
struct sockaddr_in servaddr;                  //声明服务器套接字端点地址结构体变量
struct sockaddr_in clientaddr;                //声明客户端套接字端点地址结构体变量
int ssize;
void*thread_result;                     /*声明存储调用 pthread_join()函数等待从线程
结束时被等待线程的返回值*/
/*以下语句调用 pthread_mutex_init()函数对互斥锁进行初始化*/
int ret =pthread_mutex_init(&work_mutex,NULL);
 if (ret !=0) {
printf("Mutex Initialization Failed!");
exit(-1);
}
/*以下语句调用 socket()函数创建一个服务器端主套接字*/
if ((msock=socket(AF_INET,SOCK_STREAM,0)) ==-1){
printf("Create Socket Failed!\n");
exit(-1);
}
memset(&servaddr,0,sizeof(struct sockaddr_in));
/*以下 3 条语句用于给端点地址结构体变量 servaddr 赋值*/
servaddr.sin_family=AF_INET;                              //给协议族字段赋值
servaddr.sin_addr.s_addr=htonl(INADDR_ANY);               //给 IP 地址字段赋值
servaddr.sin_port=htons(SERVER_PORT);                     //给端口号字段赋值
/*以下语句用于调用 bind()函数将主套接字与端点地址绑定*/
ret=bind(msock,(struct sockaddr*)&servaddr,sizeof(struct sockaddr_in));
if(ret<0){                                                //调用 bind()函数出错
        printf("Server Bind Port: %d Failed!\n",SERVER_PORT);
        exit(-1);
}
/*以下语句用于设置等待队列长度和设套接字为被动模式*/
ret=listen(msock,QUEUE);
if(ret<0){                                   //调用 listen()函数出错
```

```
        printf("Listen Failed!\n");
        exit(-1);
    }
    ssize=sizeof(struct sockaddr_in);
    /*循环调用 accept()函数接受客户端 TCP 连接请求,为每个客户端创建一个新的从套接字来负责与
该客户端之间的通信*/
    while(1){
    memset(&clientaddr,0,sizeof(struct sockaddr_in));
    /*以下语句用于接受客户端TCP连接请求并创建从套接字*/
    ssock =accept(msock,(struct sockaddr*)&clientaddr,&len);
    if(ssock<0){                                //调用 accept()函数出错
            printf("Accept Failed!\n");
            exit(-1);
    }
    /*以从套接字为参数,recv_data()函数为线程体函数来创建新线程负责接收客户端发送过来的数据*/
    if (pthread_create(&thread1,NULL,recv_data,&ssock)!=0) {
    printf("First pthread_create error.\n");
    exit(-1);
    }
    /*以从套接字为参数,send_data()函数为线程体函数来创建新线程负责给客户端发送数据*/
    if (pthread_create(&thread2,NULL,send_data,&ssock)!=0) {
    printf("Second pthread_create error.\n");
    exit(-1);
    }
    printf("\nWaiting for threads to finish...\n");   /*提示用户等待从线程结束*/
    /*调用 pthread_join()函数让主线程等待从线程结束,主线程会一直等待,直到所等待的从线程结
束,主线程才会结束;若不调用 pthread_join()函数,则主线程会很快结束,从而使整个进程随之结束,此
时可能从线程还未来得及完成相应的数据处理工作*/
    res =pthread_join(thread1,&thread_result);
        if (res !=0){
    printf("Thread1 join failed");
    exit(-1);
    }
    printf("Thread1 joined\n");                      //若从线程退出则显示提示信息
    res =pthread_join(thread2,&thread_result);
        if (res !=0){
    printf("Thread2 join failed");
    exit(1);
    }
    printf("Thread2 joined\n");                 //若从线程退出则显示提示信息
    close(ssock);
    }//while(1)循环结束
    close(msock);                               //关闭主套接字
    pthread_mutex_destroy(&work_mutex);              //释放互斥锁
    return 0;
    }
```

2. 客户端例程

```
#include<sys/types.h>
#include<sys/socket.h>
#include<stdio.h>
#include<netinet/in.h>
#include<arpa/inet.h>
#include<unistd.h>
#include<stdlib.h>
#define SERVERIP "172.0.0.1"                         //定义IP地址常量
#define SERVERPORT 10000                             //定义端口号常量

int main(){
    int tsock;
    int len,ret;
    struct sockaddr_in servaddr;
    int result;
    int i,byte;
    char sendbuf[100] ={0};
    tsock =socket(AF_INET,SOCK_STREAM,0);            //创建套接字
if (tsock<0){                                        //调用socket()函数出错
        printf("Create Socket Failed!\n");
        exit(-1);
}
    memset(&servaddr,0,sizeof(struct sockaddr_in));
/*以下3条语句用于给端点地址结构体变量servaddr赋值*/
servaddr.sin_family=AF_INET;                         //给协议族字段赋值
inet_aton(SERVERIP,&servaddr.sin_addr);              //给IP地址字段赋值
servaddr.sin_port =htons(SERVERPORT);                //给端口号字段赋值
/*以下语句用于向远程服务器发起TCP连接建立请求*/
int ret;
ret=connect(tsock,(struct sockaddr*)&servaddr,sizeof(struct sockaddr));
if(ret<0){                                           //调用connect()函数出错
        printf("Connect Failed!\n");
        exit(-1);
}
    for(;;){
        memset(sendbuf,'\0',sizeof(sendbuf));
        scanf("%s",sendbuf);                         //从键盘输入发送数据
        /*如果输入exit,先把该字符串发送给服务器,然后跳出循环*/
        if(strcmp(sendbuf,"exit")==0){
            if((byte=send(tsock,sendbuf,strlen(sendbuf),0))==-1){
                printf("Send Data Error.\n ");
                exit(-1);
            }
            break;
        }
        if((byte=send(tsock,sendbuf,strlen(sendbuf),0)) ==-1){
```

```
            printf("Send Data Error.\n");
            exit(-1);
        }
    }//for 循环结束
    close(tsock);
    return 0;
}
```

5.3.2 Windows 环境下多线程并发 TCP 服务器实现例程

例程功能简介：客户端负责从键盘接收客户的输入信息，然后将该信息发送给服务器端。服务器端则负责循环接收客户的连接请求，当收到一个客户的连接请求之后，将创建两个新的线程来负责处理与该客户的通信，其中，一个线程专门负责接收该客户发送过来的信息，并将收到的信息保存到一个全局变量（字符数组 buffer）之中，而另一个线程则专门读取 buffer 中的信息，并在将 buffer 中的信息反转之后，将反转后的字符串作为服务器的应答信息回送给该客户。

例程的 C 语言源代码如下：

1. 服务器端例程

```
#include "stdafx.h"
#include<stdio.h>
#include<stdlib.h>
#include<windows.h>
#include<winsock2.h>
#include<string.h>
#include<malloc.h>
#pragma comment(lib,"ws2_32.lib")

#define MAXSIZE 1024                                    //定义缓冲区大小
HANDLE hMutex;
char buffer[MAXSIZE+1];                                 //多线程公用读写缓存区

void recv_data(SOCKET fd){                              //接收客户端发送过来的数据
     SOCKET sockfd;
     int num;
     sockfd =fd;
     for(;;){
WaitForSingleObject(hMutex,INFINITE);                   /*由于需要对公用读写缓存区
buffer 进行写操作,因此需先对互斥锁进行加锁*/
ZeroMemory(buffer,sizeof(buffer));
/*调用 recv()函数将接收来自客户端的数据保存到 buffer 之中*/
        if((num=recv(sockfd,buffer,MAXSIZE,0))==-1){
            printf("recv error.\n");
            exit(-1);
        }
```

```
        buffer[num] ='\0';                    //在 buffer 末尾加上字符串结束符'\0'
        if(strcmp(buffer,"exit")==0)          //接收到 exit 时,跳出 for 循环
            break;
        printf("Received client message: %s.\n",buffer);
    ReleaseMutex(hMutex);      /*对公用读写缓存区 buffer 操作完毕,对互斥锁进行解锁*/
  sleep(3);                    /*每接收一次客户端数据,休眠 3 秒,以让其他线程获取控制权*/
    }//for 循环结束
    return;
}
void send_data(SOCKET fd){                        //给客户端发送数据
    SOCKET sockfd;
    int i,num;
    sockfd=fd;
char sendbuffer[MAXSIZE];
    for(;;){
WaitForSingleObject(hMutex,INFINITE);        /*由于需要对公用读写缓存区 buffer 进
行写操作,因此需先对互斥锁进行加锁*/
        if(strcmp(buffer,"exit")==0)          //接收到 exit 时,跳出 for 循环
            break;
        num=strlen(buffer);
        ZeroMemory(sendbuf,MAXSIZE+1);
        /*将 buffer 中的字符串反转后,存入 sendbuf 中*/
        for (int i =0; i< num; i++) {
sendbuf[i] =buffer[num - i -1];
}
sendbuf[num] ='\0';                      //在 sendbuf 末尾加上字符串结束符'\0'
/*调用 send()函数将反转后的字符串回送给客户端*/
send(sockfd,sendbuf,strlen(sendbuf),0);
ReleaseMutex(hMutex);          /*对公用读写缓存区 buffer 操作完毕,对互斥锁进行解锁*/
sleep(3);                      /*每发送一次数据给客户端,休眠 3 秒,以让其他线程获取控制权*/
    }//for 循环结束
    return;
}
int main(){
hMutex =CreateMutex(NULL,FALSE,NULL);            //创建互斥锁
int ret;
WORD sockVersion =MAKEWORD(2,2);
WSADATA wsaData;
ret=WSAStartup(sockVersion,&wsaData);
if (ret !=0){
        printf("Couldn't Find a Useable Winsock.dll!\n");
        exit(-1);
}
    SOCKET msock=socket(AF_INET,SOCK_STREAM,0);       //创建主套接字
    if (msock ==INVALID_SOCKET){                      //调用 socket()函数出错
        printf("Create Socket Failed!\n");
        exit(-1);
}
```

```
struct sockaddr_in servaddr;                                //声明端点地址结构体变量
ZeroMemory(&servaddr,sizeof(servaddr));
/*以下3条语句用于给端点地址结构体变量servaddr赋值*/
servaddr.sin_family=AF_INET;                                //给协议族字段赋值
servaddr.sin_addr.s_addr=htonl(INADDR_ANY);                 //给IP地址字段赋值
servaddr.sin_port=htons(10000);                             //给端口号字段赋值
/*以下语句用于调用bind()函数将主套接字与端点地址绑定*/
ret=bind(msock,(struct sockaddr*)&servaddr,sizeof(struct sockaddr_in));
if(ret<0){                                                  //调用bind()函数出错
        printf("Bind Port Failed!\n");
        exit(-1);
}
    /*以下语句用于设置等待队列长度和设套接字为被动模式*/
ret=listen(msock,10);
if(ret<0){                                                  //调用listen()函数出错
        printf("Listen Failed!\n");
        exit(-1);
}
int ssize=sizeof(struct sockaddr_in);                       //获得端点地址结构体的长度
SOCKET sscok;                                               //声明从套接字描述符变量
struct sockaddr_in clientaddr;                              //声明端点地址结构体变量
/*以下 while(1)循环用于反复调用 accept()函数接受客户连接请求,为每个客户创建一个从套接
字来负责与该客户之间的通信*/
while(1){
   ZeroMemory(&clientaddr,sizeof(clientaddr));
connectfd=accept(slisten,(SOCKADDR*)&remoteAddr,& ssize);
ssock =accept(msock,(struct sockaddr*)&clientaddr,&len);
if(ssock ==INVALID_SOCKET){                                 //调用accept()函数出错
          printf("Accept Failed!\n");
          continue;                                         //继续监听
}
/*以从套接字为参数,recv_data()函数为线程体函数来创建新线程负责接收客户端发送过来的
数据*/
HANDLE hThread1 =CreateThread(NULL,0,(LPTHREAD_START_ ROUTINE) recv_data,
(LPVOID)ssock,0,0);
          if(hThread1 ==NULL){
    printf("Create Thread1 Failed !\n");
    return 0;
}
/*以从套接字为参数,send_data()函数为线程体函数来创建新线程负责给客户端发送数据*/
HANDLE hThread2 =CreateThread(NULL,0,(LPTHREAD_START_ ROUTINE)send_data,
(LPVOID)ssock,0,0);
          if(hThread2 ==NULL){
    printf("Create Thread2 Failed !\n");
    return 0;
```

```
    }
    printf("\nWaiting for threads to finish...\n");     /*提示用户等待从线程结束*/
    /*调用 WaitForSingleObject()函数让主线程等待从线程结束,主线程会一直等待,直到所等待的
从线程结束,主线程才会结束;若不调用 WaitForSingleObject()函数,则主线程会很快结束,从而使整
个进程随之结束,此时可能从线程还未来得及完成相应的数据处理工作*/
    WaitForSingleObject(hThread1,INFINITE);
    CloseHandle(hThread1);
    WaitForSingleObject(hThread2,INFINITE);
        CloseHandle(hThread2);
    closesocket(ssock);                                 //关闭从套接字
    }//while(1)循环结束
    closesocket(msock);                                 //关闭主套接字
       WSACleanup();                                    //结束 Winsock Socket API
    return 0;
    }
```

2. 客户端例程

```
#include "stdafx.h"
#include<stdio.h>
#include<stdlib.h>
#include<windows.h>
#include<winsock2.h>
#include<string.h>
#include<malloc.h>
#pragma comment(lib,"ws2_32.lib")

#define SERVERIP "172.0.0.1"                        //定义 IP 地址常量
#define SERVERPORT 10000                            //定义端口号常量
int main(){
SOCKET tsock;                                       //声明一个客户端套接字描述符变量
char sendbuf[100] ={0};
       struct sockaddr_in servaddr;                 //声明服务器套接字端点地址结构体变量
   int ret;
WORD sockVersion =MAKEWORD(2,2);
WSADATA wsaData;
ret=WSAStartup(sockVersion,&wsaData);
if (ret !=0){
        printf("Couldn't Find a Useable Winsock.dll!\n");
        exit(-1);
}
   tsock =socket(AF_INET,SOCK_STREAM,0);                  //创建套接字
if (tsock ==INVALID_SOCKET){                              //调用 socket()函数出错
```

```
        printf("Create Socket Failed!\n");
        exit(-1);
    }
    ZeroMemory(&servaddr,sizeof(servaddr));
//以下 3 条语句分别给服务器套接字端点地址变量中的 3 个字段赋值
    servaddr.sin_family =AF_INET;                    //协议族字段赋值
    servaddr.sin_port =htons(SERVERPORT);            //端口号字段赋值
    inet_aton(SERVERIP,&servaddr.sin_addr);          //IP 地址字段赋值
    /*以下语句用于向远程服务器发起 TCP 连接建立请求*/
ret=connect(tsock,(struct sockaddr*)&servaddr,sizeof(struct sockaddr));
if(ret<0){                                            //调用 connect()函数出错
        printf("Connect Failed!\n");
        exit(-1);
}
for(;;){
    scanf("%s",sendbuf);                              //从键盘输入发送数据
    /*如果输入 exit,先把该字符串发送给服务器,然后跳出循环*/
    if(strcmp(sendbuf,"exit")==0){
        if((byte=send(clientfd,sendbuf,strlen(sendbuf),0))==-1){
            printf("send error.\n");
            exit(1);
        }
        break;
    }
    if((byte=send(clientfd,sendbuf,strlen(sendbuf),0))==-1){
        printf("send error.\n");
        exit(1);
    }
  }//for 循环结束
  closesocket(tsock);
  WSACleanup();                                  //结束 Winsock Socket API
  return 0;
}
```

5.4　本章小结

本章主要对多线程并发 TCP 服务器的实现原理及其 C 语言实现方法进行深入介绍，并在此基础上分别针对 UNIX/Linux 和 Windows 环境具体给出两个创建多线程并发 TCP 服务器的完整 C 语言例程及其对应客户端的完整 C 语言实现例程。通过本章学习，需要了解多线程并发 TCP 服务器的进程结构，熟悉多线程并发 TCP 服务器的设计流程，掌握 UNIX/Linux 和 Windows 环境下多线程并发 TCP 服务器的 C 语言实现方法。

本 章 习 题

1．简述多线程并发 TCP 服务器的进程结构。

2．简述多线程并发 TCP 服务器软件的设计流程。

3．试针对 UNIX/Linux 和 Windows 环境分别构造一个基于多线程的并发 TCP 服务器例程，该例程能实现以下功能：能同时等候来自 10 个不同客户的连接请求，一旦与某个客户连接成功则接收来自该客户的信息，则创建一个新的线程负责与该客户通信，在与该客户的通信过程中，服务器每收到客户端发送过来的字符串时，将首先显示该字符串，然后将该字符串反转，最后再将反转后的字符串回送给该客户。

第6章 单线程并发机制的实现原理与方法

在上一章中详细介绍了多线程并发 TCP 服务器的实现原理及其 C 语言实现方法，本章将在此基础上进一步对单线程并发 TCP 服务器的实现原理及其 C 语言实现方法进行深入介绍。同时，为了更清晰地说明单线程并发机制的实现原理及其 C 语言实现方法，本章还将分别给出 UNIX/Linux 与 Windows 环境下的多个创建单线程并发 TCP 服务器及其对应客户端的完整 C 语言实现例程。

6.1 单线程并发 TCP 服务器与客户端的进程结构

6.1.1 单线程并发 TCP 服务器的进程结构

采用多线程编程的目的是最大限度地利用 CPU 资源，当某一线程的处理不需要占用 CPU 而只和 I/O 等资源打交道时，采用基于多线程的并发模式就可以让需要占用 CPU 资源的其他线程有机会获得 CPU 资源，从而提高了 CPU 资源的利用效率。

每个程序执行时都会产生一个进程，而每一个进程至少要有一个主线程。该线程其实是进程执行的一条线索，除了主线程外，程序员还可以给进程增加其他的线程，即程序员可增加进程其他的执行线索，由此在某种程度上可以看成是给一个应用程序增加了多任务功能。当应用程序运行后就可以根据各种条件挂起或运行这些线程，尤其在多 CPU 环境中，这些线程是并发运行的。

多进程技术也可以实现应用程序的多任务功能，但由于存在创建进程的高消耗（每个进程都有独立的数据和代码空间）、进程之间通信不便（消息机制）以及进程之间切换的时间太长等不利因素，从而导致了多线程的提出。对于单 CPU 来说，由于在同一时间只能执行一个线程，所以如果想实现多任务，就只能按照某种策略让每个进程或线程获得一个时间片，而在任意一个时间片内只能有一个线程执行。由于时间片很短，这样给用户的感觉是同时有多个线程在执行。但是线程的切换是有代价的，因此如果采用多进程，那么就需要将线程所隶属的该进程所需要的内存进行切换，从而导致时间代价很高。而线程之间由于可以共享内存，因此采用多线程模型在切换上花费的时间要比采用多进程模型少很多。但是，线程切换还是需要时间消耗的，所以采用一个拥有两个线程的进程执行所需要的时间比一个线程的进程执行两次所需要的时间要多一些。即，采用多线程不会提高反而会降低程序的执行速度，但是对于用户来说，可以减少用户的响应时间。

为此，在写服务器处理模型的程序时，除了上述多进程模型（服务器每收到一个客户请求，就创建一个新的进程来处理该请求）与多线程模型（服务器每收到一个客户请求，就创建一个新的线程来处理该请求）之外，人们针对单 CPU 环境提出了第三种模型，称为 SELECT 事件驱动模型。在该模型中，服务器每收到一个客户请求，就将其放入一个事件列表，然后让主线程通过非阻塞 I/O 方式来处理该客户请求。显然，在上述 SELECT 事件驱动模型中采用的是一种单线程的并发模型，其线程结构如图 6.1 所示。

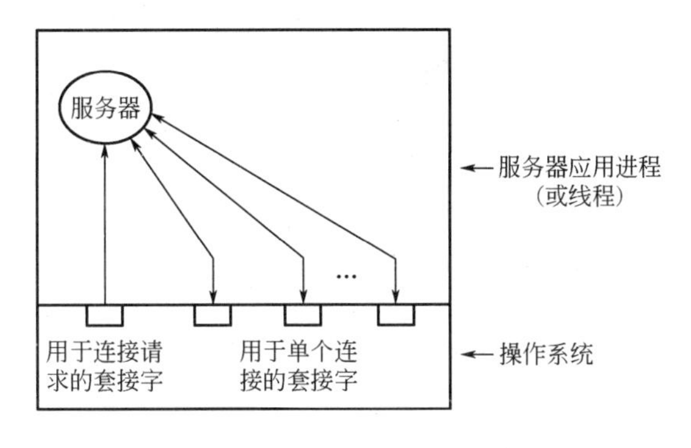

图 6.1 单线程并发服务器模型中的线程结构

由图 6.1 可知，单线程服务器中的单个线程需要同时完成多线程服务器中的主线程和从线程的职责。首先，它需要维护一组套接字，其中，组中有一个主套接字用于绑定到主线程需要接受客户连接请求的熟知端口上，而组中的其他从套接字则都对应于一个连接；然后，当主套接字准备就绪时，服务器就接受一个新的客户连接，而当其他任意一个从套接字准备就绪时，服务器就读取一个请求并发送响应。

显然，与其他模型相比，由于 SELECT 事件驱动模型只使用了单线程（进程）执行，因此其占用的资源少，不用消耗太多的 CPU 资源，同时能够为多客户端提供服务。如果试图建立一个简单的事件驱动的服务器程序，该模型具有一定的参考价值。但该模型也有严重的缺陷，例如，如图 6.2 所示，由于该模型将事件探测和事件响应夹杂在一起，因此，一旦事件响应的执行体过于庞大，则将对整个模型造成灾难性的后果。

6.1.2 单线程并发 TCP 客户端的进程结构

单线程并发 TCP 客户端与单线程并发 TCP 服务器一样，使用异步 I/O。客户为到多个服务器的连接创建套接字描述符。同时，它还可以有一个或多个用于获得键盘或鼠标输入的描述符。客户程序的主体含有一个循环，该循环使用 select 等待其中任何一个描述符准备就绪。如果输入描述符准备就绪，客户就读取输入，并且可以将输入存储起来以后再用，也可以立刻开始处理输入。如果 TCP 连接输出就绪，客户就在此 TCP 连接上准备和发送请求。如果 TCP 连接输入就绪，客户就读取这个服务器发出的响应并加以处理。图 6.3 给出了在 Linux 系统中如何使用单线程并发 TCP 客户端方法来支持面向连接的应用协议。

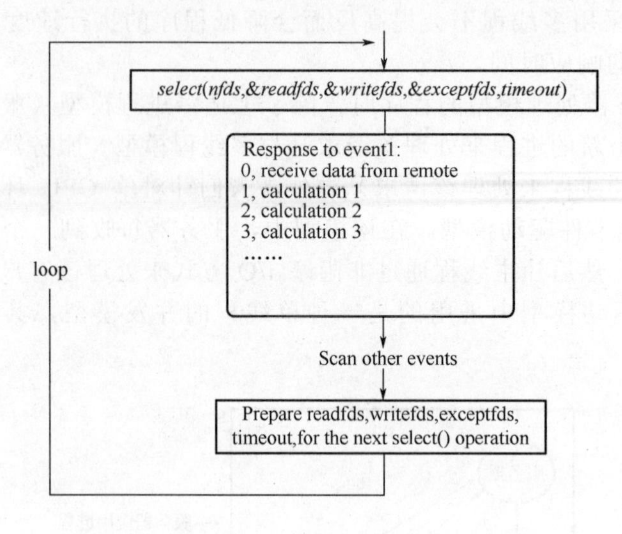

图 6.2　SELECT 事件驱动模型的缺陷

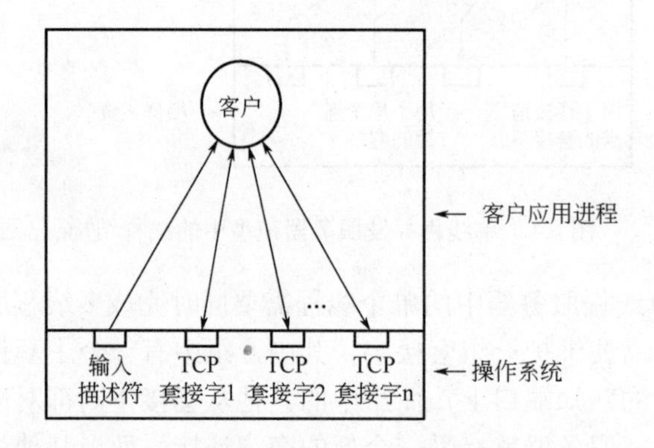

图 6.3　单线程并发 TCP 客户端的一种可能的进程结构

如果单线程的客户调用会阻塞的系统功能，它就可能转为死锁状态。因此程序员需注意确保客户不会无限期地阻塞——在那里等待不会发生的事件。

6.2　单线程并发 TCP 服务器软件的设计流程

6.2.1　UNIX/Linux 环境下单线程并发 TCP 服务器软件设计流程

在 UNIX/Linux 环境下，单线程并发 TCP 服务器模型的程序设计流程主要包括以下五个步骤。

步骤 1：创建主套接字并将其绑定到这个服务器的熟知端口上。将该主套接字添加到文件描述符表中，该表中的项是可以进行 I/O 的描述符。

步骤 2：调用 select()函数在主套接字上等待 I/O。

步骤 3：如果主套接字准备就绪，就调用 accept()函数获得下一个客户的连接请求并产生一个新的临时套接字，然后再将该临时套接字也添加到文件描述符表中。

步骤 4：如果是主套接字以外的某个临时套接字准备就绪，就调用 recv()函数从该临时套接字读取客户发送过来的消息，然后再构造响应，并调用 send()函数将响应发回给该客户。

步骤 5：返回步骤 2 继续执行。

在上述 UNIX/Linux 环境下的单线程并发服务器模型中，select()函数的定义如下：select()函数提供异步 I/O，允许单进程等待指明文件描述符集合中的任一描述符最先就绪，可以使进程检测同时等待的多个 I/O 设备，当没有设备准备就绪时，select()函数将阻塞，若其中有任何一个设备准备就绪时，select()函数就会返回。select()函数的返回值有以下四种情况：

1）正常情况下返回就绪的文件描述符个数。

2）经过了 timeout 时长后仍无设备准备好，则返回值为 0。

3）如果 select 被某个信号中断，它将返回-1。

4）如果出错，则返回-1。

select()函数的原型如下：

```
#include<pthread.h>
int    select(int    maxfdp,fd_set*readfds,fd_set*writefds,fd_set*errorfds,
struct timeval*timeout);
```

在上述 select()函数的原型中，各参数的含义如下：

maxfdp：指集合中所有文件描述符的范围，即所有文件描述符的最大值加 1。该参数通常可通过调用系统函数 getdtablesize()来进行设置。

readfds：指向 fd_set 结构的指针，其中，fd_set 结构可以理解为一个集合，该集合用于存放可读文件描述符（File Descriptor）集合，该集合中包括普通意义的文件描述符与 socket 描述符。如果该集合中有一个文件可读，select()函数就会返回一个大于 0 的值，表示有文件可读，如果没有可读的文件，则 select()函数会根据 timeout 参数再判断是否超时，若超出 timeout 的时间，select()函数将返回 0，若发生错误则返回负值。该参数也可以传入 NULL 值，此时，表示 select()函数不关心任何文件的读变化。

fd_set 结构可通过以下宏来进行操作：

1）FD_ZERO(&fdset); /*将 fdset 清零，以清空 fdset 与所有文件句柄之间的联系*/

2）FD_SET(fd, &fdset); /*将 fd 加入 fdset，以建立文件句柄 fd 与 fdset 之间的联系*/

3）FD_CLR(fd, &fdset); /*将 fd 从 fdset 中清除，以清除文件句柄 fd 与 fdset 之间的联系*/

4）FD_ISSET(fd, &fdset); /*检查 fdset 联系的文件句柄 fd 是否可读写，当>0 则表示文件句柄 fd 可读写*/

writefds：指向 fd_set 结构的指针，其中，fd_set 结构可以理解为一个集合，该集合用于存放可写文件描述符（File Descriptor）集合，如果该集合中有一个文件可写，则 select()函数就会返回一个大于 0 的值，表示有文件可写，如果没有可写的文件，则 select()函数会根据 timeout 参数再判断是否超时，若超出 timeout 的时间，select()函数将返回 0，若发生错误则返回负值。该参数也可以传入 NULL 值，此时，表示 select()函数不关心任何文件的写变化。

errorfds：同上面两个参数的意图，用来监视文件错误异常。

timeout：指向 timeval 结构的表示 select()函数的超时时间指针，该参数可以使 select()函数处于三种状态。

1）若将 NULL 以形参传入，即不传入时间结构，将使得 select()函数置于阻塞状态，此时，select()函数将一直等到监视的文件描述符集合中有某个文件描述符发生变化为止。

2）若将时间值设为 0 秒 0 毫秒，则将使得 select()函数变成一个纯粹的非阻塞函数，此时，select()函数将不管监视的文件描述符集合中是否有文件描述符发生变化，都会立刻返回继续执行，若文件描述符无变化时将返回 0，而有文件描述符发生变化时则返回一个正值。

3）若 timeout 的值大于 0，就是一般的定时器，此时，select()函数将在 timeout 时间内阻塞，若在 timeout 设定的超时时间之内有事件到来则 select()函数将立即返回，否则 select()函数将在超时后返回，返回值同上所述。

timeval 结构的定义如下：

```
struct timeval{
long tv_sec;  //seconds
long tv_usec;  //microseconds
};
```

例如，可通过如下语句来设置 select()函数的超时时间：

```
struct timeval tv;        //申明一个 timeval 结构的时间变量来保存时间
tv.tv_sec =1;
tv.tv_usec =500;          //设置 select()函数等待的最大时间为 1 秒加 500 微秒
```

6.2.2 Windows 环境下单线程并发 TCP 服务器软件设计流程

在 Windows 环境下，单线程并发 TCP 服务器模型的程序设计流程主要包括以下五个步骤。

步骤 1：创建主套接字并将其绑定到这个服务器的熟知端口上。将该主套接字添加到文件描述符表中，该表中的项是可以进行 I/O 的描述符。

步骤 2：调用 select()函数或者 WSAAsyncSelect()函数在主套接字上等待 I/O。

步骤 3：如果主套接字准备就绪，就调用 accept()函数获得下一个客户的连接请求并产生一个新的临时套接字，然后再将该临时套接字也添加到文件描述符表中。

步骤 4：如果是主套接字以外的某个临时套接字准备就绪，就调用 recv()函数从该临时套接字读取客户发送过来的消息，然后再构造响应，并调用 send()函数将响应发回给该客户。

步骤 5：返回步骤 2 继续执行。

在上述 Windows 环境下的单线程并发服务器模型中，WSAAsyncSelect()函数的定义请详见 1.4.2 节中的相关介绍，而 select()函数的定义则请详见 6.2.1 节中的相关介绍。

6.3 单线程并发 TCP 服务器实现例程

6.3.1 UNIX/Linux 环境下单线程并发 TCP 服务器实现例程

例程功能简介：首先服务器只创建单个线程，负责将套接字描述符加入文件描述符集中，然后循环测试文件描述符集合中的套接字，看是否有某个套接字已准备就绪：若有某个套接字已准备就绪，则基于该套接字来接收该客户端发送过来的数据并将应答回送给该客户端，且当数据接收完毕之后，关闭该套接字并将其从文件描述符中清除。

上述单线程并发 TCP 服务器例程的 C 语言源代码如下：

```
#include<sys/types.h>
#include<sys/socket.h>
#include<sys/time.h>
#include<pthread.h>
#include<netinet/in.h>
#include<errno.h>
#include<unistd.h>
#include<string.h>
#include<stdio.h>

#define SERVER_PORT 10000                        //定义端口号为10000
#define QUEUE 20                                 //定义等待队列长度为20
#define BUFSIZE 4096
extern int errno;

int echo(int fd) {
     char buf[BUFSIZ];                           //声明缓存区数组buf
     int cc;
     cc=recv(fd,buf,BUFSIZE,0);                  //从套接字fd中接收数据
     if (cc< 0)
         printf("echo recv: %s\n",strerror(errno));
     /*调用send()函数将buf中的数据写入套接字fd*/
     if (cc && send(fd,buf,cc,0)< 0)
         printf("echo send: %s\n",strerror(errno));
     return cc;
}

int main(int argc,char*argv[]) {
    struct sockaddr_in servaddr,clientaddr;
    int msock;                           //主套接字描述符
    fd_set rfds;                         //可读文件描述符集合
    fd_set afds;                         //活动文件描述符集合,用于保存所有的文件描述符
    unsigned int alen;
    int fd,nfds;
```

```
     msock =socket(AF_INET,SOCK_STREAM,0);          //创建主套接字
 if (msock<0){                                        //调用 socket()函数出错
         printf("Create Socket Failed!\n");
         exit(-1);
 }
 memset(&servaddr,0,sizeof(struct sockaddr_in));
 /*以下 3 条语句用于给端点地址结构体变量 servaddr 赋值*/
 servaddr.sin_family=AF_INET;                         //给协议族字段赋值
 servaddr.sin_addr.s_addr=htonl(INADDR_ANY);          //给 IP 地址字段赋值
 servaddr.sin_port=htons(SERVER_PORT);                //给端口号字段赋值
 /*以下语句用于调用 bind()函数将主套接字与端点地址绑定*/
 ret=bind(msock,(struct sockaddr*)&servaddr,sizeof(struct sockaddr_in));
 if(ret<0){                                           //调用 bind()函数出错
         printf("Server Bind Port: %d Failed!\n",SERVER_PORT);
         exit(-1);
 }
     /*以下语句用于设置等待队列长度和设套接字为被动模式*/
 ret=listen(msock,QUEUE);
 if(ret<0){                                           //调用 listen()函数出错
         printf("Listen Failed!\n");
         exit(-1);
 }

     nfds =getdtablesize();                //调用 getdtablesize()来获取描述符的最大数
     FD_ZERO(&afds);                       //初始化活动文件描述符集合
     FD_SET(msock,&afds);                  //将 msock 套接字添加到活动文件描述符集
     while(1){
         memcpy(&rfds,&afds,sizeof(rfds)); /*将 afds 中的套接字描述符添加到 rfds
中*/
         /*以下语句用于确定 rfds 中哪个套接字已经就绪*/
         if (select(nfds,&rfds,(fd_set*)0,(fd_set*)0,(struct timeval*)0)< 0)
             printf("select: %s\n",strerror(errno));
 /*以下语句用于测试主套接字 msock 的状态,如果主套接字已经就绪,则调用 accept()函数建立与
客户端的连接并创建从套接字 ssock 用于负责处理与该客户端的交互*/
         if (FD_ISSET(msock,&rfds)) {          //判断主套接字是否已经就绪
             int ssock;
             alen =sizeof(client);
 ssock =accept(msock,(struct sockaddr*)&client,&alen);
             if (ssock< 0)
                 printf("accept: %s\n",strerror(errno));
             FD_SET(ssock,&afds);              //将 ssock 加入 afds 中
         }
         /*当主套接字没有就绪时,以下语句用于测试其他从套接字的状态,如果某个从套接字已经
就绪,则调用 echo()函数基于该从套接字读取客户端发送过来的数据*/
         for (fd=0; fd<nfds; ++fd) {           //循环判断哪些从套接字已经就绪
             if (fd !=msock && FD_ISSET(fd,&rfds)) {
                 if (echo(fd) ==0) {           /*调用 echo()函数接收数据,若为 0 则表
示数据接收完毕*/
```

```
                    (void) close(fd);
                    FD_CLR(fd,&afds);    /*交互完毕后将 fd 从 afds 中清除*/
                }
            }
        }//for 循环结束
    } //while 循环结束
    close(msock);
    FD_CLR(msock,&afds);
    return 0;
}
```

6.3.2 Windows 环境下单线程并发 TCP 服务器实现例程

例程功能简介：首先服务器只创建单个线程，负责将套接字描述符加入文件描述符集中，然后循环测试文件描述符集合中的套接字，看是否有某个套接字已准备就绪：若有某个套接字已准备就绪，则基于该套接字来接收该客户端发送过来的数据并将应答回送给该客户端，且当数据接收完毕之后，关闭该套接字并将其从文件描述符中清除。

上述单线程并发 TCP 服务器例程的 C 语言源代码如下：

```
#include "stdafx.h"
#include<stdio.h>
#include<stdlib.h>
#include<windows.h>
#include<winsock2.h>
#include<string.h>
#include<malloc.h>
#include<pthread.h>
#pragma comment(lib,"ws2_32.lib")

int echo(int fd) {
     char buf[BUFSIZ];                          //声明缓存区数组 buf
     int cc;
     cc=recv(fd,buf,BUFSIZE,0);                 //从套接字 fd 中接收数据
     if (cc< 0)
         printf("echo recv: %s\n",strerror(errno));
     /*调用 send()函数将 buf 中的数据写入套接字 fd*/
     if (cc && send(fd,buf,cc,0)< 0)
         printf("echo send: %s\n",strerror(errno));
     return cc;
}

int main() {
       SOCKET msock;                         //声明主套接字描述符变量
       SOCKET ssock;                         //声明服务器端临时套接字描述符变量
struct sockaddr_in server,client;
    fd_set rfds;                             //可读文件描述符集合
    fd_set afds;                    //活动文件描述符集合,用于保存所有的文件描述符
```

```
        unsigned int alen;
        int fd,nfds;

        int ret;
    WORD sockVersion =MAKEWORD(2,2);
    WSADATA wsaData;
    ret=WSAStartup(sockVersion,&wsaData);
    if (ret !=0){
            printf("Couldn't Find a Useable Winsock.dll!\n");
            exit(-1);
    }
       msock =socket(AF_INET,SOCK_STREAM,0);                  //创建主套接字
    if (msock ==INVALID_SOCKET){                              //调用socket()函数出错
            printf("Create Socket Failed!\n");
            exit(-1);
    }
       ZeroMemory(&servaddr,sizeof(servaddr));
    /*以下3条语句用于给端点地址结构体变量servaddr赋值*/
    servaddr.sin_family=AF_INET;                              //给协议族字段赋值
    servaddr.sin_addr.s_addr=htonl(INADDR_ANY);               //给IP地址字段赋值
    servaddr.sin_port=htons(SERVER_PORT);                     //给端口号字段赋值
    /*以下语句用于调用bind()函数将主套接字与端点地址绑定*/
    ret=bind(msock,(struct sockaddr*)&servaddr,sizeof(struct sockaddr_in));
    if(ret<0){                                                //调用bind()函数出错
            printf("Server Bind Port: %d Failed!\n",SERVER_PORT);
            exit(-1);
    }
    /*以下语句用于设置等待队列长度和设套接字为被动模式*/
    ret=listen(msock,QUEUE);
    if(ret<0){                                                //调用listen()函数出错
            printf("Listen Failed!\n");
            exit(-1);
    }
       nfds =getdtablesize();  //调用getdtablesize()来获取描述符的最大数
       FD_ZERO(&afds);    //初始化活动文件描述符集合
       FD_SET(msock,&afds);  //将msock套接字添加到活动文件描述符集
       while(1){
            memcpy(&rfds,&afds,sizeof(rfds)); /*将afds中的套接字描述符添加到rfds
中*/
            /*以下语句用于确定rfds中哪个套接字已经就绪*/
            if (select(nfds,&rfds,(fd_set*)0,(fd_set*)0,(struct timeval*)0)<0)
                printf("select: %s\n",strerror(errno));
    /*以下语句用于测试主套接字 msock 的状态,如果主套接字已经就绪,则调用 accept()函数建立与
客户端的连接并创建从套接字 ssock 用于负责处理与该客户端的交互*/
            if (FD_ISSET(msock,&rfds)) {//判断主套接字是否已经就绪
                int ssock;
                alen =sizeof(client);
    ssock =accept(msock,(struct sockaddr*)&client,&alen);
```

```
            if (ssock< 0)
                printf("accept: %s\n",strerror(errno));
            FD_SET(ssock,&afds);            //将 ssock 加入 afds 中
        }
        /*当主套接字没有就绪时,以下语句用于测试其他从套接字的状态,如果某个从套接字已经
就绪,则调用 echo()函数基于该从套接字读取客户端发送过来的数据*/
        for (fd=0; fd<nfds; ++fd) {          //循环判断哪些从套接字已经就绪
            if (fd !=msock && FD_ISSET(fd,&rfds)) {
                if (echo(fd) ==0) {         /*调用 echo()函数接收数据,若为 0,则
表示数据接收完毕*/
                    (void) closesocket(fd);
                    FD_CLR(fd,&afds);   /*若交互完毕,将 fd 从 afds 中清除*/
                }
            }
        }//for 循环结束
    } //while(1)循环结束
    closesocket(msock);
    FD_CLR(msock,&afds);
    WSACleanup();                    //结束 Winsock Socket API
    return 0;
}
```

6.3.3 UNIX/Linux 环境下单线程并发 TCP 客户端实现例程

例程功能简介：首先客户端只创建单个线程，负责将标准输入和客户端套接字描述符加入文件描述符集中，然后循环测试文件描述符集合中的套接字，看是否有某个套接字已准备就绪：若标准输入准备就绪，则从键盘读取用户的输入数据并发送给服务器端；若客户端套接字准备就绪（有数据可读），则调用 recv()函数接收服务器端回送的应答数据。

上述单线程并发 TCP 客户端例程的 C 语言源代码如下：

```
#include<stdio.h>
#include<stdlib.h>
#include<sys/socket.h>
#include<string.h>
#include<sys/types.h>
#include<sys/time.h>
#include<pthread.h>

#define SERVERIP "172.0.0.1"                    //定义 IP 地址常量
#define SERVERPORT 10000                        //定义端口号为 10000
#define QUEUE 20                                //定义等待队列长度为 20
#define BUFSIZE 1024                            //定义缓冲区大小为 1024B

int main(){
    int result;
    int tsock;
    int len =sizeof(struct sockaddr);
```

```
        struct sockaddr_in servaddr;
        fd_set read_fds,test_fds;                            //声明两个文件描述符集合变量
        int fd;
        int max_fds;
        char buffer[BUFSIZE];
      tsock =socket(AF_INET,SOCK_STREAM,0);                  //创建套接字
    if (tsock<0){                                            //调用 socket()函数出错
            printf("Create Socket Failed!\n");
            exit(-1);
    }
          int opt =SO_REUSEADDR;          /*设置与套接字关联的选项,允许套接字重用本
地地址和端口*/
      setsockopt(socketfd,SOL_SOCKET,SO_REUSEADDR,&opt,sizeof(opt));
      memset(&servaddr,0,sizeof(struct sockaddr_in));
    /*以下 3 条语句用于给端点地址结构体变量 servaddr 赋值*/
    servaddr.sin_family=AF_INET;                             //给协议族字段赋值
    inet_aton(SERVERIP,&servaddr.sin_addr);                  //给 IP 地址字段赋值
    servaddr.sin_port =htons(SERVERPORT);                    //给端口号字段赋值
      /*以下语句用于向远程服务器发起 TCP 连接建立请求*/
    int ret;
    ret=connect(tsock,(struct sockaddr*)&servaddr,sizeof(struct sockaddr));
    if(ret<0){                                               //调用 connect()函数出错
            printf("Connect Failed!\n");
            exit(-1);
    }
        FD_ZERO(&read_fds);
        FD_SET(0,&read_fds);                 //将标准输入的描述符 0 添加到文件描述符集
        FD_SET(socketfd,&read_fds);          //将套接字描述符添加到文件描述符集
        max_fds =socketfd +1;

        printf("Chat now!!\n");
          while(1){
            test_fds =read_fds; // memcpy(&test_fds,&read_fds,sizeof(test_fds));
            result
=select(max_fds,&test_fds,(fd_set*)NULL,(fd_set*)NULL,(struct timeval*)NULL);
            if(result< 1){
                printf("Select error.\n");
                exit(1);
            }

            if(FD_ISSET(0,&test_fds)){                       //判断标准输入是否已经就绪
                memset(buffer,'\0',sizeof(buffer));
                fgets(buffer,sizeof(buffer),stdin);          //从键盘读取一行客户输入
                if((strncmp("quit",buffer,4))==0){
                    printf("\nYou are going to quit\n");
                    break;
                }
                result =send(socketfd,buffer,sizeof(buffer),0); //发送给服务器
```

```
            if(result ==-1){
                printf("Send error.\n");
                exit(1);
            }
        }

        if(FD_ISSET(socketfd,&test_fds)){             //判断客户端套接字是否已就绪
            memset(buffer,'\0',sizeof(buffer));
            result =recv(socketfd,buffer,sizeof(buffer),0);
            if(result ==-1){
                printf("Recv error.\n");
                exit(1);
            }else if(result ==0){
                printf("The other side has termianl chat!\n");
                break;
            }else{
                printf("Recieve: %s",buffer);
            }
        }
    }
    close(socketfd);
    FD_CLR(socketfd,&read_fds);
    return 0;
}
```

对应的单线程并发 TCP 服务器端例程的 C 语言源代码如下：

```
#include<stdio.h>
#include<stdlib.h>
#include<string.h>
#include<pthread.h>
#include<sys/socket.h>
#include<sys/un.h>
#include<unistd.h>
char buffer[1024];                                    //读写用的区域
void*pthread_function(void*arg);                      //线程入口函数声明
pthread_mutex_t work_mutex;                           //声明互斥锁

int main(){
    int result;                                       //用于存储调用函数的返回值
    struct sockaddr_in serveraddr,clientaddr;
     int len =sizeof(struct sockaddr);
    int msock,ssock;                          //声明主套接字和从套接字文件描述符
    pthread_t a_thread;                       //线程 ID 标志

    result =pthread_mutex_init(&work_mutex,NULL);         //初始化互斥锁
    if(result !=0){
          printf("pthread_mutex_init error.\n");
          exit(1);
    }
```

```
msock =socket(AF_INET,SOCK_STREAM,0);                    //创建主套接字
if (msock<0){                                            //调用 socket()函数出错
    printf("Create Socket Failed!\n");
    exit(-1);
}
memset(&servaddr,0,sizeof(struct sockaddr_in));
/*以下 3 条语句用于给端点地址结构体变量 servaddr 赋值*/
servaddr.sin_family=AF_INET;                             //给协议族字段赋值
servaddr.sin_addr.s_addr=htonl(INADDR_ANY);              //给 IP 地址字段赋值
servaddr.sin_port=htons(10000);                          //给端口号字段赋值
/*以下语句用于调用 bind()函数将主套接字与端点地址绑定*/
int ret;
ret=bind(msock,(struct sockaddr*)&servaddr,sizeof(struct sockaddr_in));
if(ret<0){                                               //调用 bind()函数出错
    printf("Bind Port Failed!\n");
    exit(-1);
}
/*以下语句用于设置等待队列长度和设套接字为被动模式*/
ret=listen(msock,20);
if(ret<0){                                               //调用 listen()函数出错
    printf("Listen Failed!\n");
    exit(-1);
}
  while(1){
      printf("If you want to quit,please enter 'quit'\n");
      printf("Do you want to accept a connectiong\n");
      memset(buffer,'\0',sizeof(buffer));
      fgets(buffer,sizeof(buffer),stdin);
      if((strncmp("quit",buffer,4))==0) break;
      ssock =accept(msock,(struct sockaddr*)&clientaddr,&len);
      /*成功接受一个请求后,就会创建一个线程,然后主线程又进入 accept()函数,若此时没
有连接请求,则主线程会阻塞*/
      result=pthread_create(&a_thread,NULL,pthread_function,(void*)
ssock);
      if(result !=0){
          printf("pthread_create error.\n");
          break;
      }
  }
  close(msock);
  pthread_mutex_destroy(&work_mutex);                         //释放互斥锁
}

void*pthread_function(void*arg){                              //线程入口函数
    int fd =(int) arg;  //把函数参数(即连接成功后的套接字)赋给 fd
    int result;
    fd_set read_fds;  //文件描述符集合,用于 select 函数
    int max_fds;    //文件描述符集合的最大数
```

```
        printf("%d id has connected!!\n",fd);
        while (1){
            FD_ZERO(&read_fds);                         //清空集合
            FD_SET(0,&read_fds);                        //将标准输入放入文件描述符集合
            FD_SET(fd,&read_fds);                       //将套接字描述符放入文件描述符集合
            max_fds =fd + 1;
            pthread_mutex_lock(&work_mutex);    //对关键区域上锁
            printf("%d has get the lock\n",fd);
            result
=select(max_fds,&read_fds,(fd_set*)NULL,(fd_set*)NULL,(struct timeval*)NULL);
                    //开始监听哪些文件描述符处于可读状态
            if(result< 1){
                printf("select");
            }
            if(FD_ISSET(0,&read_fds)){ /*如果标准输入处于可读状态,说明键盘有所输入,将
输入的数据存放在 buffer 中,然后向客户端写回,如果输入“quit”将会退出一个聊天线程*/
                memset(buffer,'\0',sizeof(buffer));
                fgets(buffer,sizeof(buffer),stdin);
                if((strncmp("quit",buffer,4))==0){
                    printf("You have terminaled the chat\n");
                    pthread_mutex_unlock(&work_mutex);
                    break;
                }
                else{
                    result=send(fd,buffer,sizeof(buffer),0);
                    if(result==-1){
                        printf("send error.\n");
                        exit(1);
                    }
                }
            }
          if(FD_ISSET(fd,&read_fds)){ /*若客户套接字符可读,那么读取存放在 buffer 中,
然后显示出来,若对方中断聊天,那么 result==0*/
                memset(buffer,'\0',sizeof(buffer));
                result =recv(fd,buffer,sizeof(buffer),0);
                if(result ==-1){
                    printf("recv error.\n");
                    exit(1);
                }
                else if(result ==0){
                    printf("The other side has terminal the chat\n");
                    pthread_mutex_unlock(&work_mutex);
                    break;
                }
                else{
                    printf("receive message: %s",buffer);
                }
```

```
            }
            pthread_mutex_unlock(&work_mutex);             //解锁
            sleep (1);      /*如果没有这一行,当前线程会一直占据 buffer,让当前线程暂停一秒
可以实现 1 对 N 的功能*/
        }
       close(fd);
        pthread_exit(NULL);
        return 0;
    }
```

6.3.4 Windows 环境下单线程并发 TCP 客户端实现例程

例程功能简介：首先客户端只创建单个线程，负责将标准输入和客户端套接字描述符加入文件描述符集中，然后循环测试文件描述符集合中的套接字，看是否有某个套接字已准备就绪：若标准输入准备就绪，则从键盘读取用户的输入数据并发送给服务器端；若客户端套接字准备就绪（有数据可读），则调用 recv()函数接收服务器端回送的应答数据。

上述单线程并发 TCP 客户端例程的 C 语言源代码如下：

```
#include "stdafx.h"
#include<stdio.h>
#include<stdlib.h>
#include<pthread.h>
#include<winsock2.h>
#include<string.h>
#include<malloc.h>
#pragma comment(lib,"ws2_32.lib")

#define SERVERIP "172.0.0.1"                    //定义 IP 地址常量
#define SERVERPORT 10000                        //定义端口号常量

    int main(){
int ret;
WORD sockVersion =MAKEWORD(2,2);
WSADATA wsaData;
ret=WSAStartup(sockVersion,&wsaData);
if (ret !=0){
      printf("Couldn't Find a Useable Winsock.dll!\n");
      exit(-1);
}
    SOCKET tsock;                          //声明套接字描述符变量
tsock =socket(AF_INET,SOCK_STREAM,0);  //创建套接字
if (tsock ==INVALID_SOCKET){           //调用 socket()函数出错
       printf("Create Socket Failed!\n");
       exit(-1);
}
    struct sockaddr_in servaddr;              //声明端点地址结构体变量
```

```
ZeroMemory(&servaddr,sizeof(servaddr));
/*以下3条语句用于给端点地址结构体变量 servaddr 赋值*/
servaddr.sin_family=AF_INET;                //给协议族字段赋值
inet_aton(SERVERIP,&servaddr.sin_addr);     //给 IP 地址字段赋值
servaddr.sin_port =htons(SERVERPORT);       //给端口号字段赋值
/*以下语句用于向远程服务器发起 TCP 连接建立请求*/
int ret;
ret=connect(tsock,(struct sockaddr*)&servaddr,sizeof(struct sockaddr));
if(ret<0){                                  //调用 connect()函数出错
        printf("Connect Failed!\n");
        exit(-1);
}
   fd_set fdSend;                    //专门用来存储可以 send 数据的 SOCKET
fd_set fdRecv;                       //专门用来存储可以 recv 数据的 SOCKET
     FD_ZERO(&fdSend);
FD_ZERO(&fdRecv);
     FD_SET(0,&fdRecv);              //将标准输入描述符 0 添加到描述符集 fdRecv 中
     FD_SET(tsock,&fdRecv);          //将 tsock 添加到描述符集 fdRecv 中
     FD_SET(tsock,&fdSend);          //将 tsock 添加到描述符集 fdSend 中

     printf("Chat now!!\n");
     timeval tv =1;                  //设置超时时间,如果设成 0,则 select 立即返回
       int result;
     while(1){
        result =select(0,&fdRecv,&fdSend,(fd_set*)NULL,&tv);
        if(result< 1){
           printf("Select Error.\n");
           exit(-1);
        }
         char buffer[1024];
       if(FD_ISSET(0,&fdRecv)){                   //判断标准输入是否已就绪
          ZeroMemory(buffer,sizeof(buffer));
          fgets(buffer,sizeof(buffer),stdin);     //从键盘读取一行客户输入
          if((strncmp("quit",buffer,4))==0){
             printf("\nYou are going to quit\n");
             break;
          }
        }
        if (FD_ISSET(tsock,&fdRecv)){
           /*若 tsock 在 fdRecv 中,则表明接收到了服务器端发送过来的数据,因此需要调用
recv()函数来获取数据*/
           ZeroMemory(buffer,sizeof(buffer));
           int iRecvBytes =recv(tsock,buffer,1024,0);
           printf("data received from server is %s.\n",buffer);
           /*注:若 recv()函数读取到的数据长度为 0,则表明服务器端已关闭了该链接*/
           if(iRecvBytes ==-1){
              printf("Recv error.\n");
              exit(1);
```

```
            }else if (iRecvBytes ==0){
                printf("server shut down the socket [%i]!\n",sclient);
                break;
             } else{
               printf("Recieve: %s",buffer);
            }
         }
         if(FD_ISSET(tsock,&fdSend)){
            /*若 tsock 在 fdSend 中,则表明接收到了客户端有数据要发送给服务器端,因此需要
调用 send()函数来发送数据*/
            ZeroMemory(buffer,sizeof(buffer));
            send(tsock,buffer,strlen(buffer),0);
   printf("client [%i] send data!\n",tsock);
         }
      }
      closesocket(tsock);
      FD_CLR(tsock,&fdRecv);
      FD_CLR(tsock,&fdSend);
      return 0;
  }
```

6.4 本章小结

本章主要对单线程并发 TCP 服务器的实现原理及其 C 语言实现方法进行了深入介绍，并在此基础上具体给出 4 个创建单线程并发 TCP 服务器及其客户端的完整 C 语言例程。通过本章的学习，需要了解单线程并发 TCP 服务器及其客户端的进程结构，熟悉单线程并发 TCP 服务器及其客户端的设计流程，掌握单线程并发 TCP 服务器及其客户端的 C 语言实现方法。

本 章 习 题

1．简述单线程并发 TCP 服务器的进程结构。

2．简述单线程并发 TCP 服务器软件的设计流程。

3．试针对 UNIX/Linux 和 Windows 环境，分别构造一个单线程并发 TCP 服务器例程，该例程能实现以下功能：服务器只创建单个线程，负责将套接字描述符加入文件描述符集中，然后循环测试文件描述符集合中的套接字，看是否有某个套接字已准备就绪：若有某个套接字已准备就绪，则基于该套接字来接收该客户端发送过来的数据并将接收到的字符串反转之后作为应答回送给该客户端，且当数据接收完毕之后，关闭该套接字并将其从文件描述符中清除。

第7章 基于POOL和EPOLL的并发机制与实现方法

在上一章中系统介绍了单线程并发 TCP 服务器的实现原理及其 C 语言实现方法，本章将在此基础上进一步深入介绍基于 POOL 和 EPOLL 的并发机制及其 C 语言实现方法。同时，为了更清晰地说明基于 POOL 和 EPOLL 的并发机制及其 C 语言实现方法，本章还将分别给出 UNIX/Linux 环境下的多个创建基于 POOL 和 EPOLL 的并发 TCP 服务器及其客户端的完整 C 语言实现例程。

7.1 POOL 简介

7.1.1 POOL 的定义

所谓“线程池（Thread POOL）”，就是一个用来存放“线程”的对象池。在程序中，若创建某种对象所需要的代价太高，同时该对象又可反复使用，则往往可以准备一个容器来保存一批这样的对象。于是当需要使用这种对象时，就不需要每次去新创建一个，而可直接从容器中挑选一个现成的对象使用。这样一来，由于节省了创建对象的开销，从而使得程序的性能自然就上升了，这个容器就是所谓的“池（POOL）”。

目前，大多数网络服务器，包括 Web 服务器、Email 服务器以及数据库服务器等都具有一个共同点，就是单位时间内必须处理数目巨大的连接请求，但处理时间却相对较短。在传统的多线程方案中，通常采用的服务器模型是一旦接收到客户的请求之后，即创建一个新的线程，并由该线程执行任务。而等到任务执行完毕后，线程将退出，这就是“即时创建，即时销毁”的策略。

线程的生命周期包括创建、活动和销毁，每一个步骤都占用一定的 CPU 时间，尽管与创建进程相比，创建线程的时间已经大大缩短，但是如果提交给线程的任务是执行时间较短，而且执行次数极其频繁，那么服务器将处于不停地创建线程、销毁线程的状态。当创建和销毁占据了线程周期的总 CPU 额度的很大一部分比例之后，性能问题随之而来，即宝贵的 CPU 时间被大量地消耗在线程的创建、销毁和切换过程中。例如，假定线程的创建时间为 T1、线程的执行时间（包括线程的同步等时间）为 T2、线程的销毁时间为

T3，则可以看出，线程本身的开销所占的比例为（T1+T3）/（T1+T2+T3）。显然，若线程执行的时间较长，该笔开销可能占到 20%～50%。若任务执行时间很短，则该笔开销将是不可忽略的。

线程池的出现正是着眼于减少线程本身所带来的上述开销。线程池采用预创建的技术，在应用程序启动之后，将立即创建一定数量的线程（N_1），并放入空闲队列中。这些线程都是处于阻塞（Suspended）状态，不消耗 CPU，但占用较小的内存空间。当任务到来后，缓冲池选择一个空闲线程，把任务传入此线程中运行。当 N_1 个线程都在处理任务后，缓冲池将自动创建一定数量的新线程，用于处理更多的任务。在任务执行完毕后线程也不退出，而是继续保持在池中等待下一次的任务。当系统比较空闲时，大部分线程一直处于暂停状态，线程池自动销毁一部分线程，回收系统资源。

基于这种预创建技术，线程池将线程创建和销毁本身所带来的开销分摊到了各个具体的任务上，执行次数越多，每个任务所分担的线程本身开销则越小（当然，此时需要另外考虑线程之间同步所带来的开销）。除此之外，线程池还能够减少创建的线程个数。通常，线程池所允许的并发线程是有上限的，如果同时需要并发的线程数超过上界，那么一部分线程将会等待。

7.1.2　线程池的基本工作原理

如图 7.1 所示，线程池的实现本质上就是一个生产者—消费者模型，一个生产者（值守线程，也称为主线程）对应了多个消费者（工作线程）。其中主线程对应生产者，负责将到达的客户请求（客户请求）进行封装后送到商店供消费者使用（这里的商店可以用链表或其他容器来实现），而线程池中的多个工作线程就是这些商品（客户请求）的消费者。

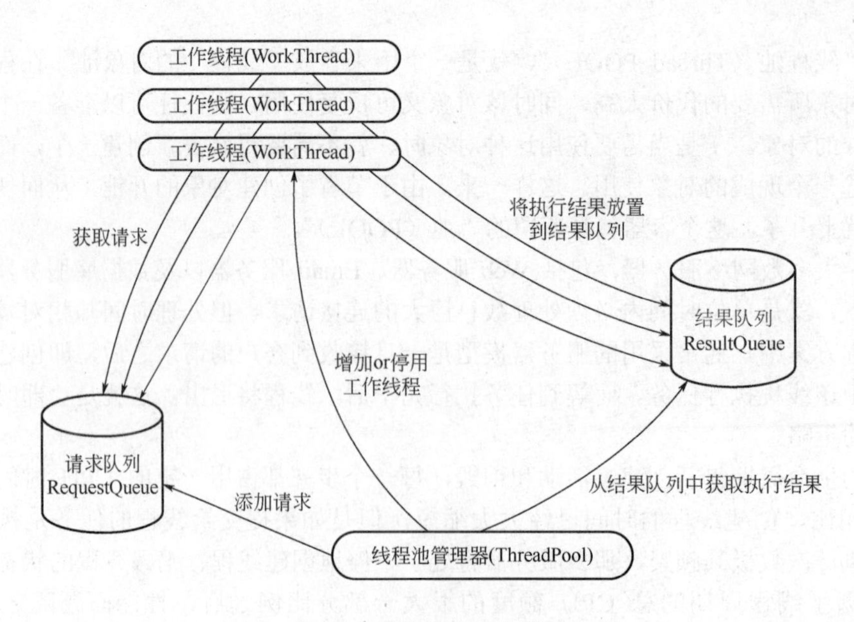

图 7.1　线程池的工作模型

在实际应用中，线程池中工作线程的个数是需要动态调整的，高峰期时线程池可通过增加线程来尽可能满足任务的需要，空闲期时线程池可通过缩减线程来减小尺寸。其中，线程池的最小尺寸无须设定为某个预置的固定大小，通常可根据一定时期内任务队列的平均大小获得一个统计量来进行调整。此外，值守线程的功能还包括负责监视任务队列和维护线程池的尺寸等，当任务队列中有任务项目时，每次摘除一个任务并将之投放到线程池的空闲线程中去，当线程池中没有空闲线程时，值守线程则负责创建新的线程加入池中。在任务空闲状态，值守线程销毁超过线程池最小尺寸的空闲线程，以释放系统资源。

工作线程是完成具体应用服务的线程，未被任务占据的工作线程处于空闲状态，当然在此状态下也不希望它只是无效地空转，因为那样同样会消耗 CPU 的时间，解决办法是将它阻塞在后台。工作线程的有效运行是在投放了任务之后，被投放了任务的工作线程在任务完成之前不能再被其他任务占据，此时的工作线程处于运行状态。在服务进程退出之前，当然希望所有工作线程都能够自然终结。鉴于以上原因，必须定义一些状态量来控制工作线程的有序运行，可以用空闲态、运行态、终结态等状态量，并且为每一个工作线程定义一个任务信号。工作线程的状态转移过程如图 7.2 所示。

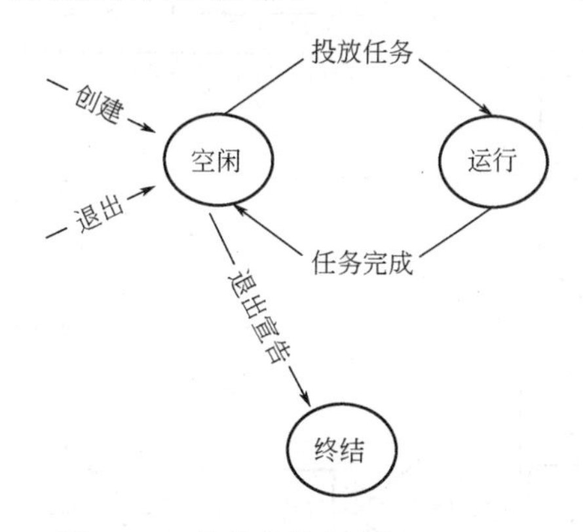

图 7.2 工作线程的状态转移示意图

由图 7.2 可知，首先，值守线程创建新的工作线程，同时，将其状态设置为空闲态，并加入线程池中，处于空闲态的工作线程在等待任务信号的过程中阻塞。然后，当值守线程从任务队列中摘取任务项目后，从线程池中获取一个空闲状态的工作线程，把任务项目投放到该工作线程上，并设置其状态为运行态，同时激活任务信号，这样，阻塞的工作线程恢复运行，开始执行任务。然后，当工作线程完成投放的任务后，重置任务信号，并将自身状态设置为空闲态，回归到线程池中。最后，当值守线程收到服务进程的退出宣告后，将池中空闲线程的状态设置为终结态，投放空任务（NULL），并激活任务信号，阻塞的工作线程恢复运行，探测到自身状态为终结态后，退出执行，工作线程自然终结。值守线程和工作线程的实现流程如图 7.3 所示。

7.1.3 线程池的应用范围

线程池技术适用于那些需要大量的线程来完成任务，且完成任务的时间比较短的情况。像 Web 服务器处理网页请求这样的任务，使用线程池技术是非常合适的。因为单个任务小，而任务数量巨大，例如可以想象为一个热门网站的点击次数。但对于长时间的任务，比如一个 Telnet 连接请求，线程池的优点就变得不明显了，因为 Telnet 会话时间比线程的创建时间要长得多。

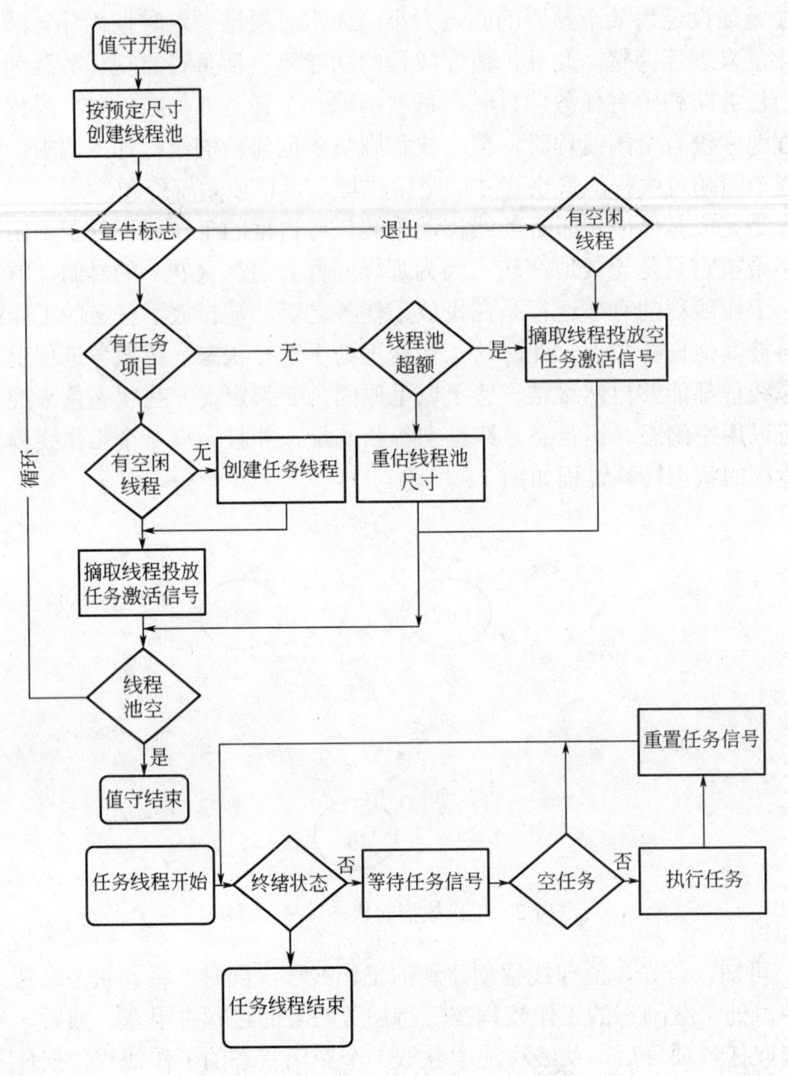

图 7.3　值守线程和工作线程的实现流程

线程池技术主要适用于对性能要求苛刻的应用，比如服务器要求迅速响应客户请求。另外，线程池技术还适用于接受突发性的大量请求。在没有线程池的情况下，突发性大量客户请求将产生大量线程，虽然理论上大部分操作系统线程数目最大值不是问题，但短时间内产生大量线程可能使内存到达极限。使用线程池技术可以较好地控制并发的服务数目，不至于使服务器因产生大量线程的应用而崩溃。另外，如果线程创建和销毁时间相比任务执行时间可以忽略不计，那么就没有必要使用线程池。

7.1.4　使用线程池的风险

虽然线程池技术是构建服务器应用程序的强大机制，但使用它并不是没有风险。用线程池构建的应用程序容易遭受任何其他多线程应用程序容易遭受的所有并发风险，诸如同步错误和死锁，还容易遭受特定于线程池的其他风险，诸如与池有关的死锁、资源不足和线程泄漏等。

1）死锁：任何多线程应用程序都有死锁风险。当一组进程或线程中的每一个都在等待一个只有该组中另一个进程才能引起的事件时，就说这组进程或线程死锁了。死锁的最简单情形是：线程 A 持有对象 X 的独占锁，并且在等待对象 Y 的锁，而线程 B 持有对象 Y 的独占锁，却在等待对象 X 的锁。除非有某种方法来打破对锁的等待，否则死锁的线程将永远等下去。虽然任何多线程程序中都有死锁的风险，但线程池却引入了另一种死锁可能。这时所有池线程都在执行已阻塞的等待队列中另一任务的执行结果的任务，但这一任务却因为没有未被占用的线程而不能运行。当线程池被用来实现涉及许多交互对象的模拟，被模拟的对象可以相互发送查询，这些查询接下来作为排队的任务执行，查询对象又同步等待着响应时，将会发生这种情况。

2）资源不足：线程消耗包括内存和其他系统资源在内的大量资源，虽然线程之间切换的调度开销很小，但如果有很多线程，环境切换也可能严重地影响程序的性能。如果线程池太大，那么被那些线程消耗的资源可能严重地影响系统性能。在线程之间进行切换将会浪费时间，而且使用超出比实际需要的线程可能会引起资源匮乏问题，因为池线程正在消耗一些资源。除了线程自身所使用的资源以外，服务请求时所做的工作可能需要其他资源，例如套接字或文件等，这些也都是有限资源。有太多的并发请求也可能引起失效，例如不能分配连接和服务线程。

3）资源泄漏：在池的管理机制中，要求客户端在使用完资源后把这个资源放回池中，但是当一个资源长时间使用后，连接可能发生了超时，数据服务的进程可能发生了退出，网络可能中断等，都可能造成使用这个资源的客户端发生异常，使得这个资源无法回到池中供其他客户访问。如果不对这种状况进行处理，池中的所有资源都可能变成不可用，从而服务器无法提供服务。发生泄漏的一种情形出现在任务抛出一个异常或一个 Error 时。如果没有捕捉到它们，那么池的大小将会永久减少一个。当这种情况发生的次数足够多时，池最终将变成空池， 而且系统将停止，因为没有可用的线程来处理任务。

7.2 UNIX/Linux 环境下线程池的 C 语言实现例程

7.2.1 线程池的主要组成部分

一般来说，线程池通常需具备以下几个主要组成部分：

1）线程池管理器：用于创建并管理线程池。

2）工作线程：线程池中实际执行的线程。

3）任务接口：尽管线程池大多数情况下是用来支持网络服务器，但是可以将线程执行的任务抽象出来，以形成任务接口，从而使线程池与具体的任务无关。

4）任务队列：线程池的概念具体到实现则可能是队列、链表之类的数据结构，其中保存执行线程。

7.2.2 线程池的C语言实现例程剖析

例程功能简介：线程池会维护一个任务链表（链表中的每个任务都用一个CThread_worker结构表示），首先，调用pool_init()函数预先创建max_thread_num个线程，每个线程都执行相同的线程体函数thread_routine()；在该函数中，如果任务链表中没有任务，则线程将处于阻塞等待状态，否则将从任务链表中取出一个任务并执行。pool_add_worker()函数用于向线程池的任务链表中添加一个任务，加入后通过调用pthread_cond_signal()函数唤醒一个处于阻塞状态的线程（若存在的话）。pool_destroy()函数用于销毁线程池，线程池销毁后，任务链表中的任务将不会再被执行，但是正在运行的线程会一直把任务运行完之后再退出。

上述例程的C语言实现源代码如下：

```
#include<stdio.h>
#include<stdlib.h>
#include<unistd.h>
#include<sys/types.h>
#include<pthread.h>
#include<assert.h>
/*定义线程池维护的任务链表结构,线程池里所有运行和等待的任务都用一个CThread_worker链表结构表示,由于所有任务都在该链表中,所以构成了一个任务链表结构*/
typedef struct worker{
    void*(*process) (void*arg);                 //任务处理函数
    void*arg;                                   //任务处理函数的参数
    struct worker*next;                         //指向任务链表结构中下一个任务的指针变量
} CThread_worker;

typedef struct{                                 //定义线程池结构
    pthread_mutex_t queue_lock;                 //互斥锁
    pthread_cond_t queue_ready;                 //条件变量
    CThread_worker*queue_head;          /*任务链表结构,用于存储线程池中所有的等待任务*/
    int shutdown;                               //标志变量,用于表明是否销毁线程池
    pthread_t*threadid;                         //线程标识符
    int max_thread_num;                         //线程池中允许的活动线程数目
    int cur_queue_size;                         //当前任务链表中的任务数目
} CThread_pool;

/*以下子函数pool_add_worker()用于向线程池的任务链表中添加一个任务*/
int pool_add_worker(void*(*process) (void*arg),void*arg);   //函数声明
void*thread_routine(void*arg);                  //线程体函数
static CThread_pool*pool =NULL;                 //声明并初始化线程池结构体变量

/*以下子函数pool_init()用于预先创建max_thread_num个线程*/
```

```
    void pool_init(int max_thread_num){
        /*以下语句用于为线程池结构体变量分配内存空间*/
        pool =(CThread_pool*)malloc(sizeof(CThread_pool));
        pthread_mutex_init(&(pool->queue_lock),NULL);       //初始化互斥锁
        pthread_cond_init(&(pool->queue_ready),NULL);       //初始化条件变量
        /*以下语句用于初始化线程池结构体的头部*/
        pool->queue_head =NULL;
        pool->max_thread_num =max_thread_num;
        pool->cur_queue_size =0;
        pool->shutdown =0;
        pool->threadid=(pthread_t*)malloc(max_thread_num*sizeof (pthread_t));
        int i =0;
        /*以下 for 循环用于创建 max_thread_num 个新线程*/
        for (i =0; i< max_thread_num; i++){
            pthread_create(&(pool->threadid[i]),NULL,thread_routine,NULL);
        }
    }

    /*以下子函数 pool_add_worker()用于向线程池中加入任务*/
    int pool_add_worker(void*(*process) (void*arg),void*arg){
        /*以下语句用于构造一个新的任务*/
        CThread_worker*newworker=(CThread_worker*)malloc     (sizeof      (CThread_
worker));
        newworker->process =process;
        newworker->arg =arg;
        newworker->next =NULL;                              //将指针置空
        pthread_mutex_lock (&(pool->queue_lock));           /*在操作全局变量 pool 之前,
需先上锁
        CThread_worker*member =pool->queue_head;            /*定义一个新任务 member 并将
其初始化为线程池中的第一个任务链表结构 pool->queue_head*/
        if (member !=NULL) {                          //若线程池中的当前任务链表结构不为空
          while (member->next !=NULL)         /*若当前任务不是任务链表中的最后一个任务*/
              member =member->next;           //则将当前任务设置为下一个任务
           member->next =newworker;           /*若当前任务是任务链表中的最后一个任务,则
将当前任务的下一个任务指针指向新构造的任务*/
        }
        else {                                //若线程池中的任务链表结构为空
           pool->queue_head =newworker;       /*则将任务链表结构的头部设置为所构造的新任
务*/
        }
        assert (pool->queue_head !=NULL);  /*若线程池中的任务链表结构的头部不为空*/
        pool->cur_queue_size++;        //则将当前任务链表中的任务数目加 1
        pthread_mutex_unlock (&(pool->queue_lock));         /*在执行完操作全局变量 pool
后,需解锁*/
```

```
    pthread_cond_signal (&(pool->queue_ready));    /*由于任务链表中已有任务,因
此可以调用 pthread_cond_signal()函数来唤醒一个等待线程;注意:如果所有线程都在忙碌,则该语句
将没有任何作用*/
    return 0;
}

/*以下子函数 pool_destroy()用于销毁线程池,当线程池被销毁后,任务链表中的任务将不会再被
执行,但是正在运行的线程会一直把任务运行完之后再退出*/
int pool_destroy(){
    if (pool->shutdown)                    //若 pool->shutdown 之值等于 1
        return -1;                         //则直接返回,以防止两次调用 pool_destroy()
    pool->shutdown =1;                     //设置标志位为 1,以表示已销毁线程池
    pthread_cond_broadcast(&(pool->queue_ready));  /*唤醒所有等待线程以便销毁线
程池*/
    int i;
    for (i =0; i< pool->max_thread_num; i++)
        pthread_join (pool->threadid[i],NULL);     //阻塞等待所有线程退出
    free (pool->threadid);                         //释放线程标识符变量所占内存
    /*以下语句用于销毁任务链表*/
    CThread_worker*head =NULL;
    while (pool->queue_head !=NULL){         /*顺序释放任务链表中的每个任务对应的
CThread_worker 结构体所占用的内存*/
        head =pool->queue_head;
        pool->queue_head =pool->queue_head->next;
        free (head);
    }
    /*以下语句用于销毁条件变量和互斥量*/
    pthread_mutex_destroy(&(pool->queue_lock));
    pthread_cond_destroy(&(pool->queue_ready));

    free (pool);                           //释放线程池结构体变量所占内存
    pool=NULL;                             //销毁后将指针置空
    return 0;
}

void*thread_routine (void*arg) {                           //线程体函数
    printf ("starting thread 0x%x\n",pthread_self ());     //显示线程标识符
    while (1) {
        pthread_mutex_lock (&(pool->queue_lock));          /*将预先创建的所有线程
都通过互斥锁 mutex 休眠在线程池中。这样一来,以后通过 unlock mutex 即可唤醒该线程*/
        while(pool->cur_queue_size==0 && !pool->shutdown){ /*若线程池中任务链
表中的任务数目为 0 且不打算销毁线程池*/
            /*以下语句用于显示线程等待提示信息*/
            printf ("thread 0x%x is waiting\n",pthread_self ());
            /*以下语句用于线程阻塞等待条件成立*/
            pthread_cond_wait(&(pool->queue_ready),&(pool->queue_lock));
        }
        if (pool->shutdown) {                              //若打算销毁线程池
```

```
            pthread_mutex_unlock (&(pool->queue_lock));          //先解锁
            /*以下语句用于显示线程退出提示信息*/
            printf ("thread 0x%x will exit\n",pthread_self ());
            pthread_exit(NULL);                                  //线程退出
        }
        /*以下语句用于显示线程工作提示信息*/
        printf ("thread 0x%x is starting to work\n",pthread_self ());
        assert (pool->cur_queue_size !=0);          /*若线程池中任务链表中的任务
数目不为 0*/
        assert (pool->queue_head !=NULL);       //若线程池中任务链表不为空
        pool->cur_queue_size--;          /*将线程池中任务链表中的任务数目减去 1*/
        CThread_worker*worker =pool->queue_head;     /*取出线程池中任务链表中的头
元素,即第一个任务*/
        pool->queue_head =worker->next;
        pthread_mutex_unlock (&(pool->queue_lock));            //解锁
        (*(worker->process)) (worker->arg);          //调用回调函数,执行该任务
        free (worker);                               //释放任务链表结构所占的内存
        worker =NULL;                                //销毁后将指针置空
    }
    pthread_exit (NULL);                             //线程执行完毕后退出
}
```

以下是测试代码:

```
void*myprocess(void*arg){
  printf("threadid is 0x%x,working on task %d\n",pthread_self(),*(int*)
arg);
  sleep(1);                              //休眠 1 秒以延长任务的执行时间
  return;
}

int main (int argc,char**argv) {
   pool_init (3);                         //线程池中预先生成 3 个活动线程
   /*以下代码段用于连续向线程池中投入 10 个任务*/
   int*workingnum =(int*) malloc (sizeof (int)*10);
   int i;
   for (i =0; i< 10; i++){
       workingnum[i] =i;
       pool_add_worker (myprocess,&workingnum[i]);
   }
   sleep(5);                              //主线程休眠 5 秒,等待所有任务完成
   pool_destroy();                        //销毁线程池
   free(workingnum);
   return 0;
}
```

(3) 程序运行结果

将上述所有代码放入 threadpool.c 文件中，然后在 Linux 输入以下编译命令：

```
$ gcc -o threadpool threadpool.c -lpthread
```

则可得到运行结果如下：

```
starting thread 0xb7df6b90
thread 0xb7df6b90 is waiting
starting thread 0xb75f5b90
thread 0xb75f5b90 is waiting
starting thread 0xb6df4b90
thread 0xb6df4b90 is waiting
thread 0xb7df6b90 is starting to work
threadid is 0xb7df6b90,working on task 0
thread 0xb75f5b90 is starting to work
threadid is 0xb75f5b90,working on task 1
thread 0xb6df4b90 is starting to work
threadid is 0xb6df4b90,working on task 2
thread 0xb7df6b90 is starting to work
threadid is 0xb7df6b90,working on task 3
thread 0xb75f5b90 is starting to work
threadid is 0xb75f5b90,working on task 4
thread 0xb6df4b90 is starting to work
threadid is 0xb6df4b90,working on task 5
thread 0xb7df6b90 is starting to work
threadid is 0xb7df6b90,working on task 6
thread 0xb75f5b90 is starting to work
threadid is 0xb75f5b90,working on task 7
thread 0xb6df4b90 is starting to work
threadid is 0xb6df4b90,working on task 8
thread 0xb7df6b90 is starting to work
threadid is 0xb7df6b90,working on task 9
thread 0xb75f5b90 is waiting
thread 0xb6df4b90 is waiting
thread 0xb7df6b90 is waiting
thread 0xb75f5b90 will exit
thread 0xb6df4b90 will exit
thread 0xb7df6b90 will exit
```

7.2.3 基于线程池的并发 TCP 服务器例程

例程功能简介：主线程首先生成一个包含 10 个从线程的线程池，然后主线程负责统一接收来自客户的连接请求，在收到来自客户的连接请求之后，再指派一个空闲的从线程负责处理该客户连接请求。

上述服务器例程的 C 语言实现源代码如下：

```
#include<unistd.h>
#include<syslog.h>
#include<string.h>
#include<stdio.h>
#include<stdlib.h>
#include<errno.h>
```

```
#include<signal.h>
#include<sys/mman.h>
#include<sys/types.h>
#include<sys/socket.h>
#include<sys/wait.h>
#include<netinet/in.h>
#include<arpa/inet.h>
#include<netinet/tcp.h>
#include<sys/resource.h>
#include<fcntl.h>
#include<pthread.h>
#define PORT 10000                          //定义端口号为10000
#define LISTENQ 1024                        //定义等待队列长度为1024
#define MAXLINE 4096                        //定义数据缓冲区大小为4M
#define MAXN 1024                           //定义服务端发送的最大字节数为1024
typedef struct{                             //定义线程池结构体
   pthread_t thread_tid;                    //线程ID
   long thread_count;                       //线程处理的客户连接数量
}Thread;
Thread*tptr;                                //声明线程池结构体变量
#define MAXNCLI 32                          //定义可打开的从套接字最大个数为32
int clifd[MAXNCLI],iget,iput;  /*clifd 数组用于主线程往其中存入已接受的已连接套接字描述符,并由线程池中的可用线程从中取出一个以服务响应客户。iput 是往数组里存入的下一个元素下标,iget 是从数组里取出的下一个元素的下标*/
pthread_mutex_t clifd_mutex =PTHREAD_MUTEX_INITIALIZER;  /*初始化互斥锁变量*/
pthread_cond_t clifd_cond =PTHREAD_COND_INITIALIZER;  /*初始化条件变量*/
int msock,nthreads;     /*声明主线程描述符变量msock和线程个数变量nthreads*/
socklen_t addrlen;           //声明端点地址结构长度变量
struct sockaddr_in*clientaddr;              //声明客户端套接字端点地址结构变量
static pid_t*pids;                          //声明线程描述符变量
void pr_cpu_time(void);                     //声明pr_cpu_time函数
void web_child(int);                        //声明web_child函数
void sig_int(int);                          //声明sig_int函数
static pthread_mutex_t*mptr;                //声明互斥锁变量
ssize_t read_fd(int,void*,size_t,int*);     //声明read_fd()子函数
ssize_t write_fd(int,void*,size_t,int);     //声明write_fd()子函数
void*thread_main(void*);                    //声明线程执行体函数
void thread_make(int i);                    //声明线程池中从线程创建子函数

int main(int argc,char**argv){
int i,navail,maxfd,nsel,rc;
int ssock;
pthread_t tid;                              //声明线程描述符变量
socklen_t len;                              //声明端点地址结构长度变量
struct sockaddr_in servaddr;                //声明服务器端套接字端点地址结构变量
const int on =1;
ssize_t n;
fd_set rset,masterset;
```

```
msock =socket(AF_INET,SOCK_STREAM,0);                    //创建主套接字
    memset(&servaddr,0,sizeof(servaddr));
    /*以下代码段用于对服务器端套接字端点地址结构变量赋值*/
servaddr.sin_family =AF_INET;
servaddr.sin_addr.s_addr =htonl(INADDR_ANY);
servaddr.sin_port =htons(PORT);
/*以下语句用于设置主套接字属性*/
setsockopt(msock,SOL_SOCKET,SO_REUSEADDR,&on,sizeof(on));
bind(msock,(struct sockaddr*)&servaddr,sizeof(servaddr));
listen(msock,LISTENQ);
    nthreads =10;                               //初始化线程池中线程个数为10
    tptr=calloc(nthreads,sizeof(Thread));    //为线程池结构体变量分配内存
    iget=iput=0;
for(i=0; i<nthreads; i++)
        thread_make(i);                         //为线程池中预先生成10个从线程
signal(SIGINT,sig_int);          /*注册信号处理函数 sig_int()作为系统发送 SIGINT 信
号(按下 CTRL+C)给本进程时的中断响应函数*/
    for(;;){                                    //循环接收来自客户的连接请求
len=sizeof(clientaddr);
ssock =accept(msock,clientaddr,&len);
/*为了操作共享变量 clifd,iput 等,先对互斥锁上锁*/
pthread_mutex_lock(&clifd_mutex);
clifd[iput] =ssock;                    //将 ssock 保存到套接字数组 clifd[]中
        if(++iput==MAXNCLI){      /*若当前活动的从套接字个数超过设定的最大值*/
            iput =0;
        if(iput==iget){      /*若当前活动的从套接字个数等于已处理完成的套接字个数*/
            printf("iput =iget =%d\n",iput);
            exit(-1);
        }
        pthread_cond_signal(&clifd_cond);              /*主线程接受一个连接后将调用
pthread_cond_signal()函数向条件变量 clifd_cond 发送信号,以便唤醒阻塞在其上的线程*/
        pthread_mutex_unlock(&clifd_mutex);    /*共享变量操作完毕,互斥锁解锁*/
}
}

void thread_make(int i){                                  //为线程池创建新的从线程
    void*thread_make(void*);
pthread_create(&tptr[i].thread_tid,NULL,&thread_main,(void*) i);
return;
}

void*thread_main(void*arg){                               //线程执行体函数
int  connfd;                                              //定义套接字描述符局部变量
void web_child(int);
printf("thread %d starting\n",(int) arg);
for(;;){
   /*操作共享变量 iput,iget,clifd 之前,先对互斥锁上锁*/
      pthread_mutex_lock(&clifd_mutex);
```

```
        printf("get lock,thread =[%d]\n",(int) arg);
        while(iget==iput)   /*若当前已处理完成的套接字个数等于活动的从套接字个数,即所
有活动的套接字均已处理完毕*/
    pthread_cond_wait(&clifd_cond,&clifd_mutex);              /*线程休眠,等待条
件变量clifd_cond成立,即等待新的客户连接请求到来*/
        connfd =clifd[iget];
        if (++iget==MAXNCLI)      /*若当前处理完的套接字个数达到最大值MAXNCLI*/
            iget =0;
        pthread_mutex_unlock(&clifd_mutex); /*操作共享变量完毕,对互斥锁解锁*/
        tptr[(int) arg].thread_count++;      //线程已处理完毕的套接字个数加1
        web_child(connfd);   /*调用web_child()函数,利用套接字connfd进行事务处理*/
        close(connfd);        //线程执行完毕,关闭套接字
    }
    }

    void sig_int(int signo){             /*系统发送给进程的信号处理函数,当用户按下
CTRL+C(即系统发送SIGINT信号)时,程序将在打印出CPU的处理时间之后退出*/
    int i;
    void pr_cpu_time(void);             //声明CPU处理时间打印函数pr_cpu_time
    pr_cpu_time();                      //调用CPU处理时间打印函数pr_cpu_time
    for (i =0; i< nthreads; i++)        //打印出每个线程处理了多少个连接
        printf("thread %d,%ld connections\n",i,tptr[i].thread_count);
    exit(0);
    }

    void pr_cpu_time(void){             //打印CPU处理时间
    double  user,sys;
    struct rusage myusage,childusage;
    /*利用系统函数getrusage()得到程序运行的user time和sys time*/
    if (getrusage(RUSAGE_SELF,&myusage)< 0){
            printf("getrusage error\n");
            return;
    }
    if (getrusage(RUSAGE_CHILDREN,&childusage)< 0){
            printf("getrusage error\n");
            return;
    }
    user =(double) myusage.ru_utime.tv_sec + myusage.ru_utime.tv_usec/ 1000000.0;
    user+=(double)  childusage.ru_utime.tv_sec  +  childusage.ru_utime.tv_usec/
1000000.0;
    sys =(double) myusage.ru_stime.tv_sec + myusage.ru_stime.tv_usec/ 1000000.0;
    sys  +=(double)  childusage.ru_stime.tv_sec  +  childusage.ru_stime.tv_usec/
1000000.0;
    printf("\nuser time =%g,sys time =%g\n",user,sys);
    }

    void web_child(int sockfd){                          //事务处理函数
    int ntowrite;
```

```
ssize_t nread;
char line[MAXLINE],result[MAXN];
for(;;){
    if((nread=recv(sockfd,line,MAXLINE,0))=0)    //若读取的数据长度为0
        return;  //表明对方已经发送数据完毕
    /*若读取的数据长度>0*/
    printf("recieve from client [%s]\n",line);
    ntowrite =atol(line);                          //计算读取的字符数
    if ((ntowrite<=0) || (ntowrite > MAXN)){
        printf("client request for %d bytes\n",ntowrite);
        return;
    }
    printf("send to client [%s]\n",result);
    writen(sockfd,result,ntowrite);                    /*调用子函数 writen()
发送ntowrite字节个任意的数据给客户程序*/
}
}

ssize_t writen(int fd,const void*vptr,size_t n){
size_t nleft;
ssize_t  nwritten;
const char*ptr;
ptr =vptr;
nleft =n;
while(nleft > 0){
        if((nwritten =send(fd,ptr,nleft,0))<=0){
            if (nwritten< 0 && errno ==EINTR)
                nwritten =0;
            else
                return(-1);
        }
        nleft -=nwritten;
        ptr   +=nwritten;
}
return(n);
}
```

用于测试服务器程序（向服务器程序发送请求）的客户程序：

程序功能：在该客户程序中，父进程调用 fork 派生指定个数的子进程，每个子进程再与服务器建立指定次数的连接。每次连接建立后，子进程就在该连接上向服务器发送一行文本，指出需由服务器返回多少字节的数据，然后在该连接上读入这个数量的数据，最后关闭该连接。父进程只是调用 wait 等待所有子进程终止。

```
#include<unistd.h>
#include<stdio.h>
#include<stdlib.h>
#include<errno.h>
#include<string.h>
```

```
#include<sys/types.h>
#include<sys/socket.h>
#include<netinet/in.h>
#include<arpa/inet.h>
#include<sys/wait.h>
#include<sys/stat.h>
#include<signal.h>
#include<netdb.h>
#include<fcntl.h>
#include<pthread.h>
#define MAXLINE  4096                        //定义数据缓冲区大小为4M
#define MAXN 1024                            //定义服务器发送的最大字符个数

int connectTCP(const char*host,const char*service){
    struct hostent*phe;
    struct servent*pse;
    struct protoent*ppe;
    struct sockaddr_in servaddr;
    int s,type;
    memset(&servaddr,0,sizeof(servaddr));
    servaddr.sin_family=AF_INET;
    if(pse=getservbyname(service,"TCP"))
         servaddr.sin_port=pse->s_port;
    else if((servaddr.sin_port=htons((unsigned short)atoi(service)))==0)
         printf("can't get \" %s \" service entry\n",service);
    if(phe=gethostbyname(host))
         memcpy(&servaddr.sin_addr,phe->h_addr,phe->h_length;
    else
servaddr.sin_addr.s_addr=inet_addr(host);
     type=SOCK_STREAM;
    s=socket(AF_INET,type,0);
    if(s<0)
        printf("can't create socket: %s \n",strerror(errno));
     if(connect(s,(struct sockaddr*)&sin,sizeof(sin))<0)
         printf("can't connect to %s,%s:%s \n",host,service,strerror (errno));
    return s;
}

int main(int argc,char**argv){
    int i,j,fd,nchildren,nloops,nbytes;
    pid_t pid;
    ssize_t n;
    char request[MAXLINE],reply[MAXN];
    if (argc !=6)
printf("usage:   client<hostname   or   IPaddr><port><#children><#loops/child>
```

```
<#bytes/request>");
    /*argv[0]: client;
    argv[1]: hostname or IPaddress,主机名或 IP 地址;
    argv[2]: port,端口号;
    argv[3]: #children,要派生的子进程个数;
    argv[4]: #loops/child,每个子进程要与服务器建立的连接的次数;argv[5]: #bytes/
request,客户端要求服务器端回送的字符长度*/
        nchildren =atoi(argv[3]);
        nloops =atoi(argv[4]);
        nbytes =atoi(argv[5]);
        snprintf(request,sizeof(request),"%d\n",nbytes);
        for(i =0; i< nchildren; i++){
            if((pid =fork()) ==0){          //父进程创建 nchildren 个子进程
                for (j =0; j< nloops; j++){/*每个子进程与服务器建立指定 nloops 次连接*/
                    fd =connectTCP(argv[1],argv[2]);
                    send(fd,request,strlen(request),0);
                    if ( (n =Readn(fd,reply,nbytes)) !=nbytes)
                        printf("server returned %d bytes",n);
                    close(fd); /*TIME_WAIT on client,not server*/
                }
                printf("child %d done\n",i);
                exit(0);
            }
        }
        while(wait(NULL) > 0);
        if(errno !=ECHILD)
            printf("wait error!\n");
        exit(0);
    }

    ssize_t readn(int fd,void*vptr,size_t n){
    size_t  nleft;
    ssize_t nread;
    char    *ptr;
    ptr =vptr;
    nleft =n;
    while (nleft > 0) {
        if ( (nread =recv(fd,ptr,nleft,0))< 0) {
            if (errno ==EINTR)
                nread =0;
            else
                return(-1);
        } else if (nread ==0)
            break;
        nleft -=nread;
```

```
    ptr   +=nread;
}
return(n - nleft);
}

ssize_t Readn(int fd,void*ptr,size_t nbytes){
ssize_t n;
if ( (n =readn(fd,ptr,nbytes))< 0)
    printf("readn error");
return(n);
}
```

程序的运行结果如下：

客户端：假定客户端程序编译之后的可执行文件为myclient。

```
$ ./myclient 173.26.100.162 12345 5 500 4000
```

5个子进程各自发起500次连接，总共建立2500个与服务器的TCP连接，在每个连接上，客户向服务器发送5个字节的数据(“4000\n”)，服务器向客户返回4000字节的数据。

服务器端：假定服务器端程序编译之后的可执行文件为myserver。

```
$ ./myserver 173.26.100.162 12345
运行结果如下:
thread 0 starting
thread 1 starting
thread 2 starting
thread 3 starting
thread 4 starting
thread 5 starting
thread 6 starting
thread 7 starting
thread 8 starting
thread 9 starting

user time =0.012,sys time =0.096006
thread 0,246 connections
thread 1,250 connections
thread 2,252 connections
thread 3,250 connections
thread 4,251 connections
thread 5,249 connections
thread 6,249 connections
thread 7,252 connections
thread 8,253 connections
thread 9,248 connections
```

7.4 EPOLL 简介

7.4.1 EPOLL 的定义

EPOLL 是 Linux 下多路复用 I/O 接口 select 的增强版本，由于 EPOLL 不会复用文件描述符集合来传递结果而迫使开发者每次等待事件之前都必须重新准备要被侦听的文件描述符集合，再加上它获取事件的时候无须遍历整个被侦听的描述符集，只要遍历那些被内核 I/O 事件异步唤醒而加入 Ready 队列的描述符集合就行了，因此，它能显著减少程序在大量并发连接中只有少量活跃的情况下的系统 CPU 利用率。

与传统的 select 调用方法相比， select 调用方法最不能让人忍受的缺点就是其支持一个进程所能打开的 socket 描述符的数目是有一定限制的，该值由 FD_SETSIZE 来进行设置，其默认大小为 2048。这对于那些需要支持上万连接数目的 IM（Instant Messaging，实时通信）服务器来说显然太少。此时，虽然可以选择修改 FD_SETSIZE 的值然后重新编译内核，不过这样会带来网络效率的下降；另外，也可以选择采用多进程的解决方案，不过在 Linux 下创建进程的代价虽然比较小，但却是不可以忽视的，再加上进程间的数据同步远比不上线程间同步的高效，所以也不是一种完美的解决方案。而采用 EPOLL 则没有这个限制，EPOLL 所支持的 socket 描述符上限是最大可以打开文件的数目，该数字一般远大于 2048。例如，在一个 1GB 内存的机器上可以打开文件的最大数目大约是 10 万，具体数目可以通过 cat /proc/sys/fs/file-max 来查看，一般来说该数目和系统的内存大小关系很大。

传统的 select 调用方法的另一个致命弱点就是，select 选择句柄的时候是遍历所有句柄，也就是说句柄有事件响应时，select 需要遍历所有句柄才能获取到哪些句柄有事件通知，因此效率非常低。而 EPOLL 对于句柄事件的选择则不是采用遍历的方法，而是采用事件响应的方法，也就是说，一旦句柄上有事件来就马上选择出来，而不需要遍历整个句柄链表，因此 EPOLL 的效率非常高。

7.4.2 EPOLL 的基本接口函数

EPOLL 的接口非常简单，用到的相关函数有以下三个，都在头文件 sys/epoll.h 中进行了声明。

（1）epoll_create ()函数

该函数用于创建一个 epoll 的句柄，其原型如下：

int epoll_create(int size);

在上述 strlen()函数的原型中，各参数的含义如下：

size：用来告诉内核所监听的数目一共有多大，该参数不同于 select()中的第一个参数，给出最大监听的 fd+1 的值。需要注意的是，当创建好 epoll 句柄后，它就会占用一个文件描述符 fd 值，在 linux 下如果查看/proc/进程 id/fd/，就能够看到该 fd，因此在使用完 epoll 之后必须调用 close()关闭，否则可能导致 fd 被耗尽。

（2）epoll_ctl()函数

该函数为 EPOLL 的事件注册函数，与 select()不同，select()是在监听事件时告诉内核要监听什么类型的事件，而 EPOLL 是利用该函数先注册所想要监听的事件类型，该函数的原型如下：

```
int epoll_ctl(int epfd,int op,int fd,struct epoll_event*event);
```

epfd：该参数是 epoll_create()的返回值。

op：该参数表示动作，用三个宏来表示：

① EPOLL_CTL_ADD：注册新的 fd 到 epfd 中。

② EPOLL_CTL_MOD：修改已经注册的 fd 的监听事件。

③ EPOLL_CTL_DEL：从 epfd 中删除一个 fd。

fd：该参数是需要监听的 fd。

event：该参数是告诉内核需要监听什么事件，其中，struct epoll_event 结构如下：

```
struct epoll_event {
  __uint32_t events;  /*Epoll events*/
  epoll_data_t data;  /*User data variable*/
};
```

其中，events 可以是以下几个宏的集合：

1）EPOLLIN ：表示对应的文件描述符可以读（包括对端 SOCKET 正常关闭）。

2）EPOLLOUT：表示对应的文件描述符可以写。

3）EPOLLPRI：表示对应的文件描述符有紧急的数据可读（即表示有带外数据到来）。

4）EPOLLERR：表示对应的文件描述符发生错误。

5）EPOLLHUP：表示对应的文件描述符被挂断。

6）EPOLLET： 将 EPOLL 设为边缘触发（Edge Triggered）模式，这是相对于水平触发（Level Triggered）来说的。

7）EPOLLONESHOT：只监听一次事件，当监听完这次事件之后，若还需继续监听该 socket，则需要再次把该 socket 加入 EPOLL 队列中。

（3）epoll_wait()函数

该函数用于等待事件的产生，类似于 select()调用，其原型如下：

int epoll_wait(int epfd, struct epoll_event * events, int maxevents, int timeout);

events：该参数用来从内核得到事件的集合。

maxevents：该参数用来告之内核 events 有多大，该 maxevents 的值不能大于 epoll_create()的 size 参数所指定的值的大小。

timeout：该参数是超时时间（毫秒，设置为 0 表示立即返回，设置为-1 表示不确定或永久阻塞）。epoll_wait 函数返回需要处理的事件数目，如返回 0 则表示已超时。

7.4.3 EPOLL 的事件模式

EPOLL 的事件有以下两种不同的模式：

1）边缘触发模式 ET（Edge Triggered）：该模式的效率非常高，在并发与大流量的情况下，会比 LT 模式要少很多 EPOLL 的系统调用，因此效率高。但是对编程要求高，需要细致地处理每个请求，否则容易发生丢失事件的情况。对于 ET 而言，如果 accpet 调用有返回，除了建立当前这个连接外，不能马上就 epoll_wait，还需要继续循环 accpet，直到返回-1，且 errno==EAGAIN，才不继续 accept。

2）水平触发模式 LT（Level Triggered）：该模式的效率一般会低于 ET 触发模式，特别是在大并发与大流量的情况下。但是 LT 模式对代码编写的要求比较低，因此不容易出现问题。LT 模式服务编写上的表现是：只要有数据没有被获取，内核就会不断进行通知，因此不用担心事件丢失的情况发生。在采用 LT 模式时，如果 accept 调用有返回就可以马上建立当前这个连接，再调用 epoll_wait()等待下次通知，与 select()一样。

在采用上述两种模式时，要注意的是：如果采用 ET 模式，那么仅当状态发生变化时内核才会进行通知，而采用 LT 模式，则类似于原来的 select 操作，只要还有没有处理的事件内核就会一直进行通知。因此从本质上讲，与 LT 模式相比，ET 模式是通过减少系统调用来达到提高并行效率的目的的。

7.4.4 EPOLL 的工作原理

EPOLL 的工作原理如下：如果想进行 I/O 操作，先向 Epoll 查询是否可读或可写，如果处于可读或可写状态，EPOLL 会通过 epoll_wait()函数通知你，此时你再进行进一步的 recv 或 send 操作。

EPOLL 仅仅是一个异步事件的通知机制，其本身并不进行任何的 I/O 读写操作，它只负责告诉你是不是可以读或可以写了，而具体的读写操作，还要应用层自己来做。EPOLL 仅提供这种机制也是非常好的，它保持了事件通知与 I/O 操作之间彼此的独立性，使得 EPOLL 的使用更加灵活。

7.5 基于 EPOLL 线程池的 C 语言例程

7.5.1 基于 EPOLL 线程池的 C 语言例程剖析

以下给出一个基于 EPOLL 线程池的 C 语言例程：

#include <iostream.h> /* iostream 是 input output stream 的简写，意思为标准的输入输出流头文件，它包含 cin>>“要输入的内容”与 cout<<“要输出的内容”，若要使用这两个输入输出的方法，则需要引用#include<iostream.h>头文件来进行声明*/

```
#include<sys/socket.h>
#include<sys/epoll.h>                          //包含各种 EPOLL 接口相关函数原型的定义
#include<netinet/in.h>
#include<arpa/inet.h>
#include<fcntl.h>
#include<unistd.h>
#include<stdio.h>
#include<pthread.h>
```

```
#define MAXLINE 10
#define OPEN_MAX 100
#define LISTENQ 20
#define SERV_PORT 5555
#define INFTIM 1000

struct task{                                    //线程池任务队列结构体
  int fd;                                       //需要读写的文件描述符
  struct task*next;                             //下一个任务
};

struct user_data{                               //用于读写两个方面传递参数
  int fd;
  unsigned int n_size;
  char line[MAXLINE];
};

void*readtask(void*args);                       //线程的任务函数
void*writetask(void*args);
struct epoll_event ev,events[20];               /*声明 epoll_event 结构体变量 ev 用于注册
事件,数组 events[20]用于回传要处理的事件*/
int epfd;
pthread_mutex_t mutex;
pthread_cond_t cond1;
struct task*readhead=NULL,*readtail=NULL,*writehead=NULL;

void setnonblocking(int sock){
    int opts;
    opts=fcntl(sock,F_GETFL);
    if(opts<0) {
        perror("fcntl(sock,GETFL)");
        exit(1);
    }
    opts =opts|O_NONBLOCK;
    if(fcntl(sock,F_SETFL,opts)<0) {
        perror("fcntl(sock,SETFL,opts)");
        exit(1);
    }
}

int main(){
    int i,maxi,listenfd,connfd,sockfd,nfds;
    pthread_t tid1,tid2;
    struct task*new_task=NULL;
    struct user_data*rdata=NULL;
    socklen_t clilen;
    pthread_mutex_init(&mutex,NULL);
    pthread_cond_init(&cond1,NULL);
```

```
    //初始化用于读线程池的线程
    pthread_create(&tid1,NULL,readtask,NULL);
    pthread_create(&tid2,NULL,readtask,NULL);
    /*生成用于处理accept的EPOLL专用文件描述符epfd*/
    epfd=epoll_create(256);
    struct sockaddr_in clientaddr;
    struct sockaddr_in serveraddr;
    listenfd =socket(AF_INET,SOCK_STREAM,0);
    setnonblocking(listenfd);             //把socket设置为非阻塞方式
    ev.data.fd=listenfd;                  //设置与要处理的事件相关的文件描述符
    ev.events=EPOLLIN|EPOLLET;            //设置要处理的事件类型
    epoll_ctl(epfd,EPOLL_CTL_ADD,listenfd,&ev);          //注册EPOLL事件
    bzero(&serveraddr,sizeof(serveraddr));
    serveraddr.sin_family =AF_INET;
    char*local_addr="200.200.200.222";
    inet_aton(local_addr,&(serveraddr.sin_addr));       //htons(SERV_PORT);
    serveraddr.sin_port=htons(SERV_PORT);
    bind(listenfd,(sockaddr*)&serveraddr,sizeof(serveraddr));
    listen(listenfd,LISTENQ);
    maxi =0;
    for ( ; ; ) {
        nfds=epoll_wait(epfd,events,20,500);          //等待EPOLL事件的发生
        for(i=0;i<nfds;++i) {                         //处理所发生的所有事件
            if(events.data.fd==listenfd) {
                connfd=accept(listenfd,(sockaddr*)&clientaddr,&clilen);
                if(connfd<0){
                  perror("connfd<0");
                  exit(1);
                }
                setnonblocking(connfd);
                char*str =inet_ntoa(clientaddr.sin_addr);
                printf("connect from…");
                ev.data.fd=connfd;  //设置用于读操作的文件描述符
                /*设置用于注册的读操作事件*/
              ev.events=EPOLLIN|EPOLLET;
                /*注册ev*/
              epoll_ctl(epfd,EPOLL_CTL_ADD,connfd,&ev);
            }
          else if(events.events&EPOLLIN) {
                printf("reading!\n");
                if ( (sockfd =events.data.fd)< 0) continue;
                new_task=new task();
                new_task->fd=sockfd;
                new_task->next=NULL;
                /*添加新的读任务*/
                pthread_mutex_lock(&mutex);
                if(readhead==NULL) {
                    readhead=new_task;
```

```
                readtail=new_task;
            }
            else {
               readtail->next=new_task;
              readtail=new_task;
            }
            /*唤醒所有等待 cond1 条件的线程*/
            pthread_cond_broadcast(&cond1);
            pthread_mutex_unlock(&mutex);
        }
        else if(events.events&EPOLLOUT) {
        rdata=(struct user_data*)events.data.ptr;
          sockfd =rdata->fd;
          write(sockfd,rdata->line,rdata->n_size);
          delete rdata;
          /*设置用于读操作的文件描述符*/
          ev.data.fd=sockfd;
          /*设置用于注册的读操作事件*/
        ev.events=EPOLLIN|EPOLLET;
          /*修改 sockfd 上要处理的事件为 EPOLIN*/
        epoll_ctl(epfd,EPOLL_CTL_MOD,sockfd,&ev);
        }
      }
    }
}

void*readtask(void*args){
   int fd=-1;
   unsigned int n;
   /*用于把读出来的数据传递出去*/
   struct user_data*data =NULL;
   while(1){
       pthread_mutex_lock(&mutex);
       /*等待到任务队列不为空*/
       while(readhead==NULL)
           pthread_cond_wait(&cond1,&mutex);
       fd=readhead->fd;
       /*从任务队列取出一个读任务*/
       struct task*tmp=readhead;
       readhead =readhead->next;
       delete tmp;
       pthread_mutex_unlock(&mutex);
       data =new user_data();
       data->fd=fd;
       if ( (n =read(fd,data->line,MAXLINE))< 0) {
          if (errno ==ECONNRESET) {
            close(fd);
          } else
```

```
            std::cout<<"readline error"<<std::endl;
          if(data!=NULL)delete data;
        }
   else if (n ==0) {
            close(fd);
            printf("Client close connect!\n");
            if(data!=NULL)delete data;
        }
   else{
        data->n_size=n;
            /*设置需要传递出去的数据*/
        ev.data.ptr=data;
        /*设置用于注册的写操作事件*/
        ev.events=EPOLLOUT|EPOLLET;
        /*修改sockfd上要处理的事件为EPOLLOUT*/
        epoll_ctl(epfd,EPOLL_CTL_MOD,fd,&ev);
       }
    }
  }
```

7.5.2 基于EPOLL的并发TCP服务器例程

以下给出一个服务器端使用EPOLL监听大量并发链接的C语言例程：

```
#include<stdio.h>
#include<stdlib.h>
#include<errno.h>
#include<string.h>
#include<sys/types.h>
#include<netinet/in.h>
#include<sys/socket.h>
#include<sys/wait.h>
#include<unistd.h>
#include<arpa/inet.h>
#include<openssl/ssl.h>
#include<openssl/err.h>
#include<fcntl.h>
#include<sys/epoll.h>
#include<sys/time.h>
#include<sys/resource.h>              /*为资源操作提供了定义,包括在一个程序允许的尺
寸,执行的优先级以及文件上确定和设置限制的函数的原型定义*/
#define MAXBUF 1024
#define MAXEPOLLSIZE 10000
/*以下自定义函数setnonblocking()用于设置句柄为非阻塞方式*/
int setnonblocking(int sockfd) {
   if(fcntl(sockfd,F_SETFL,fcntl(sockfd,F_GETFD,0)|O_NONBLOCK)==-1) {
        return -1;
```

```
    }
    return 0;
}
/*以下自定义函数handle_message()用于处理每个 socket 上的消息收发*/
int handle_message(int new_fd) {
    char buf[MAXBUF + 1];
    int len;
    /*开始处理每个新连接上的数据收发*/
    memset(buf,'\0',MAXBUF + 1);
    /*接收客户端的消息*/
    len =recv(new_fd,buf,MAXBUF,0);
    if (len > 0){
        printf("%d接收消息成功:'%s',共%d个字节的数据\n",
             new_fd,buf,len);
    }
    else{
        if (len< 0)
            printf("消息接收失败!错误代码是%d,错误信息是'%s'\n",
                 errno,strerror(errno));
        close(new_fd);
        return -1;
    }
    /*处理每个新连接上的数据收发结束*/
    return len;
}
int main(int argc,char**argv) {
    int listener,new_fd,kdpfd,nfds,n,ret,curfds;
    socklen_t len;
    struct sockaddr_in my_addr,their_addr;
    unsigned int myport,lisnum;
    struct epoll_event ev;
    struct epoll_event events[MAXEPOLLSIZE];
    struct rlimit rt;
    myport =5000;
    lisnum =2;
    /*设置每个进程允许打开的最大文件数*/
    rt.rlim_max =rt.rlim_cur =MAXEPOLLSIZE;
    if (setrlimit(RLIMIT_NOFILE,&rt) ==-1){
        perror("setrlimit");
        exit(1);
    }
    else {
        printf("设置系统资源参数成功!\n");
    }
    /*开启 socket 监听*/
    if ((listener =socket(PF_INET,SOCK_STREAM,0)) ==-1){
        perror("socket");
        exit(1);
```

```
}
else{
    printf("socket 创建成功!\n");
}
setnonblocking(listener);
bzero(&my_addr,sizeof(my_addr));
my_addr.sin_family =PF_INET;
my_addr.sin_port =htons(myport);
my_addr.sin_addr.s_addr =INADDR_ANY;
if(bind(listener,(struct sockaddr*)&my_addr,sizeof(struct sockaddr))==-1){
    perror("bind");
    exit(1);
}
else{
    printf("IP 地址和端口绑定成功\n");
}
if (listen(listener,lisnum) ==-1){
    perror("listen");
    exit(1);
}
else{
    printf("开启服务成功!\n");
}
/*创建 epoll 句柄,把监听 socket 加入 epoll 集合里*/
kdpfd =epoll_create(MAXEPOLLSIZE);
len =sizeof(struct sockaddr_in);
ev.events =EPOLLIN | EPOLLET;
ev.data.fd =listener;
if (epoll_ctl(kdpfd,EPOLL_CTL_ADD,listener,&ev)< 0){
    fprintf(stderr,"epoll set insertion error: fd=%d\n",listener);
    return -1;
}
else{
    printf("监听 socket 加入 epoll 成功!\n");
}
curfds =1;
while (1){
    /*等待有事件发生*/
    nfds =epoll_wait(kdpfd,events,curfds,-1);
    if (nfds ==-1){
        perror("epoll_wait");
        break;
    }
    /*处理所有事件*/
    for (n =0; n< nfds; ++n) {
        if (events[n].data.fd ==listener) {
          new_fd=accept(listener,(struct sockaddr*) &their_addr,&len);
           if (new_fd< 0) {
```

```
                    perror("accept");
                    continue;
                }
                else{
                  printf("有连接来自于:%d:%d,分配的 socket 为:%d\n",inet_ntoa
(their_addr.sin_addr),ntohs(their_addr.sin_port),new_fd);
                }
                setnonblocking(new_fd);
                ev.events =EPOLLIN | EPOLLET;
                ev.data.fd =new_fd;
                if (epoll_ctl(kdpfd,EPOLL_CTL_ADD,new_fd,&ev)< 0) {
                    fprintf(stderr," 把 socket '%d' 加入 epoll 失
败!%s\n",new_fd,strerror(errno));
                    return -1;
                }
                curfds++;
            }
            else {
                ret =handle_message(events[n].data.fd);
                if (ret< 1 && errno !=11) {
                    epoll_ctl(kdpfd,EPOLL_CTL_DEL,events[n].data.fd,&ev);
                    curfds--;
                }
            }
        }
    }
    close(listener);
    return 0;
}
```

7.6 本章小结

本章主要对基于 POOL 和 EPOLL 的并发机制及其 C 语言实现方法进行了深入介绍，并在实现原理介绍的基础上具体给出了 UNIX/Linux 环境下的多个创建基于 POOL 和 EPOLL 的并发 TCP 服务器及其客户端的完整 C 语言实现例程。通过本章学习，需要了解线程池和 EPOLL 的基本概念与工作原理，掌握基于线程池和 EPOLL 的并发 TCP 服务器及其客户端的 C 语言实现方法。

本 章 习 题

1．简述什么是线程池。

2．简述基于线程池的并发的面向连接服务器软件的设计流程。

3．试构造一个 UNIX/Linux 环境下的基于线程池的并发 TCP 服务器例程，该例程能实现以下功能：能同时等候来自 10 个不同客户的连接请求，一旦与某个客户连接成功则接收

来自该客户的信息，每收到一个字符串时将首先显示该字符串，然后再将该字符串反转，最后再将反转之后的字符串回送给该客户。

4．简述基于 EPOLL 的并发的面向连接服务器的进程结构。

5．简述基于 EPOLL 的并发的面向连接服务器软件的设计流程。

6．试构造一个 UNIX/Linux 环境下的基于 EPOLL 的并发 TCP 服务器例程，该例程能实现以下功能：能同时等候来自 10 个不同客户的连接请求，一旦与某个客户连接成功则接收来自该客户的信息，每收到一个字符串时将首先显示该字符串，然后再将该字符串反转，最后再将反转之后的字符串回送给该客户。

第8章 客户/服务器系统中的死锁问题

在前面的章节中详细介绍了客户与服务器进程的并发机制及其实现方法，本章将对客户/服务器系统中的死锁问题进行深入介绍，并在分析导致死锁问题的相关原理基础上具体给出一个 UNIX/Linux 环境下的完整的 C 语言例程吗，以进一步说明客户/服务器系统中所存在的死锁问题。

8.1 死锁的定义

所谓死锁，就是指两个或两个以上的进程在执行过程中，因争夺资源而造成的一种互相等待的现象，若无外力作用，它们都将无法推进下去，此时，称系统处于死锁（Dead Lock）状态或系统产生了死锁，而这些永远在互相等待的进程则称之为死锁进程。由于资源占用是互斥的，当某个进程提出申请资源后，使得有关进程在无外力协助下将会因为永远分配不到所必需的资源而无法继续运行下去，这就产生了死锁这一特殊现象。

在实际生活中也存在死锁的例子，例如，假定在一条河上有一座桥，桥面较窄，只能容纳一个人通过，无法让两个人并行；此时，如果有两个人 A 和 B 分别由桥的两端走上该桥，则对于 A 来说，它走过了桥面左面的一段路（即占有了桥的一部分资源），要想过桥则必须等待 B 让出右边的桥面，此时 A 不能继续前进；而对于 B 来说，他也走过了桥面右边的一段路（即占有了桥的一部分资源），要想过桥则还需等待 A 让出左边的桥面，此时 B 也不能继续前进。若两边的人都不倒退，结果将造成互相等待对方让出桥面的局面，此时，若双方谁也不让路，则都将无休止地等下去。这种现象就是死锁。

如果把人比作进程，桥面作为资源，那么上述问题就可描述为：进程 A 占有了系统资源 R_1，等待进程 B 占有的系统资源 R_2；进程 B 占有了资源 R_2，等待进程 A 占有的资源 R_1；且资源 R_1 和 R_2 均在同一时间内只允许被一个进程占用，即不允许被两个进程同时占用。这样一来，结果将使得两个进程都不能继续执行，且若不采取其他措施，这种循环等待状况将会无限期持续下去，从而导致了进程死锁的发生。

8.2 产生死锁的原因

8.2.1 竞争资源引起进程死锁

在两个或多个任务中，如果每个任务都锁定了其他任务试图锁定的资源，则此时将会造成这些任务的永久阻塞，从而出现死锁。例如，事务 A 获取了对资源 1 的共享锁，事务 B 获取了对资源 2 的共享锁。此时，若事务 A 请求对资源 2 的排他锁，则显然将会在事务 B 完成并释放其对资源 2 持有的共享锁之前被阻塞。与此同时，若事务 B 亦请求对资源 1 的排他锁，同理也将在事务 A 完成并释放其对资源 1 持有的共享锁之前被阻塞。现在的情形就变成了事务 A 需要在事务 B 完成之后才能完成，而事务 B 则需要在事务 A 完成之后才能完成。即事务 A 与事务 B 之间变成了一种循环依赖关系：事务 A 依赖于事务 B，事务 B 依赖于事务 A。显然，除非某个外部进程断开死锁，否则死锁中的两个事务都将无限期等待下去。

8.2.2 进程推进顺序不当引起死锁

由于进程在运行中具有异步性特征，这可能使 P1、P2、P3 三个进程在获取 S1、S2、S3 三个资源时会按下述两种顺序向前推进。

1）合法的进程推进顺序：P1：Relese（S1）；Request（S3）；⇒P2：Relese（S2）；Request（S1）；⇒P3：Relese（S3）；Request（S2）。此时，这三个进程的推进顺序是合法的，不会引起进程死锁。

2）非法的进程推进顺序：P1：Request（S3）；Relese（S1）；⇒P2：Request（S1）；Relese（S2）；⇒P3：Request（S2）；Relese（S3）。此时，由于 P1 保持了资源 S1，P2 保持了资源 S2，P3 保持了资源 S3，则当上述三个进程再向前推进时，即当 P1 运行到 P1：Request（S3）时，将会因为资源 S3 已被 P3 占用而阻塞；当 P2 运行到 P2：Request（S1）时，将会因为资源 S1 已被 P1 占用而阻塞；而当 P3 运行到 P3：Request（S2）时，则将会因为资源 S2 已被 P2 占用而阻塞；于是发生进程死锁。

8.3 产生死锁的必要条件

虽然进程在运行的过程中可能会发生死锁，但死锁的发生也必须具备一定的条件，死锁的发生必须具备以下四个必要条件：

1）互斥条件：指进程对所分配到的资源进行排他性使用，即在一段时间内某资源只由一个进程占用。如果此时还有其他进程请求资源，则请求者只能等待，直至占有资源的进程用毕释放。如独木桥就是一种独占资源，两方的人不能同时过桥。

2）请求和保持条件：指进程已经保持至少一个资源，但又提出了新的资源请求，而该资源已被其他进程占有，此时请求进程阻塞，但又对自己已获得的其他资源保持不放。仍以过独木桥为例，A、B 在桥上相遇。A 走过一段桥面（即占有了一些资源），还需要走其余的

桥面（申请新的资源），但那部分桥面被B占有（B走过一段桥面）。A过不去，既不能前进又不后退，而B也处于同样的状况。

3）不剥夺条件：指进程已获得的资源，在未使用完之前不能被剥夺，只能在使用完时由自己释放。例如，过独木桥的人不能强迫对方后退，也不能非法地将对方推下桥，必须是桥上的人自己过桥后空出桥面（即主动释放占有资源），对方的人才能过桥。

4）环路等待条件：指在发生死锁时，必然会存在一个进程——资源的环形链，即进程集合{P_0，P_1，P_2，…，P_n}中的P_0正在等待一个P_1所占用的资源；P_1正在等待P_2所占用的资源，……，P_n正在等待已被P_0所占用的资源。如前面的过独木桥问题，A等待B占有的桥面，而B又等待A占有的桥面，从而彼此循环等待。

8.4 处理死锁的基本方法

在系统中已经出现死锁后，应该及时检测到死锁的发生，并采取适当的措施来解除死锁。目前处理死锁的方法可归结为以下四种：

1）预防死锁：这是一种较简单和直观的事先预防的方法。方法是通过设置某些限制条件，去破坏产生死锁的四个必要条件中的一个或者几个来预防发生死锁。预防死锁是一种较易实现的方法，已被广泛使用。常用的死锁预防方法有如下几种：

① 打破互斥条件，即允许进程同时访问某些资源。但是，有的资源是不允许被同时访问的，像打印机等，这是由资源本身的属性所决定的。所以，这种办法并无实用价值。

② 打破不可抢占条件，即允许进程强行从占有者那里夺取某些资源。也就是说，当一个进程已经占有了某些资源，而它又申请新的资源，但不能立即被满足时，它必须释放所占有的全部资源，以后再重新申请。它所释放的资源可以分配给其他进程。这就相当于该进程占有的资源被隐蔽地强占了。这种预防死锁的方法实现起来困难，会降低系统性能。

③ 打破占有且申请条件，可以实行资源预先分配策略。即进程在运行前一次性地向系统申请它所需要的全部资源。如果某个进程所需的全部资源得不到满足，则不分配任何资源，此进程暂不运行。只有当系统能够满足当前进程的全部资源需求时，才一次性地将所申请的资源全部分配给该进程。由于运行的进程已占有了它所需的全部资源，所以不会发生占有资源又申请资源的现象，因此不会发生死锁。但是，这种策略也有一些缺点，例如，在许多情况下，一个进程在执行之前不可能知道它所需要的全部资源。这是由于进程在执行时是动态的，不可预测的；另外，该策略的资源利用率低，无论所分资源何时用到，一个进程只有在占有所需的全部资源后才能执行。即使有些资源最后才被该进程用到一次，但该进程在生存期间却一直占有它们，造成长期占着不用的状况，这显然是一种极大的资源浪费；此外，该策略也降低了进程的并发性，因为资源有限，又加上存在浪费，因此使得能分配到所需全部资源的进程个数就必然少了。

④ 打破循环等待条件，实行资源有序分配策略。采用这种策略，即把资源事先分类编号，按号分配，使进程在申请、占用资源时不会形成环路。所有进程对资源的请求必须严格按资源序号递增的顺序提出。进程占用了小号资源，才能申请大号资源，就不会产生环路，从而预防了死锁。这种策略与前面的策略相比，资源的利用率和系统吞吐量都有很大提高，但是也存在一些缺点，例如限制了进程对资源的请求，同时给系统中所有资源合理编号也是件困难的事，并增加了系统开销；其次，为了遵循按编号申请的次序，暂不使用的资源也需

要提前申请，从而增加了进程对资源的占用时间。

2）避免死锁：该方法同样属于事先预防的策略，但它并不需事先采取各种限制措施去破坏产生死锁的四个必要条件，而是在资源的动态分配过程中用某种方法去避免发生死锁。

代表性的死锁避免方法有“有序资源分配法”：在该算法中，首先按某种规则将系统中的所有资源统一编号（例如，打印机为 1、磁带机为 2、磁盘为 3…），然后，进程必须以上升的次序来申请这些资源。即，系统要求申请进程按照以下规则来进行资源申请：

① 进程对它所必须使用的且属于同一类的所有资源，必须一次申请完毕。

② 进程在申请不同类资源时，必须按各类资源的编号来依次申请。例如进程 P_A 使用资源的顺序是 R_1、R_2； 进程 P_B 使用资源的顺序是 R_2、R_1；若采用动态分配的方法则有可能形成环路条件，造成死锁。但采用有序资源分配法：R_1 的编号为 1，R_2 的编号为 2；则 P_A 的申请次序应是 R1、R2；P_B 的申请次序也应是 R_1、R_2；这样一来就破坏了环路产生的条件，从而避免了死锁的发生。

3）检测死锁：这种方法并不需事先采取任何限制性措施，也不必检查系统是否已经进入不安全区，此方法允许系统在运行过程中发生死锁。但可通过系统所设置的检测机构及时地检测出死锁的发生，并精确确定与死锁有关的进程和资源，然后采取适当措施，从系统中将已发生的死锁清除掉。

4）解除死锁：这是与检测死锁配套的一种措施。当检测到系统中已发生死锁时，需将进程从死锁状态中解脱出来。常用的实施方法是撤销或挂起一些进程，以便回收一些资源，再将这些资源分配给已处于阻塞状态的进程，使之转为就绪状态，以继续运行。死锁的检测和解除措施，有可能使系统获得较好的资源利用率和吞吐量，但在实现上难度最大。常用的死锁解除方法有以下几种：

① 撤销陷于死锁的全部进程。

② 逐个撤销陷于死锁的进程，直到死锁不存在。

③ 从陷于死锁的进程中逐个强迫放弃所占用的资源，直至死锁消失。

④ 从另外一些进程那里强行剥夺足够数量的资源分配给死锁进程，以解除死锁状态。

8.5 存在死锁问题的多线程例程

```
#include<stdio.h>
#include<sys/types.h>
#include<unistd.h>
#include<ctype.h>
#include<pthread.h>
#define LOOP_TIMES 10000  //定义程序循环执行的次数为10000次
pthread_mutex_t mutex1=PTHREAD_MUTEX_INITIALIZER;
//初始化互斥锁pthread_mutex_t mutex1
pthread_mutex_t mutex2=PTHREAD_MUTEX_INITIALIZER;
//初始化互斥锁pthread_mutex_t mutex2
void*thread_worker(void*);    //声明函数thread_worker()
void critical_section(int thread_num,int i);   //声明函数critical_section()
int main(void){
```

```
    int rtn,i;
    pthread_t pthread_id =0;                    //声明并初始化存放子线程 ID 的变量
    /*调用函数 pthread_create()创建子线程*
    rtn=pthread_create(&pthread_id,NULL,thread_worker,NULL);
    if(rtn !=0){
       printf("pthread_create ERROR!\n");
       return -1;
    }
    /*在主线程中循环执行 critical_section()函数*/
    for(i=0; i<LOOP_TIMES; i++){
       pthread_mutex_lock(&mutex1);              //对第 1 个互斥锁上锁
       pthread_mutex_lock(&mutex2);              //对第 2 个互斥锁上锁
       critical_section(1,i);                    //执行 critical_section(1,i)函数
       pthread_mutex_unlock(&mutex2);            //对第 2 个互斥锁解锁
       pthread_mutex_unlock(&mutex1);            //对第 1 个互斥锁解锁
    }
    pthread_mutex_destroy(&mutex1);              //销毁第 1 个互斥锁
    pthread_mutex_destroy(&mutex2);              //销毁第 2 个互斥锁
    return 0;
}

void*thread_worker(void*p) {                     //子线程的线程体函数
    int i;
    /*在子线程循环执行 critical_section()函数*/
    for(i=0; i<LOOP_TIMES; i++){
       pthread_mutex_lock(&mutex2);              //对第 2 个互斥锁上锁
       pthread_mutex_lock(&mutex1);              //对第 1 个互斥锁上锁
       critical_section(2,i);                    //执行 critical_section(2,i)函数
       pthread_mutex_unlock(&mutex2);            //对第 2 个互斥锁解锁
       pthread_mutex_unlock(&mutex1);            //对第 1 个互斥锁解锁
    }
}

void critical_section(int thread_num,int i){
    printf("thread%d: %d\n",thread_num,i);
}
```

显然，依据 8.2 节的描述与分析可知，上述例程将会在运行过程中导致死锁现象的发生。

8.6 本章小结

本章主要对客户/服务器系统中的死锁问题进行深入介绍，并在死锁发生原因介绍的基础上具体给出了处理死锁的基本方法以及一个 UNIX/Linux 环境下将导致死锁发生的完整 C 语言例程。通过本章的学习，需要了解客户/服务器系统中发生死锁问题的原因，掌握处理死锁的基本方法。

本 章 习 题

1. 简述什么是客户/服务器系统中的死锁问题。
2. 简述客户/服务器系统中产生死锁问题的原因。
3. 简述处理死锁的基本方法。
4. 请修改 8.5 节中给出的例程，以消除其中存在的死锁问题。

附录 A　GCC 编译器简介

GCC 是一个交叉平台的编译器，它不仅可以支持 C 语言，还可以支持 Ada 语言、C++语言、Java 语言、Objective C 语言，Pascal 语言、COBOL 语言以及函数式编程和逻辑编程的 Mercury 语言等，是目前 Linux 下最重要的编译工具之一。本章将详细介绍 GCC 编译器的安装和使用方法。

A.1　GCC 编译器所支持的源程序格式

GCC 是一组编译工具的总称，其软件包里包含众多的工具，按其类型，主要有以下分类：

1）C 编译器 cc，cc1，cc1 plus，gcc。

2）C++编译器 c++，cc1 plus，g++。

3）源代码预处理程序 cpp，cpp0。

4）库文件 libgcc.a, libgcc_eh.a，libgcc_s.so，libiberty.a，libstdc++.[a，so]，libsupc++.a。

用 GCC 编译程序生成可执行文件有时候看起来似乎仅通过编译一步就完成了，但事实上，使用 GCC 编译工具由 C 语言源程序生成可执行文件的过程并不单单是一个编译的过程，而要经过以下四个过程：

1）预处理（Pre-Processing）。

2）编译（Compiling）。

3）汇编（Assembling）。

4）链接（Linking）。

目前，GCC 编译器所支持的源程序格式如表 A.1 所示。

表 A.1　GCC 编译器所支持的源程序格式

后缀格式	说　明
.c	C 语言程序
.a	由目标文件构成的档案文件
.C、cc、cxx	C++源程序
.h	源程序所包含的头文件
.i	经过预处理的 C 程序
.ii	经过预处理的 C++程序
.m	Objective-C 源程序
.o	编译后的目标文件
.s	汇编语言源程序
.S	经过预编译的汇编程序

A.2　GCC 编译选项解析

A.2.1　GCC 编译选项分类

GCC 是 Linux 下基于命令行的 C 语言编译器，其基本的使用语法如下：

gcc [option |filename]…

其中，option 为 GCC 使用时的选项，而 filename 为需要 GCC 做编译的处理的文件名。就 GCC 来说，其本身是一个十分复杂的命令，合理地使用其命令选项可以有效提高程序的编译效率、优化代码。GCC 拥有众多命令选项，有超过 100 个编译选项可用，具体可分类如下。

1. 常用编译选项

1）-c 选项：该选项告诉 GCC 编译器仅把源程序编译为目标代码而不做链接工作，所以采用该选项的编译指令不会生成最终的可执行程序，而是生成一个与源程序文件名相同的以.o 为后缀的目标文件。例如，一个 Test.c 的源程序经过下面的编译之后会生成一个 Test.o 文件：

```
# gcc -c Test.h
```

2）-S 选项：使用该选项会生成一个后缀名为.s 的汇编语言文件，但是同样不会生成可执行程序。

3）-e 选项：该选项只对文件进行预处理，预处理的输出结果被送到标准输出（如显示器）。

4）-v 选项：在 Shell 的提示符号下键入 gcc －v，屏幕上就会显示出目前正在使用的 gcc 版本的信息。

5）-x language：该选项强制编译器用指定的语言编译器来编译某个源程序。例如下面的指令：

```
# gcc -x c++ p1.c
```

该指令表示强制 GCC 编译器采用 C++编译器来编译 C 程序 P1.c。

6）-I <DIR>选项：该选项用于指定头文件所在的路径。在 Linux 下开发程序的时候，通常都需要借助一个或多个函数库的支持才能够完成相应的功能。一般情况下，Linux 下的大多数函数都将头文件放到系统/usr/include 目录下，而库文件则放到/usr/lib 目录下。但在有些情况下并不是这样，在这些情况下，使用 GCC 编译时必须指定所需要的头文件和库文件所在的路径。-I 选项可以向 GCC 的头文件搜索路径中添加新的目录<DIR>。例如，一个源程序所依赖的头文件在用户/home/include/目录下，此时就应该使用-I 选项来指定。

```
# gcc -I /home/include -o test test.c
```

7）-L <DIR>：与前述-I 选项类似，该选项用于指定函数库所在的路径。如果程序使用了不在标准位置的函数库，那么可以通过-L 选项向 GCC 的库文件搜索路径中添加新的目

录。例如，一个程序要用到的库 libapp.so 在/home/zxq/lib/目录下，为了能让 GCC 能够顺利地链接该库，可以使用下面的指令：

```
# gcc -Test.c -L /home/zxq/lib/ -lapp -o Test
```

这里的-L 选项表示 GCC 去链接库文件 libapp.so。在 Linux 下的库文件在命名时遵循了一个约定，那就是应该以 lib 三个字母开头，由于所有的库文件都遵循了同样的规范，因此在使用-L 选项指定链接的库文件名时可以省去 lib 三个字母，也就是说 GCC 在对-lapp 进行处理的时候会自动去链接名为 libapp.so 的文件。

8）-static 选项：GCC 在默认情况下链接的是动态库，有时为了把一些函数静态编译到程序中，而无须链接动态库就采用-static 选项，它会强制程序链接静态库。

9）-o 选项：在默认的状态下，如果 GCC 指令没有指定编译选项的情况下会在当前目录下生成一个名为 a.out 的可执行程序，例如，执行# gcc Test.c 命令后会生成一个名为 a.out 的可执行程序。因此，为了指定生成的可执行程序的文件名，就可以采用-o 选项，比如下面的指令：

```
# gcc -o Test Test.c
```

执行该指令会在当前目录下生成一个名为 Test 的可执行文件。

2．出错检查和警告提示选项

GCC 编译器包含完整的出错检查和警告提示功能，比如 GCC 提供了 30 多条警示信息和 3 个警告级别，使用这些选项有助于增强程序的稳定性和更加完善程序代码的设计，此类选项常用的有以下几个：

1）-pedantic 以 ANSI/ISO C 标准列出的所有警告。当 GCC 在编译不符合 ANSI/ISO C 语言标准的源代码时，如果在编译指令中加上了-pedantic 选项，那么源程序中使用了扩展语法的地方将产生相应的警告信息。

2）-w 禁止输出警告信息。

3）-Werror 将所有警告转换为错误。Werror 选项要求 GCC 将所有的警告当成错误进行处理，这在使用自动编译工具（如 Make 等）时非常有用。如果编译时带上-Werror 选项，那么 GCC 会在所有产生警告的地方停止编译，只有程序员对源代码进行修改并且相应的警告信息消除时，才能够继续完成后续的编译工作。

4）-Wall 显示所有的警告信息。该选项可以打开所有类型的语法警告，以便确定程序源代码是否是正确的，并且尽可能实现可移植性。

对 Linux 开发人员来讲，GCC 给出的警告信息是很有价值的，它们不仅可以帮助程序员写出更加健壮的程序，而且还是跟踪和调试程序的有力工具。建议在用 GCC 编译源代码时始终带上-Wall 选项，养成良好的习惯。

3．代码优化选项

代码优化是指编译器通过分析源代码找出其中尚未达到最优的部分，然后对其重新进行组合，进而改善代码的执行性能。GCC 通过提供编译选项-On 来控制优化代码的生成，对于大型程序来说，使用代码优化选项可以大幅度提高代码的运行速度。

1）-O 选项：编译时使用选项-O 可以告诉 GCC 同时减小代码的长度和执行时间，其效果等价于-O1。

2）-O2 选项：选项-O2 告诉 GCC 除了完成所有-O1 级别的优化之外，同时还要进行一些额外的调整工作，如处理器指令调度。

4．调试分析选项

1）-g 选项：生成调试信息，GNU 调试器可以利用该信息。GCC 编译器使用该选项进行编译时，将调试信息加入目标文件中，这样 gdb 调试器就可以根据这些调试信息来跟踪程序的执行状态。

2）-pg 选项：编译完成后，额外产生一个性能分析所需信息。

注：由于使用调试选项都会使最终生成的二进制文件的大小急剧增加，同时增加程序在执行时的开销，因此，调试选项通常推荐仅在程序开发和调试阶段中使用。

A.2.2 GCC 编译过程解析

下面举一个简单的例子来说明 GCC 的编译过程。首先用 vi 编辑器来编辑一个简单的 c 程序 test.c，程序清单如下。

```
#include<stdio.h> /*标准输入输出头文件,包含标准输入输出函数(如 perror 和 printf 等)的定义*/
int main(){
printf("Hello,this is a test!\n");
return 0;
}
```

根据上面的内容，使用 gcc 命令来编译该程序。

```
[root@localhost]# gcc -o test test.c
[root@localhost]# ./test
Hello,this is a test!
```

可以从上面的编译过程看到，编译一个这样的程序非常简单，一条指令即可完成，而事实上，如 10.1 节所述，上述编译过程是分为预处理、编译、汇编和连接四个阶段进行的。

1）预处理：GCC 通过调用-E 参数让编译器在预处理后停止，并输出预处理结果。

```
# gcc -E test.c -o test.i
```

编译器在这一步调用 cpp 工具来对源程序进行预处理，此时会生成 test.i 文件。其中，test.i 文件中存放着 test.c 经预处理之后的代码。在本例中，预处理结果就是将 stdio.h 文件中的内容插入到 test.c 中。

2）编译为汇编代码：预处理之后，GCC 直接对生成的 test.i 文件编译，生成汇编代码：

```
gcc -S test.i -o test.s
```

gcc 的-S 选项表示在程序编译期间，在生成汇编代码后停止，-o 选项表示输出汇编代码文件。

3）汇编：使用 GAS 汇编器，GCC 将汇编语言翻译为机器代码。对于经过前述步骤生成的汇编代码文件 test.s，GAS 汇编器负责将其编译为目标文件：

```
gcc -c test.s -o test.o
```

4）链接：GCC 连接器是 GAS 提供的，负责将程序的目标文件与所需的所有附加的目标文件连接起来，最终生成可执行文件。附加的目标文件包括静态连接库和动态连接库。 对于经过前述步骤生成的 test.o，将其与 C 标准输入输出库进行连接，最终生成可执行文件 test：

```
gcc test.o -o test
```

在命令行窗口中运行可执行文件 test：

```
[root@localhost]# ./test
```

即可显示 Hello, this is a test!

A.2.3 多个程序文件的编译

通常整个程序是由多个源文件组成的，相应地也就形成了多个编译单元，使用 GCC 能够很好地管理这些编译单元。假设有一个由 test1.c 和 test2.c 两个源文件组成的程序，为了对它们进行编译，并最终生成可执行程序 test，可以使用下面这条命令：

```
# gcc test1.c test2.c -o test
```

如果同时处理的文件不止一个，GCC 仍然会按照预处理、编译和链接的过程依次进行。深究起来，上面这条命令大致相当于依次执行以下三条命令：

```
# gcc -c test1.c -o test1.o
# gcc -c test2.c -o test2.o
# gcc test1.o test2.o -o test
```

A.3 GCC 编译器的安装

1. 下载

在 GCC 网站上（http://gcc.gnu.org/）或通过网上搜索可查找到 GCC 编译器的下载资源。以版本 4.5.0 为例，可供下载的文件一般有两种形式：gcc-4.5.0.tar.gz 和 gcc-4.5.0.tar.bz2，只是压缩格式不一样，内容完全一致，下载其中一种即可。

2. 解压缩

根据压缩格式，选择下面相应的一种方式解包（以下的“%”表示命令行提示符）：

```
% tar xzvf gcc-4.5.0.tar.gz
```

或

```
% bzcat gcc-4.5.0.tar.bz2 | tar xvf -
```

新生成的 gcc-4.5.0 这个目录被称为源目录，用${srcdir}表示它。以后在出现${srcdir}的地方，应该用真实的路径来替换它。用 pwd 命令可以查看当前路径。在${srcdir}/INSTALL 目录下有详细的GCC 安装说明，可用浏览器打开 index.html 阅读。

3．建立目标目录

目标目录（用${objdir}表示）是用来存放编译结果的地方。GCC 建议编译后的文件不要放在源目录${srcdir]中（虽然这样做也可以），最好单独存放在另外一个目录中，而且不能是${srcdir}的子目录。例如，可以这样建立一个叫 gcc-build 的目标目录（与源目录${srcdir}是同级目录）：

```
% mkdir gcc-build
% cd gcc-build
```

以下的操作主要是在目标目录 ${objdir} 下进行。

4．配置

配置的目的是决定将 GCC 编译器安装到什么地方（${destdir}），支持什么语言以及指定其他一些选项等。其中，${destdir}不能与${objdir}或${srcdir}目录相同。配置是通过执行${srcdir}下的 configure 来完成的。其命令格式为（记得用你的真实路径替换${destdir}）：

```
% ${srcdir}/configure --prefix=${destdir} [其他选项]
```

例如，如果想将 GCC 4.5.0 安装到/usr/local/gcc-4.5.0 目录下，则${destdir}就表示这个路径。具体配置方法如下：

```
%     ../gcc-4.5.0/configure     --prefix=/usr/local/gcc-4.5.0     --enable-
threads=posix --disable-checking --enable--long-long --host=i386-redhat-linux
--with-system-zlib --enable-languages=c,c++,java
```

将 GCC 安装在/usr/local/gcc-4.5.0 目录下，支持 C/C++和 Java 语言，其他选项参见 GCC 提供的帮助说明。

5．编译

```
% make
```

6．安装

执行下面的命令将编译好的库文件等拷贝到${destdir}目录中（根据你设定的路径，可能需要管理员的权限）：

```
% make install
```

至此，GCC4.5.0 的安装就完成了。

6. 其他设置

GCC 4.5.0 的所有文件，包括命令文件（如 gcc、g++）、库文件等都在${destdir}目录下分别存放，如命令文件放在 bin 目录下、库文件在 lib 下、头文件在 include 下等。由于命令文件和库文件所在的目录还没有包含在相应的搜索路径内，所以必须要做适当的设置之后编译器才能顺利地找到并使用它们。

1）gcc、g++、gcj 的设置：要想使用 GCC 4.5.0 的 gcc 等命令，简单的方法就是把它的路径${destdir}/bin 放在环境变量 PATH 中。若不采用这种方式而是采用符号连接的方式实现，这样做的好处是仍然可以使用系统上原来的旧版本的 GCC 编译器。首先，查看原来的 gcc 所在的路径：

```
% which gcc
```

上述命令将显示：/usr/bin/gcc。因此，原来的 gcc 命令在/usr/bin 目录下。我们可以把 GCC 4.5.0 中的 gcc、g++、gcj 等命令在/usr/bin 目录下分别做一个符号连接：

```
% cd /usr/bin
% ln -s ${destdir}/bin/gcc gcc45
% ln -s ${destdir}/bin/g++ g++45
% ln -s ${destdir}/bin/gcj gcj45
```

这样，就可以分别使用 gcc45、g++45、gcj45 来调用 GCC 4.5.0 的 gcc、g++、gcj 完成对 C、C++、Java 程序的编译了。同时，仍然能够使用旧版本的 GCC 编译器中的 gcc、g++等命令。

2）库路径的设置：将${destdir}/lib 路径添加到环境变量 LD_LIBRARY_PATH 中，最好添加到系统的配置文件中，这样就没必要每次都设置这个环境变量了。例如，若 GCC 4.5.0 安装在/usr/local/gcc-4.5.0 目录下，在 RH Linux 下可以直接在命令行上执行或者在文件/etc/profile 中添加下面一句：

```
setenv LD_LIBRARY_PATH /usr/local/gcc-4.5.0/lib:$LD_LIBRARY_PATH
```

7. 测试

用新的编译命令（gcc45、g++45 等）编译以前的 C、C++程序，检验新安装的 GCC 编译器是否能正常工作。另外，还可以根据需要删除或者保留${srcdir}和${objdir}目录。

附录B 课程实验

《TCP/IP 网络编程》是一门应用性、实践性很强的程序设计类课程，非常注重实践能力的培养，因此实验教学环节尤其重要。为了帮助初学者熟知网络编程的语法和特性，并能够将所学知识应用于具体网络通信程序的开发中，本课程从教程的核心知识点出发，设计了《Socket API 函数调用方法》等四个方面的实验项目。

B.1 课程实验报告模板

《TCP/IP 网络编程》课程实验报告

学院（系）名称：

<table>
<tr><td>姓名</td><td></td><td>学号</td><td></td><td>专业</td><td></td></tr>
<tr><td>班级</td><td></td><td>实验项目</td><td colspan="3"></td></tr>
<tr><td>课程名称</td><td colspan="2"></td><td>任课教师</td><td colspan="2"></td></tr>
<tr><td>实验时间</td><td colspan="2"></td><td>实验地点</td><td colspan="2"></td></tr>
<tr><td colspan="3" rowspan="2">教师批改意见：</td><td>成绩</td><td colspan="2"></td></tr>
<tr><td colspan="3">教师签名：</td></tr>
<tr><td colspan="6">【实验目的】

【内容要求】

【实验步骤】

【程序代码】</td></tr>
</table>

B.2 《Socket API 函数调用方法》课程实验

【实验目的】

1. 熟悉 Socket API 编程接口，初步掌握 Socket API 编程接口开发网络应用程序的基本方法，熟练掌握 UNIX/Linux 或 Windows 环境下的 C 语言编程方法与编译环境。

2. 初步掌握 TCP/IP 网络编程的设计思路和步骤，掌握网络应用程序开发的一般流程。

3. 熟悉 Socket API 函数的调用方法。

【内容要求】

在 UNIX/Linux 或 Windows 环境下编写一个简单的 UDP 网络通信程序和一个简单的 TCP 网络通信程序，在程序中只需要实现客户端与服务器端数据的收发即可，但要求必须调用 socket、connect、send、recv、close、bind、listen、accept、recvfrom、sendto 等 Socket API 函数。

本项实验不分组，每个人必须单独完成本项目的所有实验内容，并在此基础上完成实验报告的填写，编程语言请使用 C 语言，操作系统可选用 UNIX/Linux 或 Windows。

B.3 《电子邮件收发系统的设计与实现》课程实验

【实验目的】

1. 掌握 C/S 结构软件的设计与开发方法。

2. 掌握基于 Socket 的网络通信程序的设计与开发方法。

3. 掌握 SMTP 和 POP3 协议的基本概念与工作原理。

【内容要求】

在 UNIX/Linux 或 Windows 环境下编写一个基于 SMTP 和 POP3 协议的电子邮件本地收发系统，要求能在本地同时管理多个电子邮箱，即要求能够将每个电子邮箱中的电子邮件接收到本地阅览，还能够将一封电子邮件通过任意电子邮箱发送给任意客户。

本项实验不分组，每个人必须单独完成本项目的所有实验内容，并在此基础上完成实验报告的填写，编程语言请使用 C 语言，操作系统可选用 UNIX/Linux 或 Windows。

B.4 《文本聊天系统的设计与实现》课程实验

【实验目的】

1. 掌握 C/S 结构软件的设计与开发方法。

2. 掌握基于 Socket 的网络通信程序的设计与开发方法。

3. 掌握多线程/多进程编程的基本概念与实现方法。

【内容要求】

在 UNIX/Linux 或 Windows 环境下编写一个基于文本的多线程/多进程聊天系统，要求聊天双方都能够从键盘读取输入信息并发送给对方，同时还要求聊天双方都能够同时和多个人进行基于文本的聊天。

本项实验不分组，每个人必须单独完成本项目的所有实验内容，并在此基础上完成实验报告的填写，编程语言请使用C语言，操作系统可选用UNIX/Linux或Windows。

B.5 《多媒体网络聊天系统的设计与实现》课程实验

【实验目的】

1. 掌握C/S结构软件的设计与开发方法。
2. 掌握基于Socket的网络通信程序的设计与开发方法。
3. 掌握多线程/多进程编程的基本概念与实现方法。
4. 掌握视频网络传输的基本原理与实现方法。
5. 掌握音频网络传输的基本原理与实现方法。

【内容要求】

在UNIX/Linux或Windows环境下编写一个基于多媒体的网络聊天系统，要求聊天双方都能够从键盘、麦克风、摄像头分别读取输入的文本、语音、视频等信息并发送给对方，同时还要求聊天双方都能够同时和多个人进行基于文本、语音、视频的多媒体网络聊天。

本项实验可以3个人一个小组，每个小组必须单独完成本项目的所有实验内容，并在此基础上完成实验报告的填写，编程语言请使用C语言，操作系统可选用UNIX/Linux或Windows。

参 考 文 献

[1]［美］Douglas E．Comer，David L.Stevens．用 TCP/IP 进行网际互连—第三卷：客户-服务器编程与应用（Linux/POSIX 套接字版）[M]．赵刚，林瑶，蒋慧，等译．北京：电子工业出版社，2005．

[2] 周丽，焦程波，兰巨龙．Linux 系统下多线程与多进程性能分析 [J]．微计算机信息，2005，21（9-3）：118-120．

[3] 张志佳，于立国，李海滨，等．基于多线程的 Linux 下并发服务器的实现研究 [J]．微计算机应用，2007，28（4）：368-371．

[4] 罗泽，车文刚．多线程环境下邮件检索代理客户端实现的优化 [J]．昆明理工大学学报，2001，26（6）：26-28．

[5] 李昊，刘志镜．线程池技术的研究 [J]．现代电子技术，2004，170（3）：77-80．

[6] 叶树华．网络编程实用教程 [M]．北京：人民邮电出版社，2010．

[7] 崔武子，林志英，和青芳．C 程序设计课程教案及题解 [M]．北京：清华大学出版社，2010．

[8] 王雷，冯湘．高等计算机网络与安全 [M]．北京：清华大学出版社，2010．

[9] 吴文虎．程序设计基础 [M]．北京：清华大学出版社，2004．

[10] 谭浩强．C 程序设计教程 [M]．北京：清华大学出版社，2007．

[11] 刘艳飞，迟剑，房健．C 语言范例开发大全 [M]．北京：清华大学出版社，2010．

[12]［美］史蒂文斯（W.Richard Stevens）．TCP/IP 详解（卷 1：协议）[M]．范建华，等，译．北京：机械工业出版社，2007．

[13]［美］Douglas E．Comer，David L.Stevens．用 TCP/IP 进行网际互连（第一卷）：原理、协议与结构 [M]．林瑶，等，译．北京：电子工业出版社，2007．

[14] 蔡建平．软件综合开发案例教程——Linux、GCC、MySQL、Socket、Gtk+与开源案例 [M]．北京：清华大学出版社，2011．

[15] 林锐，韩永泉．高质量程序设计指南——C++/C 语言 [M]．北京：电子工业出版社，2007．

[16] 杨宗德，邓玉春．Linux 高级程序设计 [M]．北京：人民邮电出版社，2009．

[17] 宋敬彬，孙海滨．Linux 网络编程 [M]．北京：清华大学出版社，2010．

[18] 徐千洋．Linux C 函数库参考手册 [M]．北京：中国青年出版社，2002．

[19] 杜华．Linux 编程技术详解 [M]．北京：人民邮电出版社，2007．

[20] 朱云翔，胡平．精通 UNIX 下 C 语言编程与项目实践 [M]．北京：电子工业出版社，2007．